Klaus Groth

Hydraulische Kolbenmaschinen

Klaus Groth

Grundzüge des Kolbenmaschinenbaus III

Hydraulische Kolbenmaschinen

Unter Mitarbeit von Gerhart Rinne und Friedhelm Hage

Mit 202 Abbildungen

Die Deutsche Bibliothek – CIP-Einheitsaufnahme
Groth, Klaus:
Grundzüge des Kolbenmaschinenbaus / Klaus Groth.
Unter Mitarb. von Gerhart Rinne und Friedhelm Hage. -
Braunschweig; Wiesbaden: Vieweg.
3. Hydraulische Kolbenmaschinen 1996

Die Autoren:
Univ.-Prof. em. Dr.-Ing. Klaus Groth, Universität Hannover, Institut für Verbrennungskraftmaschinen
Prof. Friedhelm Hage, Fachhochschule Osnabrück
Prof. Gerhart Rinne, Fachhochschule Wolfenbüttel

Der Verlag Vieweg ist ein Unternehmen der Bertelsmann Fachinformation GmbH.

Gedruckt auf säurefreiem Papier

ISBN 978-3-528-06784-7 ISBN 978-3-322-90517-8 (eBook)
DOI 10.1007/978-3-322-90517-8

Vorwort

Mit diesem Buch wird der Versuch unternommen, eine Einführung in das Gebiet des allgemeinen Pumpenbaus, also des eher konventionellen Maschinenbaus, mit einer Einführung in das Gebiet der Ölhydraulik, d.h. der in schnellerer Entwicklung befindlichen Hydrostatik, zu verbinden. Dabei werden jeweils die Maschinen dieser Gebiete und ihre wesentlichen Elemente erörtert und verglichen. Die Ölhydraulik nimmt dabei, den didaktischen Erfordernissen entsprechend, einen etwas breiteren Raum ein. Auch neuere Forschungsergebnisse, z.B. aus der Maschinenakustik, werden hier eingeflochten.

Gewisse Schwerpunkte sind bei der Systematik der Huberzeugung, der Anwendung der Verluste-Rechnung (nach Schlösser), der Ähnlichkeit von Maschinen, der Einführung in die Prozeßrechnung, der Problematik der Drehschwingungen der Axialmaschinen sowie neueren Ergebnissen der Geräuschminderung zu sehen.

Mit diesem Konzept - Konzept und Inhalt wurden mehrfach auf den neuesten Stand gebracht - wurden über einen längeren Zeitraum an der Universität Hannover gute Erfahrungen gesammelt. Es erwies sich als Einführung geeignet für Studierende des Allgemeinen Maschinenbaus, der Verfahrenstechnik und der Kolbenmaschinen. Hierfür wurde das ursprüngliche Vorlesungsskript verfaßt. Vorausgesetzt werden nur Grundkenntnisse der Mechanik und der Strömungsmechanik, der Maschinenelemente sowie der Triebwerkskinematik (z.B. gemäß Band I dieser Reihe).

Der Umfang wurde wieder gering gehalten, um nicht den bewährten Charakter eines "text-books" zur Erleichterung der Konzentration während der Vorlesung an Universitäten und Fachhochschulen und zum Selbststudium für den Ingenieur, der nicht ständig mit diesem Gebiet zu tun hat, zu sprengen. Darunter muß an manchen Stellen die Ausführlichkeit leiden. Zur eingehenderen Beschäftigung mit Details wird auf weitergehendes Schrifttum hingewiesen.

Da sich das Buch für viele Generationen von Studierenden zur Einführung in das Gebiet der hydraulischen Kolbenmaschinen gut bewährt hat, ist der Erstverfasser gern dem Vorschlag des Vieweg Verlages gefolgt, einerseits das weitere Fortbestehen in Neuauflagen zu sichern und andererseits den Verbreitungsbereich zu vergrößern. Dazu konnten die beiden Professoren Dr. Gerhart Rinne, FHS Wolfenbüttel und Dr. Friedhelm Hage, FHS Osnabrück als Mitautoren gewonnen werden.

Den früheren Mitarbeitern des Autors, Dr. Klaus Graunke, Dipl.-Ing. Rehnert, Dr. Uwe Todsen, Dr. Christoph Teetz und Dr. Thomas Grahl sei für ihre Hilfe bei der Herstellung und Weiterentwicklung gedankt. Besonders gilt das für Dipl.-Ing. Christof Peters für seine sorgfältige Arbeit bei der Umstellung auf Textverarbeitung und dem Vieweg Verlag für Verlagsarbeit und Herausgabe.

Hannover, im Januar 1996

Klaus Groth

Inhaltsverzeichnis

1 Einleitung

1.1 Allgemeines, Zweck, Definition

Gegenstand des Buches ist eine kurze Einführung in den Bau von Kolbenpumpen mit oszillierenden und (in Übersichtsform) rotierenden Kolben des Allgemeinen Maschinenbaus und der Verfahrenstechnik (Pumpenbau). Außerdem werden Kolbenmaschinen (Pumpen und Motoren) mit oszillierenden und rotierenden Kolben (letztere nur in Übersichtsform) der Ölhydraulik ("Hydrostatik") behandelt.

Als typische Anwendungsbeispiele seien genannt:

- Mörtelförderfahrzeug
  - Antrieb des Rohrauslegers mittels Ölhydraulik (Hydrostatik)
  - Förderung des Mörtels mittels Pumpe
  - Fahrzeugantrieb mittels Dieselmotor, der auch die Hydrostatikpumpe und die Förderpumpe antreibt
- Hydraulikbagger
  - Antrieb des Auslegers mittels Ölhydraulik
  - Antrieb des Schwenkwerkes mittels Ölhydraulik
  - Antrieb der Fahrraupen mittels Ölmotoren (hydrostatisch)
  - Versorgung durch Dieselmotor

Nach DIN 24261 gilt für hydraulische Kolbenmaschinen:

"Energieerhöhung der Förderflüssigkeit in einem sich abwechselnd vergrößernden und verkleinernden Arbeitsraum"

1.2 Schematische Bauartenübersicht für allgemeine Hydraulik (Pumpen) und Ölhydraulik

1.2.1 Maschinen mit oszillierenden Kolben [1]

Bild 1.1 zeigt eine doppeltwirkende Scheibenkolbenpumpe. Bei dieser Pumpe wirken je zwei Ventile als Druck- bzw. Saugventil, abhängig von der Bewegungsrichtung des Kolbens. Die Ventile sollten möglichst ohne Leitungsabbau ausbaubar sein.

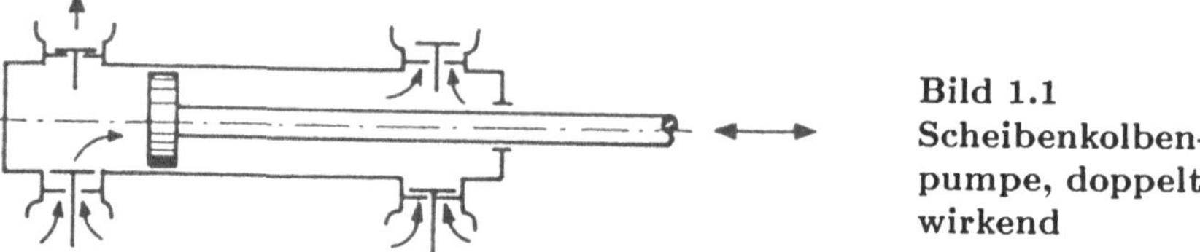

Bild 1.1 Scheibenkolbenpumpe, doppelt wirkend

Hubkolben-Ventilpumpen

Die einfache Hubkolbenpumpe (s. Bild 1.2) findet Anwendung als Handpumpe, Erdöl- und Tiefbrunnenpumpe.

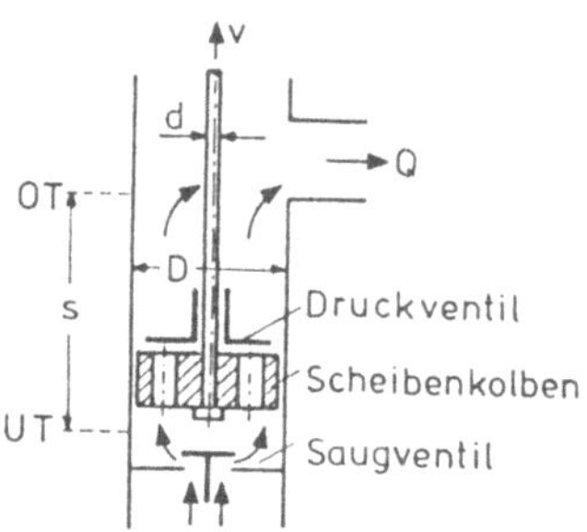

Bild 1.2 Einfache Hubkolbenpumpe

Funktionsweise:

$$a = d^2 \cdot \pi/4 \;;\; A = D^2 \cdot \pi/4$$

Aufwärtshub: $A \cdot s$ angesaugt,

$(A - a) \cdot s$ ins Druckrohr,

Abwärtshub: $A \cdot s$ durch das Druckventil,

$(A - a) \cdot s$ wird über dem Kolben frei,

So wird effektiv nur verdrängt:

$$A \cdot s - (A - a) \cdot s = a \cdot s$$

Bei einer vollen Umdrehung also theoretisch gefördert:

$$(A - s) \cdot s + a \cdot s = A \cdot s \qquad \text{Drehzahl } n \text{ in } \frac{1}{s}$$

$$\dot{Q}_{th} = A \cdot s \cdot n \qquad \left[\frac{m^3}{s}\right]$$

Bei einer Förderhöhe

- $H \leq 40m$ Fls.: Anwendung eines Scheibenkolbens
- $H > 40m$ Fls.: Anwendung von Rohrkolben

Bei Förderhöhen von über $40m$ ist die Abdichtung des Scheibenkolbens nicht mehr ausreichend. In diesem Fall wird die **Hubpumpe mit Rohrkolben** (s. Bild 1.3) eingesetzt. Diese Pumpe ist mit außenliegenden Stopfbuchsen abgedichtet.

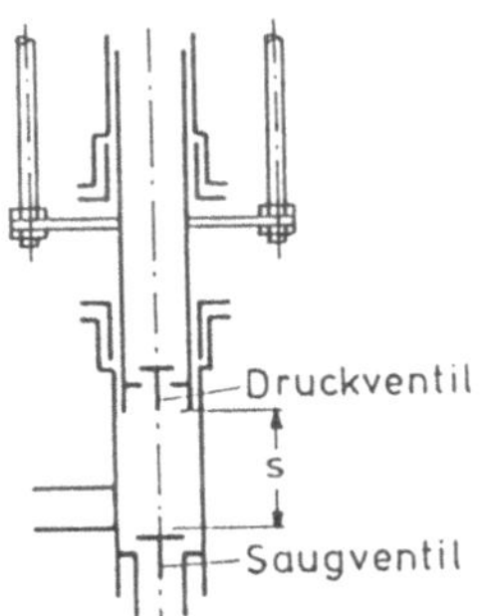

Bild 1.3
Hubpumpe mit Rohrkolben

Druckpumpen

Die Druckpumpen (Plungerpumpen) werden stehend und liegend ausgeführt, wobei die Lage des Kolbens für die Kennzeichnung maßgebend ist. Der Kolben ist bei der einfach wirkenden Druckpumpe stets als Tauchkolben ausgebildet (s. Bild 1.4). Der Pumpenzylinder Z, in welchem der durch eine Stopfbuchse abgedichtete Kolben K eine hin- und hergehende Bewegung ausführt, enthält in seinem oberen Teil das Druckventil DV und in seinem unteren das Saugventil SV.

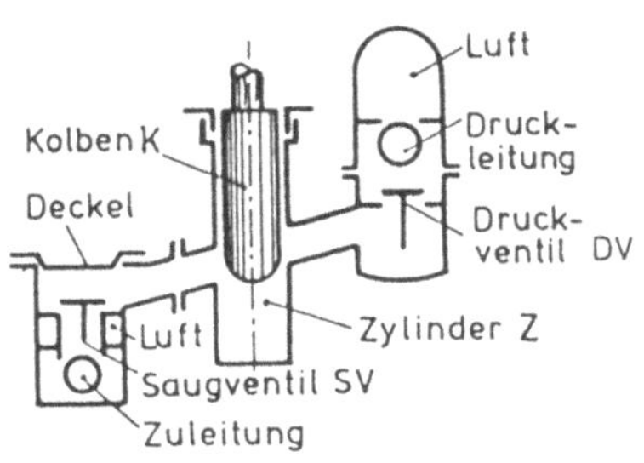

Bild 1.4
Einfach wirkende Druckpumpe
In dieser Konstruktion ist die Ausbaubarkeit der Ventile gewährleistet.
$\dot{Q}_{th} = A \cdot s \cdot n \qquad [m^3/s]$

Liegende Pumpen (s. Bild 1.5) sind häufig mit zwei Druckwindkesseln ausgerüstet, die untereinander zur Verringerung der Baugröße mit einer Ausgleichsleitung verbunden sind.

$a = d^2 \cdot \pi/4 \ ; \quad A = D^2 \cdot \pi/4$

Bewegung nach rechts: $A \cdot s$ angesaugt

$(A - a) \cdot s$ in Druckleitung gedrückt (Windkessel)

Bewegung nach links: $(A - a) \cdot s$ angesaugt, $A \cdot s$ in Druckleitung.

Pro Umdrehung folgt also:

$$(A - a) \cdot s + A \cdot s = (2A - a)s$$

$$\dot{Q}_{th} = (2A - a) \cdot s \cdot n \qquad \left[\frac{m^3}{s}\right]$$

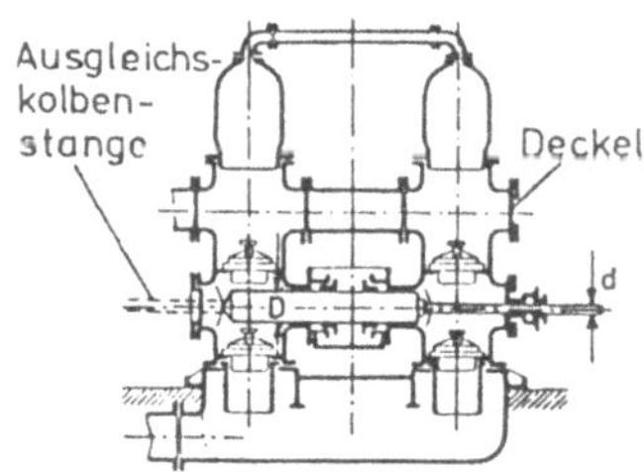

Bild 1.5
Doppelt wirkende Druckpumpe, liegend

Prinzip einer Hochdruckumwälzpumpe

Vertikale Anordnung des leicht demontierbaren Ventilpaketes (s. Bild 1.6).

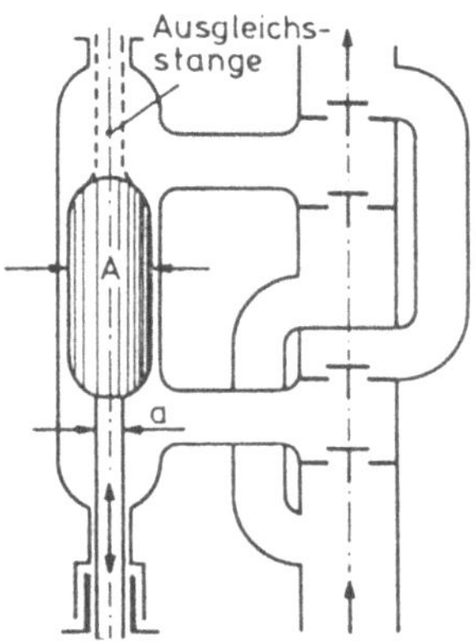

Bild 1.6
Hochdruck-Umwälzpumpe

Zahlenbeispiel zur HD-Umwälzpumpe:

Leistungsdruck	:	$600 bar$
Umwälzdruck	:	$25 bar$
Kolbenfläche A	=	$100 cm^2$
Stangenquerschn. a	=	$30 cm^2$

ohne Ausgleichsstange:

$$\begin{aligned} \text{Aufwärtsbewegung} \quad 625 \cdot 10^5 \frac{N}{m^2} \cdot 0,01 m^2 &= 6,25 \cdot 10^5 N \\ \text{Entlastung} \quad 600 \cdot 10^5 \frac{N}{m^2} \cdot 0,007 m^2 &= \underline{4,2 \cdot 10^5 N} \\ \text{Differenz} \quad & 2,05 \cdot 10^5 N \end{aligned}$$

$$\begin{aligned} \text{Aufwärtsbewegung} \quad 625 \cdot 10^5 \frac{N}{m^2} \cdot 0,007 m^2 &= 4,38 \cdot 10^5 N \\ \text{Entlastung} \quad 600 \cdot 10^5 \frac{N}{m^2} \cdot 0,01 m^2 &= \underline{6,0 \cdot 10^5 N} \\ \text{Differenz} \quad & 1,62 \cdot 10^5 N \end{aligned}$$

mit Ausgleichsstange:
In beiden Richtungen treten gleiche Kräfte auf. Außerdem erreicht man gleiche Fördermengen. Der Bauaufwand wird durch die Ausgleichsstange aber erhöht. Die Effektivität dieser Maßnahme muß in den einzelnen Fällen untersucht werden.

Derartige Pumpen werden zur Trennung von Fördermedium und Triebwerk auch mit Umführungsgestänge gebaut.

Differentialpumpe (Stufenkolbenpumpe)

Mit der Differentialpumpe (s. Bild 1.7) kann die Ungleichheit in der Fördermenge und im Kraftbedarf während des Hin- und Rückganges einer einfach wirkenden Pumpe gemildert werden. Diese Pumpe findet Anwendung als Druck- und Hubpumpe (vgl. [1]).

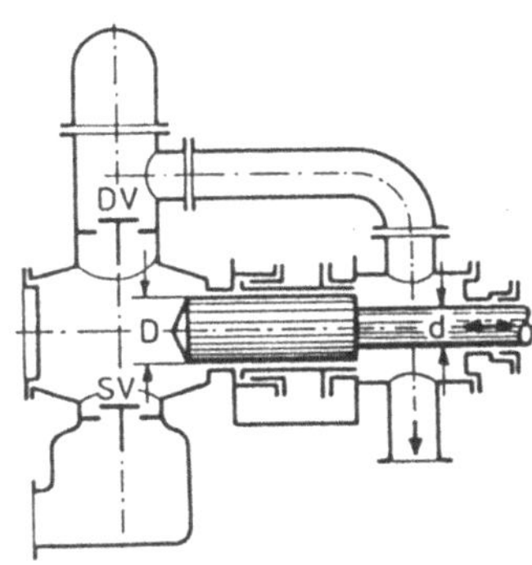

Bild 1.7
Differentialpumpe (Stufenkolbenpumpe)

$a = d^2 \cdot \pi/4 \; ; \; A = D^2 \cdot \pi/4$

Kolbenbewegung nach rechts:
$A \cdot s$ angesaugt, $(A - a)s$ gefördert.

Kolbenbewegung nach links:
Saugventil ist geschlossen, $A \cdot s$ durch Druckrohr gefördert, aber der Raum wird um $(A - a)s$ vergrößert.

Also:
$A \cdot s - (A - a)s = a \cdot s$ ins Druckrohr,
je Umdrehung $(A - a)s + a \cdot s = A \cdot s \quad \left[\frac{m^3}{\text{Umdr.}}\right]$

Daraus ergibt sich der Förderstrom zu

$$\dot{Q}_{th} = A \cdot s \cdot n \quad \left[\frac{m^3}{s}\right]$$

Wählt man $a = A/2$, dann ergeben sich gleiche Fördermengen für den Hin- und Rückhub, nämlich $A/2 \cdot s$. Der Querschnitt a kann auch so gewählt werden, daß beim Hin- und Rückhub gleiche Kräfte auftreten. Dann ist allerdings die Fördermenge unterschiedlich.

Beispiele für Sonderbauarten

Bei der Membranpumpe (Bild 1.8) ist anstelle des Kolbens eine elastische Membran in einem Gehäuse eingespannt. Anwendung: z.B. Kraftstofförderpumpe. Dabei Antrieb von einem Exzenter. Kraftschluß über eine Feder (s. Membranpumpe in Tabelle auf S. 8). Nach dem gleichen Prinzip wie die Pumpe in Bild 1.8 arbeiten auch die Schmutzwasserpumpen.

Bild 1.9 zeigt eine Membranpumpe für aggressive Medien. Auch die Dosierpumpe in Bild 1.10 ist für aggressive Medien geeignet. Hier wird die Trennung der Medien mit Quecksilber realisiert. Diese Pumpe wird für aggressive, schmiergelnde Medien, wie Kalkmilch, Aufschlämmungen und Hydrate, angewendet. Die linke Seite kann außerdem mit korrosionsbeständigem Material ausgekleidet sein, wie z.B. Teflon.

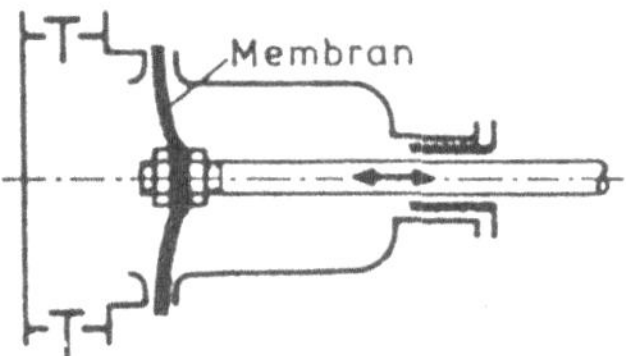

Bild 1.8
Membranpumpe

Stufenlos verstellbare Hubkolbenpumpe (Dosierpumpe)

(n = const. , s = variabel)
Eine Schwinghebelanordnung bietet eine gute Möglichkeit, den Kolbenhub stufenlos zu verändern (s. Bild 1.11). Die Bewegung der Schubstange S wird auf den Schwinghebel H übertragen. Die Lage des Drehpunktes A ist gegenüber dem Angriffspunkt B der Kolbenstange durch ein Handrad variabel, so daß der Kolbenhub s von der jeweiligen Länge der Strecke A - B abhängt. Durch Verkleinern dieser Strecke erreicht man einen kleineren Kolbenhub (vgl. [1]).

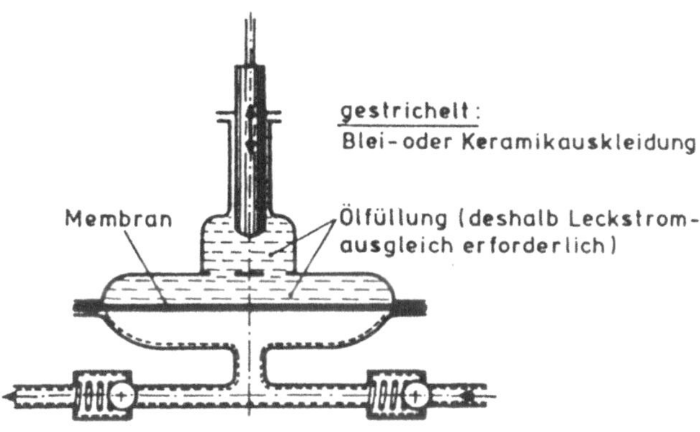

Bild 1.9 Membranpumpe für aggressive Medien

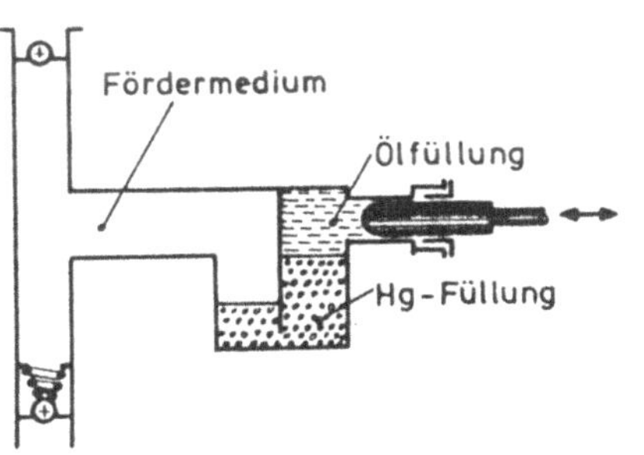

Bild 1.10 Dosierpumpe für aggressive Medien

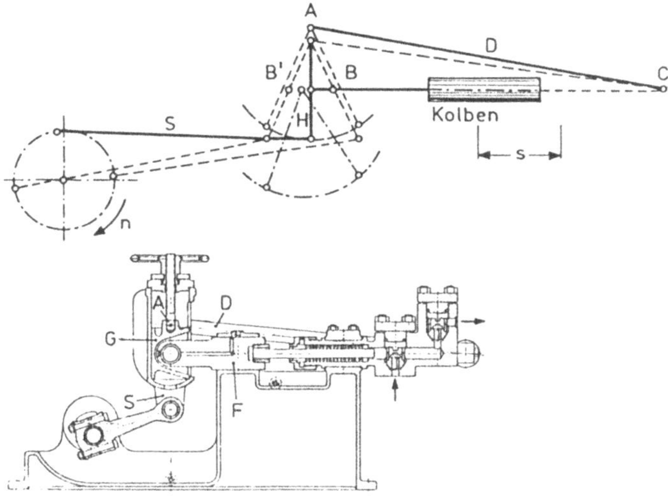

Bild 1.11 Schwinghebelpumpe, unten von BALKE [1]

	Hubkolbenpumpen [2]							Membran-pumpen
Merk-male	Reihenkolben Ventil-pumpen	Radial-kolben-ventilp.	Axial-kolben-ventilp.	Kurbellose Dampf- (Luft-) pumpen	Schieber-gest. Reihen-kolbenpumpe	Weggest. Radial-kolbenp.	Weggest. Axial-kolbenp.	
Bau-prinzip	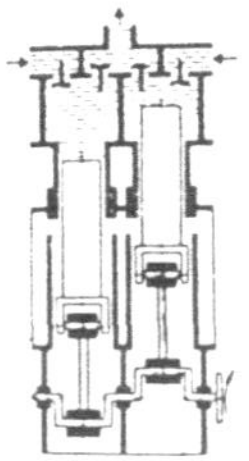	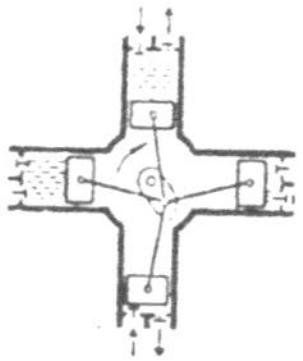	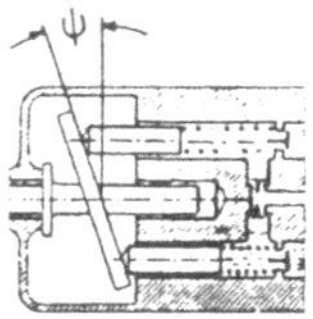	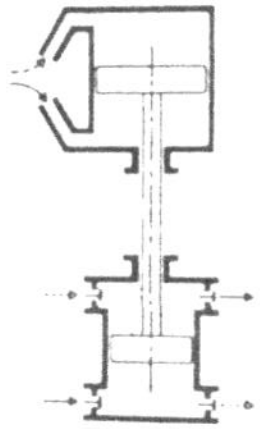	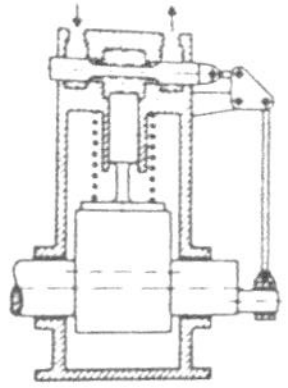	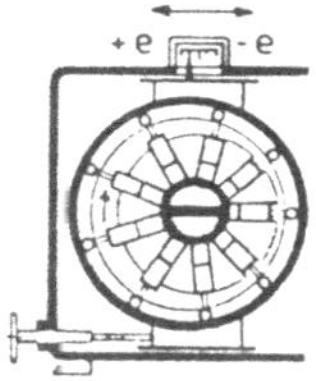	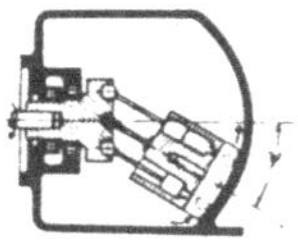	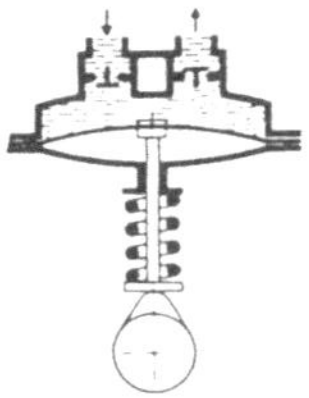
Ver-dränger	feste zylindrische Verdränger: Kolben oder Plunger							Membranen
Steue-rung d. Flüss.-stromes	druckgesteuerter Ein- und Auslaß (selbsttätige Ventile)				weggesteuerter Ein- und Auslaß			meist druckgest.
Trieb-werk	- Kurbeltr. ohne od. mit Kreuzkopf - Exzenter oder Nocken	Innen-exzenter oder Kurbel	rotierende Schräg-scheibe	Direktantr. über Dampf- (Luft) kolb. auf verlän-gert. Pumpen-kolbenstange	Kurbeltrieb oder Exzenter (Nocken)	Exzenter	- Triebflansch mit um ψ ge-neigter Welle - Schräg-scheibe od. Axialnocken	Kurbeltrieb oder Nocken
Förder-strom-regel.	- Kulissenkurb. od. Kul.schw. - Hubbegr. od. Stellexzenter	Stellexzen-ter oder Kulissen-kurbel	ψ-Verstel-lung oder Hubbegrenz-ung	Drosselung der Antriebs-Dampf- (Luft-) menge	Kulissenkur-bel od. Stell-exzenter od. Hubbegrenz.	Änderung d. Exzentrizi-tät	ψ-Verstellung bzw. Nocken-Verstellung	Kulissenkur-bel bzw. Hubbegrenz.
	oder Gegenkolben mit veränderlicher Phasenlage				oder Gegenkolben mit veränderlicher Phasenlage			

1.2.2 Pumpen mit oszillierenden Flügeln (Beispiel)

Die Förderung der Flüssigkeit erfolgt durch einen hin- und herschwingenden Flügel F (s. Bild 1.12), der von Hand oder mit Kurbeltrieb maschinell angetrieben wird. Der Arbeitsraum dieser Pumpe ist feststehend.

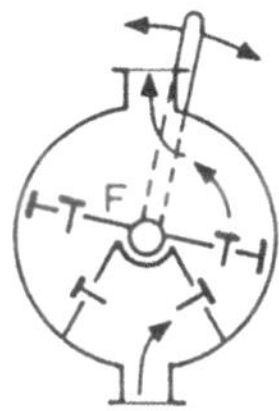

Bild 1.12
Pumpe mit oszillierenden Flügeln

1.2.3 Pumpen mit rotierenden Kolben [2], [3]

Allgemeine Kennzeichen:

- keine Ventile (meistens)
- Arbeitsraum umlaufend (z.B.)
- Kolben rotierend
- weggesteuerter Ein- und Auslaß (meistens)

Liegt keine Selbsthemmung vor, so ist diese Pumpenart als **Flüssigkeitsmotor** geeignet.

Neuartige C-Pumpe (vgl. [35])

Eine neuartige Verdrängermaschine, ähnlich der in der Tabelle auf S. 10 gezeigten Schwingkolbenpumpe, ist die sog. C-Pumpe (Bild 1.13). Sie sei hier vor der

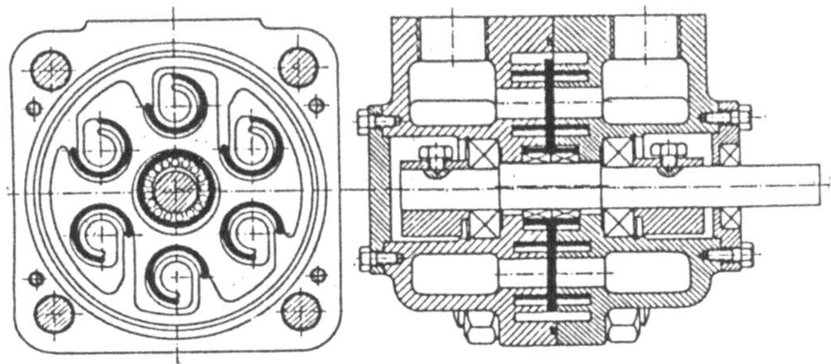

Bild 1.13 **C-Pumpe**

eigentlichen Systematik der Rotationsmaschinen gezeigt. In ringförmigen Gehäusen liegt ein C-förmiger Verdränger (im Bild voll ausgezogen) auf der einen Seite an der Außenwand, auf der anderen an der Innenseite an. Führt der Verdränger eine translatorische Kreisbewegung aus, so daß die Berührungspunkte an den Wänden innen und außen im Kreis herumwandern, so wird das Medium in den sichelförmigen Kammern herumgefördert. Durch geeignetes Hintereinanderschalten zweier Kammern wird eine rückstromfreie Förderung erreicht.

Schieberpumpen

In Schieberpumpen rotiert ein zylindrischer Drehkörper mit einem Zwischenraum in einem zylindrischen Gehäuse. Der Zwischenraum wird durch Schieber in Zellen geteilt, welche durch die Umlaufbewegung abwechselnd mit dem Saug- und dem Druckraum verbunden werden. Die folgende Tabelle gibt einen Überblick über die Schieberpumpen.

Arbeits-dichtstelle	am Drehkörper			an den Schiebern	
Sperr-dichtstelle	an den Schiebern			am Drehkörper oder an den Schiebern	
Bau-formen	Sperrschieberpumpen			Treibschieberpumpen	
	Schwingkol.-pumpen	Nockenkolb.-pumpen, exzentr.	Nockenkolb.-pumpen, konzentr.	Exzentr. Treibsch.-pumpen	Konzentr. Treibsch.-pumpen
	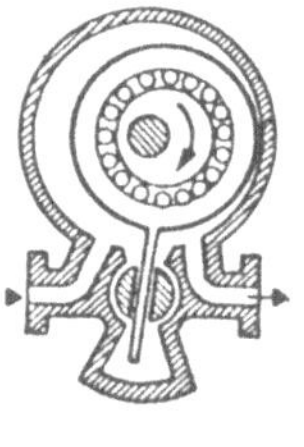				
Förder-strom Zeitverh.	schwankend		gleichför-miger Strom konstruktiv möglich	schwankend	gleichför-miger Strom konstruktiv möglich
Verstell-möglichk. (ohne gr. konstrukt. Aufwand)	-	-	-	leicht ver-stell- und umsteuerbar	konstruktiv möglich
Gruppen-einteilung n. Wankel	Umlaufkolbenmaschinen (dreh- oder kreiskolbenartig, je nach Auswuchtmöglichkeit)				

Wälzkörperpumpen

In Wälzkörperpumpen stehen zwei oder mehrere Achsen rotierender Körper so miteinander im Eingriff, daß an der Eingriffsstelle Sperrdichtung bei gegenseitigem Abwälzen oder Gleiten stattfindet. Die Förderung der Flüssigkeit findet in den von der Gehäusewand eng umschlossenen Drehkörperlücken statt.

Die Arbeitsdichtstelle befindet sich an der kreiszylindrischen Gehäusewand. Die Sperrdichtstelle befindet sich an der Eingriffsstelle. Die folgende Tabelle gibt einen Überblick über die Wälzkörperpumpen.

	Arbeitsraumdurchströmung				
	vorwiegend tangential			axial	
Bauformen	Zahnradpumpe	Rootspumpe	Trommelkolbenpumpe	Schraubenspindelpumpe	Schneckenpumpe
	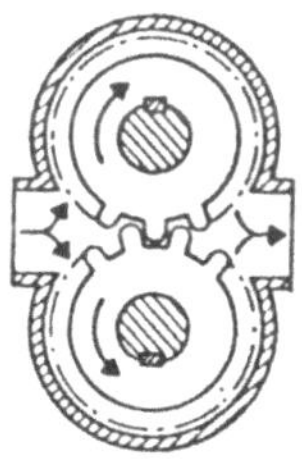	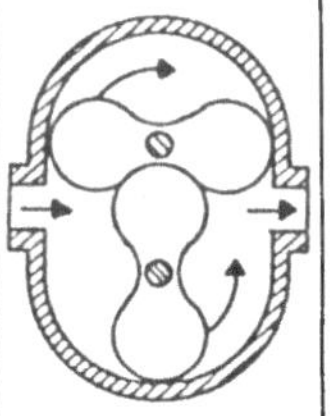	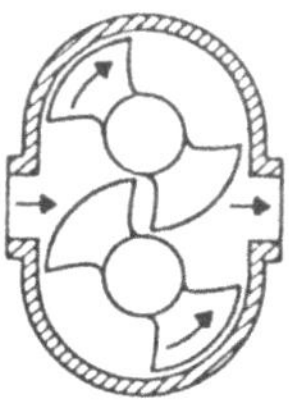		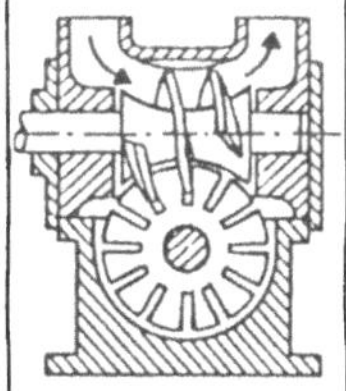
Förderstrom Zeitverh.	hochfrequ. schwache Schwankung	rel. stark schwankend	gleichförmiger Strom	gleichförmiger Strom	gleichförmiger Strom
Verstellmöglichk. (ohne gr. konstrukt. Aufwand)	konstruktiv möglich, sonst meist stufig (bei mehr als 2 Rädern)	-	-		
Gruppeneinteilung n. Wankel	Drehkolbenmaschine mit Kämmeingriff				

Hüllkörperpumpen

Von zwei Körpern umhüllt der eine den anderen derart, daß eine relative exzentrische Kreisbewegung möglich ist (Planetenbewegung). Dabei entstehen zwischen den Körpern für die Flüssigkeitsförderung geeignete Hohlräume. Die folgende Tabelle gibt einen Überblick über die Hüllkörperpumpen.

Arbeits-dichtstelle	am 1. Eingriff	Doppeleingriff an jeder Förderzelle	
Sperr-dichtstelle	am 2. Eingriff		
Bau-formen	Trochoiden-pumpen	Kreisein-griffpumpen	Exzenter-schneckenp.
			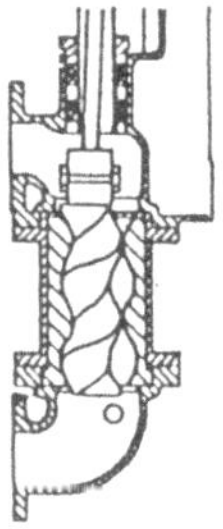
Förder-strom Zeitverh.	schwankend	schwankend	gleichförmig
Verstell-möglichk. (ohne gr. konstrukt. Aufwand)	möglich	möglich	-
Gruppen-einteilung n. Wankel	Dreh- oder Kreiskolben-maschine	Dreh- oder Kreiskolbenm. m. Kreiseingr.	Kreiskolben-maschine

Schlauchpumpen

Der Schlauch, ein Teil der Förderleitung, wird periodisch abgequetscht; die Quetschstellen wandern. Die Arbeitsdichtstelle befindet sich an der Quetschstelle. Das Förderstrom-Zeitverhalten ist schwankend. Anwendung finden diese Pumpen in der Medizin. Nach Wankel wird diese Pumpe den Kreiskolben- oder Umlaufkolbenmaschinen zugeordnet.

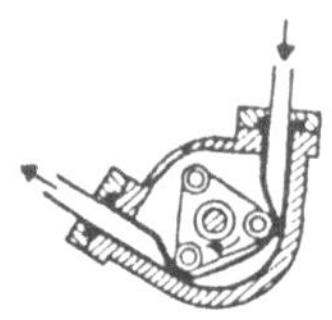

Bild 1.14
Schlauchpumpe für die Medizin

1.2.4 Steuerungsarten

Drucksteuerung mit automatischen Ventilen: nur bei Pumpen,

Wegsteuerung z.B. durch Kolben oder Schieber: bei Pumpen und Motoren.

1.3 Vor- und Nachteile, Anwendungsbereiche, Druckbereiche der Kolbenpumpen

1.3.1 Vor- und Nachteile

Vorteile:

- gute Wirkung
- höchste Drücke (z.B. Ölpreßpumpen)
- fast alle Flüssigkeiten förderbar (Säuren, Schmutzwasser und zähe Flüssigkeiten z.B. Frischbeton)
- gute Steuerfähigkeit

Nachteile:

- Bauraum größer als bei Kreiselpumpen
- für große Förderströme weniger geeignet
- schmutzempfindlicher als Kreiselpumpen
- u.U. diskontinuierlicher Förderstrom

1.3.2 Einsatzgebiete, Anwendungen

Einsatzgebiete (vgl. Bild 1.15):

(a) Preßpumpen

(b) Hauswasserpumpen

(c) Schiffsbetrieb

(d) Kesselspeisepumpen

Eine erweiterte Anwendungsübersicht befindet sich im Anhang S. 185.

Anwendungen nach Druckbereichen:

1. Hochdruckpumpen, Mitteldruckpumpen

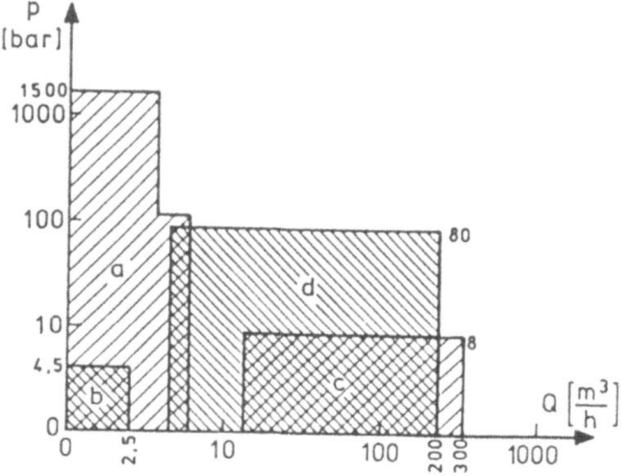

Bild 1.15
Einsatzgebiete der Pumpen

(a) Hauswasserversorgung
(b) Beregnung
(c) Kesselspeisepumpen für kleine Kessel
(d) Abwasser-, Schiffswasser-, Untertagewasserförderung
(e) Entwässerungsanlagen
(f) Pumpen für Baubetrieb

2. Hochdruck-Reihenventilpumpen

(a) Kesselspeisepumpen
(b) Presspumpen für hydraulische Pressen
(c) Presspumpen für hydraulische Steueranlagen
(d) Erdölförderung, Pipeline
(e) Tiefbohrtechnik
(f) Dosierpumpen, Einspritzpumpen für Motoren

3. Nocken- und Exzenterpumpen für HD und ND

(a) Einspritzpumpen
(b) Druckpumpen für hydraulische Anlagen
bei nichtschmierfähigen Flüssigkeiten Ölsperre vorsehen (evtl. Zusatzschmierung)

1.3.3 Drehzahlbereiche (Hubkolben)

Die Drehzahl ist beschränkt durch:

1. Bei Drucksteuerung:

   (a) Beschleunigung des Fluids auf der Saugseite (Unterschreiten des Dampfdruckes - Kavitation)
   (b) Ventilschlag

2. Bei Wegsteuerung:
   (a) Fliehkräfte z.B. bei Axialkolbenpumpen
   (b) Überdeckungsfehler bei der Steuerung
   (c) Gleitgeschwindigkeiten am Steuerspiegel

Zu 1.(a):
Das Ansaugen ist bei einem Zylinder diskontinuierlich. Die Flüssigkeitssäule muß beschleunigt werden. Dabei kann der Druck unter den Dampfdruck absinken.

Die Druckabsenkung ist proportional

$$\Delta p_{beschl.} \sim L \quad , \quad a_{max}$$

mit

L : Länge der Flüssigkeitssäule

Abhilfen:

1. Mehrzylinderpumpen, Saugstrom gleichmäßiger (aber Unterdruck in einem Zylinder beachten)
2. Saugwindkessel $\rightarrow L$ geringer
3. konstruktive Verbesserung der Fluidwege z.B. an Steuerkanten

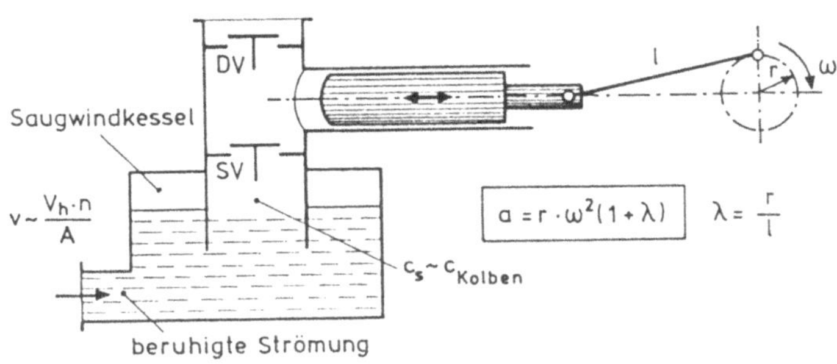

Bild 1.16 Hubkolbenpumpe mit Saugwindkessel

U.U. ist eine Beschränkung der Drehzahl notwendig.

$$a \sim r \cdot \omega^2 \sim s \cdot n^2$$

Grenzwerte für $s \cdot n^2$ (Einzylinder, ohne Windkessel)

$$s \cdot n^2 = 4000 - 6000 \frac{m}{min^2}$$

Damit wird z.B. für:

$$n = 65min^{-1} \quad : \quad s = 0,9\ldots1,0m$$
$$n = 350min^{-1} \quad : \quad s = 0,05m$$

Gebräuchlich sind Drehzahlen zwischen 300 und $400min^{-1}$.

Maßgebend ist auch die Drehzahl der Antriebsmaschine (z.B. Synchrondrehzahlen). In Sonderausführungen sind $1500min^{-1}$ zu erreichen.

Bei Mehrzylindermaschinen, wie z.B. Axialkolbenmaschinen in der Ölhydraulik mit Wegsteuerung, werden Drehzahlen von bis zu $6000min^{-1}$ ($100s^{-1}$) verwendet (vgl. Bild 5.20).

Zu 1.(b): Abhilfe: Änderung der Auslegung (nur beschränkt möglich)

Zu 2.(a): Abhilfe: hochfeste Werkstoffe

Zu 2.(b): Abhilfe: Ausgleichsnuten etc.

Zu 2.(c): Abhilfe: verbesserte Schmierung, Materialpaarung

Das Verhältnis s/D streut in weiten Bereichen. Es ist stark von der Bauart der Pumpe abhängig. Bei Höchstdrücken werden größere Werte bevorzugt.

$$\frac{s}{D} = 0,5 - 2,5$$

2 Theoretische Betrachtungen zum Pumpenbau

2.1 Förderhöhen

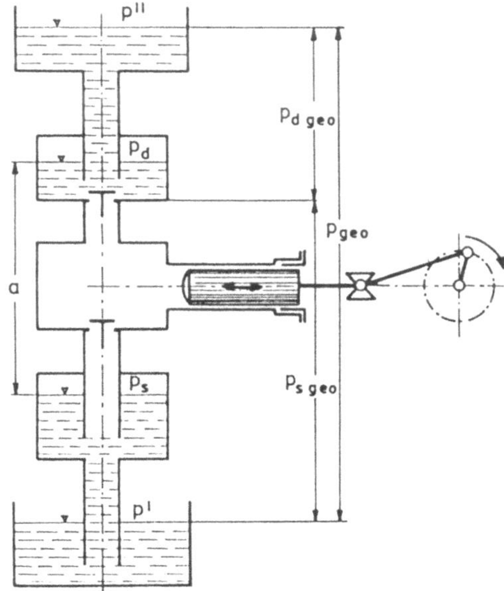

Bild 2.1
Druckverhältnisse an einer Kolbenpumpe zur Bestimmung der Förderhöhe

Aus Messungen an einer Pumpe (s. Bild 2.1):
Zur Bestimmung der Förderhöhe einer im Betrieb befindlichen Kolbenpumpe benötigt man die Geschwindigkeiten c_s, c_d und die Drücke p_s und p_d.

Die Instrumente für die Druckmessung werden meist an den Lufträumen des Saug- und Druckwindkessels angeschlossen. Setzt man p_s, p_d in $[N/m^2]$, ρ, die Dichte der Flüssigkeit in $[kg/m^3]$, c_s und c_d in $[m/s]$ ein, so ergibt sich folgende Beziehung für die Förderhöhe nach Bernoulli:
(Höhenlagenenergie + Druckenergie + Geschwindigkeitsenergie = const.)

$$H = \frac{p_d - p_s}{\rho \cdot g} + \frac{c_d^2 - c_s^2}{2g} + a \quad [m]$$

c_s und c_d sind die mittleren Geschwindigkeiten im Saug- und im Druckstutzen (meist ist das Glied vernachlässigbar). Der Saugdruck p_s wird als Überdruck positiv und als Unterdruck negativ eingesetzt.

Die **spezifische Förderarbeit** y bezeichnet den "Energiezuwachs", den $1kg$ der Flüssigkeit in der Pumpe bekommen hat, ausgedrückt in $[Nm/kg] = [m^2/s^2]$.

$$y = g \cdot H$$

Bei der Neuauslegung einer Pumpe:

- $P''\,[N/m^2]$: Druck im Druckbehälter
- $P'\,[N/m^2]$: Saugdruck im Saugbehälter
- $H_{geo}\,[m]$
- Strömungsverluste, H_v sind die entsprechenden Verlusthöhen
- c'', c' (meist vernachlässigbar)

Aus diesen Werten erhält man die Gesamtförderhöhe

$$H = \frac{P'' - P'}{\rho \cdot g} + H_{geo} + \Sigma H_v \quad [m]$$

Darin ist

$$\frac{P'' - P'}{\rho \cdot g} = H_p$$

Für offene Behälter, d.h. P" = P' ergibt sich:

$$H = H_{geo} + \Sigma H_v$$

die manometrische Förderhöhe in Pa ($1Pa = 1N/m^2$) ergibt sich durch Multiplikation der Förderhöhe H $[m]$ mit dem spezifischen Gewicht $[kg/m^3]$ zu:

$$\begin{aligned} H_{man} &= H \cdot \rho \cdot g \quad [Pa] \\ &= H \cdot \rho \cdot g \cdot 10^{-5} \quad [bar] \end{aligned}$$

H_{man} und $P = P_d - P_s$ können mit Manometern abgelesen werden, wenn a klein und $c_2 = c_1$ ist.

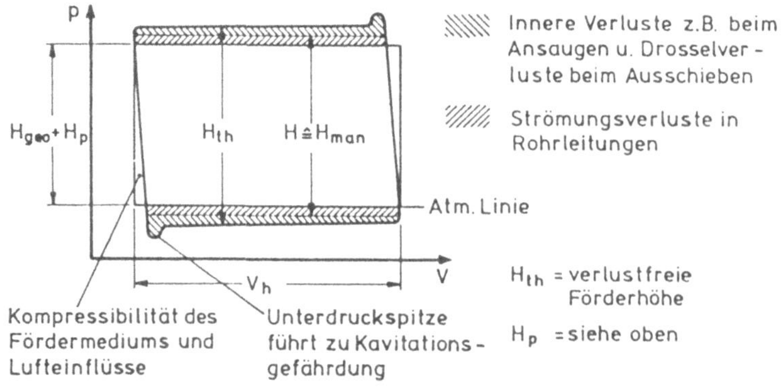

Bild 2.2 Pumpen-p-V-Diagramm (mit Windkesseln)

Wirkungsgrade (soweit aus p-V-Diagramm in Bild 2.2 ablesbar):

1. Hydraul. Wirkungsgrad: (Aussage über innere Verluste) $\eta_{h_p} = \dfrac{H}{H_{th}}$

2. Hydraul. Gesamtanlagen-Wirkungsgrad: (Aussage über Gesamtverluste) $\eta_{h_{Anl}} = \dfrac{H_{geo} + H_p}{H_{th}}$

3. Hydraul. Leitungswirkungsgrad: (Aussage über Leitungssystemverluste) $\eta_{h_{Leitung}} = \dfrac{H_{geo} + H_p}{H}$

Weitere Wirkungsgrade werden in Kap. 2.5 erörtert. Erfahrungswerte für $\eta_{h_p} \approx 0,8 \ldots 0,98$.

2.2 Saugwirkung der Pumpe

Der niedrigste Druck beim Ansaugen darf **nie** unter den Dampfdruck der Flüssigkeit kommen, da sonst Kavitation entsteht. Er wird beeinflußt durch:

1. Druck auf Saugseite P' , oder wenn offen P_A
2. Größe des Dampfdruckes P_D als Funktion der Temperatur
3. Geschwindigkeitsenergie im Saugrohr und Druckabsenkung durch Kolbenbeschleunigung
4. Strömungsverluste im Saugrohr und in den Saugventilen

Es gilt die Bedingung (s. Bild 2.3):

$$H_{s\,geo} < \frac{(P' - P_D)}{\rho \cdot g} - \Sigma H_{verl}$$

mit

P' : Ruhedruck im Saugbehälter

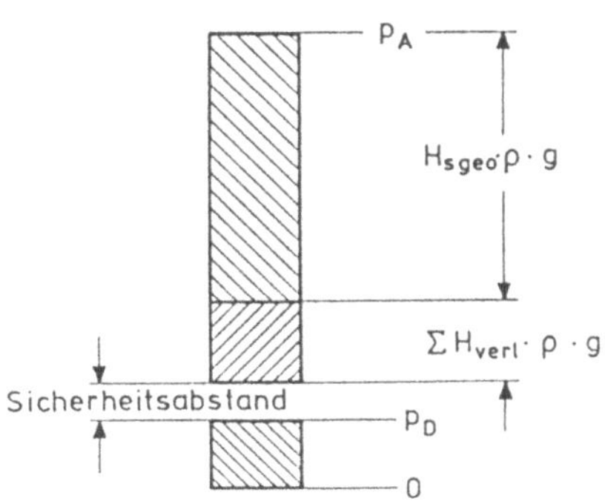

Bild 2.3
Vermeidung von Kavitation durch Sicherheitsabstand $P_A \hat{=} P'$

2.2.1 Aufgliederung der Saugverluste [1]

Geschwindigkeitshöhe im Saugsystem:

$$\Delta H_1 = \frac{c_s^2}{2g}$$

Aus dem Kontinuitätssatz folgt, daß c_s der Kolbengeschwindigkeit proportional ist (s.a. Bild 2.4).

$$\begin{aligned} A_s \cdot c_s &= A_k \cdot c_k \\ \Delta H_1 &= \left(\frac{A_k}{A_s}\right)^2 \cdot \frac{c_k^2}{2g} \; [m] \\ y_1 &= g \cdot \Delta H_1 \quad \text{Verlust an Druckenergie} \end{aligned}$$

ΔH_1 ist meist klein.

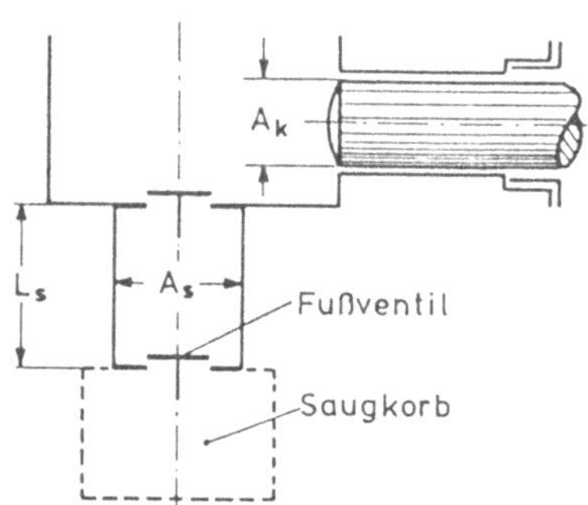

Bild 2.4
Größen zur Berechnung der Geschwindigkeitshöhe

Reibungsverluste in der Saugseite:

Die Verluste in Rohren, Krümmern, Fußventil, Saugkorb usw. sind c_s^2 und c_k^2 proportional.

$$\begin{aligned} \Delta H_2 &= \Sigma\zeta \cdot \left(\frac{A_k}{A_s}\right)^2 \cdot \frac{c_k^2}{2g} \; [m] \\ y_2 &= g \cdot \Delta H_2 \end{aligned}$$

Dabei ist der Widerstandsbeiwert ζ bei der mittleren Kolbengeschwindigkeit c_m auf die Reynoldszahl bezogen worden.

$$\begin{aligned} \zeta &= \lambda \cdot \frac{L}{d} \quad \text{(für Rohre)} \\ \lambda &= f(Re) \quad \text{(Widerstandszahl, s. Bild 2.8)} \end{aligned}$$

Wirtschaftliche Geschwindigkeiten (z.B. für Wasser):

$$c_s \approx 0,5 \ldots 1,0 \frac{m}{s}$$
$$c_d \approx 1,0 \ldots 3,0 \frac{m}{s}$$

Öffnungs- und Strömungsverluste im Saugventil

Die Strömungsverluste hängen von dem Öffnungsverhältnis und von c_v ab. Sie ändern sich aber mit c_k. Näherungsweise kann, außer beim Öffnen, mit einem **konstanten Wert** gerechnet werden. Als Mittelwert des ständigen Verlustes ergibt sich ΔH_3 zu:

$$\Delta H_3 = \zeta \cdot \frac{c_v^2}{2g}$$
$$y_3 = g \cdot \Delta H_3$$

Beim Öffnen wird ein Maximalwert erreicht:

$$\Delta H_{3\,max} \approx 2 \cdot H_{3\,mittel}$$

$\Delta H_{3\,max}$ ist durch die Konstruktion des Saugventils beeinflußbar.

Beschleunigungsverluste

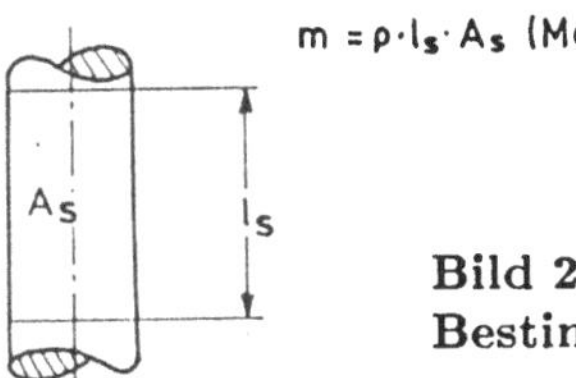

Bild 2.5
Bestimmung der zu saugenden Masse

Mit der Masse aus Bild 2.5 ergibt sich für die erforderliche Kraft:

$$m \cdot a_s = \rho \cdot l_s \cdot A_s \cdot a_s$$

Für den Druckverlust gilt:

$$\Delta P_4 = \frac{\text{Kraft}}{\text{Fläche}} = \rho \cdot l_s \cdot a_s = \Delta H_4' \cdot \rho \cdot g$$

Aus dieser Beziehung ergibt sich $\Delta H_4'$ zu:

$$\Delta H_4' = \frac{l_s \cdot a_s}{g}$$

Auf die Kolbenbeschleunigung bezogen:

$$\Delta H_4 = \frac{A_k}{A_s} \cdot \frac{l_s \cdot a_k}{g}$$
$$y_4 = g \cdot \Delta H_4$$

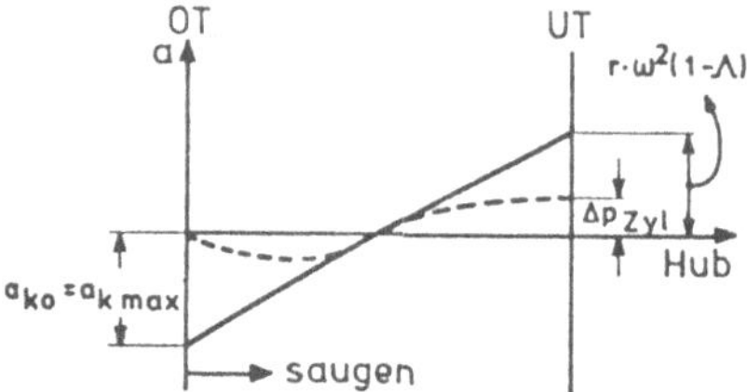

Bild 2.6
Beschleunigungsdiagramm bei Pumpen mit Kurbeltrieben

Bei Pumpen mit Kurbeltrieben ergibt sich für die Kolben ein Beschleunigungsdiagramm nach Bild 2.6. Am Anfang findet also eine starke Druckabsenkung infolge der Beschleunigung $a_{k\ max} = a_{k\ 0}$ statt. Am Ende eine starke Druckzunahme infolge der Verzögerung. Hinzu kommen die Beschleunigungsverluste im Zylinder. Diese sind jedoch bei Saugbeginn gleich Null, da die Säulenlänge gleich Null ist. Beim Ende des Hubes aber vorhanden:

$$\Delta P_{Zyl} = \rho \cdot a_k \cdot s_k$$

mit

$$s_k = 2r \quad \text{in UT}$$

$$a_k = r \cdot \omega^2 (1 - \Lambda)$$

$$\Lambda = \text{Pleuelstangenverhältnis} = \frac{r}{L_{Pleuel}}$$

Setzt man a_k und s_k ein, ergibt sich der Druckverlust zu

$$\Delta P_{Zyl} = 2\rho \cdot r^2 \cdot \omega^2 (1 - \Lambda)$$

Summe aller Verluste

Aus den Einzelverlusten $\Delta H_1 \ldots \Delta H_4$ ergibt sich nunmehr die Gesamtverlusthöhe

$$\Sigma H_{verlust} = (1 + \Sigma\zeta_s) \cdot \left(\frac{A_k}{A_s}\right)^2 \cdot \frac{c_k^2}{2g} + \Delta H_{3\ max} + \frac{A_k}{A_s} \cdot l_s \cdot \frac{a_k}{g}$$

Die Summe der Verluste an Druckenergie $y_1 \ldots y_4$ ergibt den gesamten spezifischen Energieverlust

$$Y_{V_s} = \Sigma y = (1 + \Sigma\zeta_s) \cdot \left(\frac{A_k}{A_s}\right)^2 \cdot \frac{c_k^2}{2} + \zeta \cdot \frac{c_v^2}{2} + \frac{A_k}{A_s} \cdot l_s \cdot a_k$$

Trägt man von der Normhöhe $P_A/(g \cdot \rho) = 10{,}33m\ WS$ $(4°C)$ des mittleren atmosphärischen Luftdrucks aus die geodätische Saughöhe $H_{s\ geo}$ nach unten ab und in gleicher Richtung von der Geraden $H_{s\ geo}$ = const. aus für die verschiedenen Kolbenstellungen die Summe der Verlusthöhen, so erhält man den Verlauf der absoluten Druckhöhe H_0 , die während des Saugens im höchsten Punkt des Zylinderraumes herrscht (siehe Bild 2.7 und [1]).

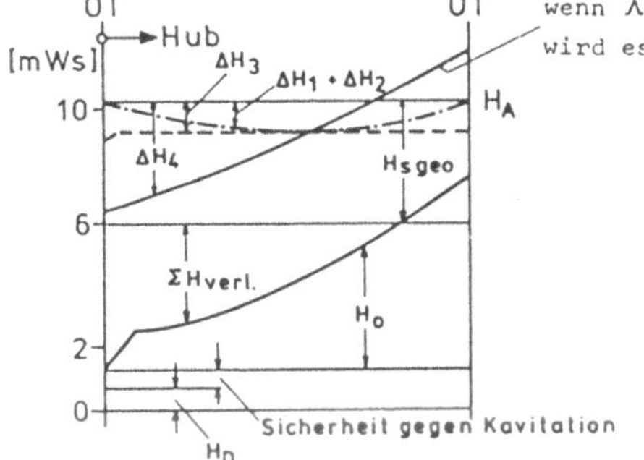

Bild 2.7
Ermittlung des Verlaufes der absoluten Druckhöhe im Zylinder bei Saugbeginn (H_0)

Es gilt für den Beginn des Saughubes (mit $H_A = P_A/(g \cdot \rho)$ in $[m\ Fls]$):

$$H_0 = H_A - H_{s\ geo} - \frac{A_k}{A_s} \cdot \frac{l_s \cdot a_{k\ 0}}{g} \cdot (-\Delta H_3) \quad [m\ Fls]$$

(ΔH_3 wenn Ventil öffnet.)
Für Wasser: bei 20^oC ist $p_D = 0,025 bar \hat{=} 0,25 m\ WS$
p_D für andere Fluide: siehe im Anhang S. 174.

Die Kavitationsgefahr ist gering, solange gilt:

$$H_A - H_D > H_{s\ geo} + H_{verl}$$

Auf die spezifische Energie bezogen lautet die Bedingung:

$$\frac{P_A - P_D}{\rho} > y_{s\ geo} + \Sigma y_{verl}$$

Sie ist vielfach nur zu erfüllen, wenn der Massenwiderstand der Saugsäule durch Vielzylinderausführung oder Anwendung eines Windkessels verkleinert wird.

Die folgende Tabelle zeigt Beispiele für die absolute mittlere Höhe k der Rauhigkeitserhebungen bei verschiedenen Rohrbaustoffen und Oberflächenzuständen.

Werkstoff und Rohrart	Zustand	k in $[mm]$
Gezogene Rohre (Kupfer, Messing, Glas u.ä.)	technisch glatt	bis 0,0015
Nahtlose Stahlrohre (handelsüblich)	neu	0,02 ... 0,1
	nach längerem Gebrauch gereinigt	0,15 ... 0,2
	mäßig verrostet, leichte Verkrustung	bis 0,4
	starke Verkrustung	bis 3
Geschweißte Stahlrohre	neu	0,04 .. 0,1
	neu, bitumiert	etwa 0,05
	gebraucht, Bitumen z.T gelöst, Roststellen	etwa 0,1
	gebraucht, gleichmäßige Rostnarben	etwa 0,15
	nach mehrjährigem Betrieb (Ferngasleitung)	etwa 0,5
	leichte Verkrustung	etwa 1,5
	starke Verkrustung	2 ... 4
	Ablagerungen in blättriger Form, Ferngasleit. n. 20 Jahren Betrieb	etwa 1,1
Nahtlose Stahlrohre und Blechrohre mit Längsnähten einer Stadtgasleitung	25 Jahre in Betrieb, unregelmäßige Teer- u. Naphtalinablagerungen	etwa 2,4
Genietete Stahlrohre von Wasserleitungen	verschieden	0,5 ... 1
Sauber verzinkte Stahlrohre	neu	0,07 ... 0,1
Gewöhnlich verzinkte Stahlr.	neu	0,1 ... 0,15
Gußeiserne Rohre	neu	0,25 ... 1
	neu, bitumiert	0,1 ... 0,15
	gebraucht, angerostet	1 ... 1,5
	verkrustet	1,5 ... 4
	nach mehrjährigem Betrieb gereinigt	0,3 ... 1,5
Holzrohre	verschieden	0,2 ... 1
Betonrohre	Glattstrich	0,3 ... 0,8
	roh	1 ... 3
Asbestzement-Rohre	neuwertig	0,05 ... 0,1

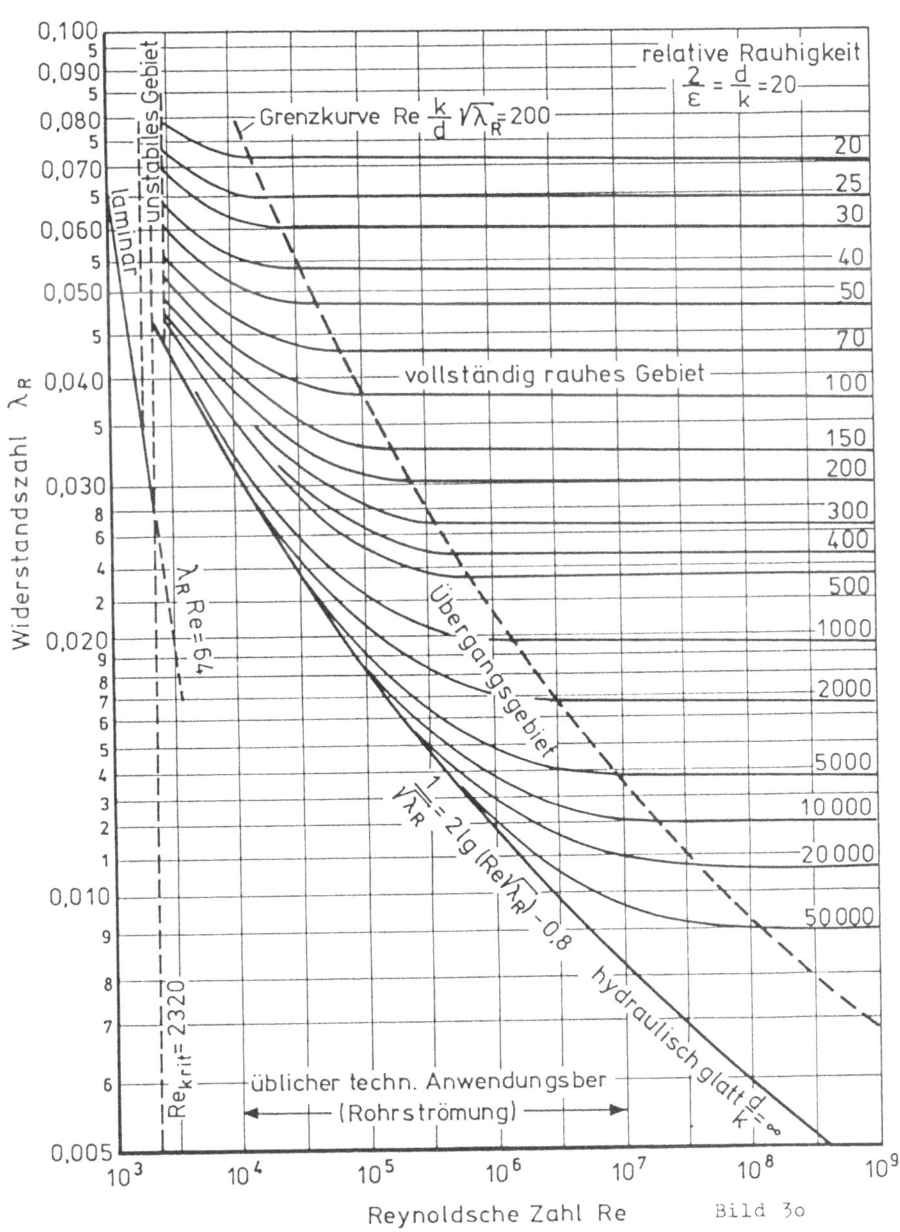

$$\frac{1}{\sqrt{\lambda_R}} = -2 \lg \left[\frac{2{,}51}{Re\sqrt{\lambda_R}} + \frac{k}{3{,}72 d} \right]$$

Gleichung nach Colebrook u. White

d = Rohrdurchmesser [mm]

k = mittl. Höhe der Rohrrauhigkeit [mm]

Bild 2.8 Zeichnerische Darstellung der allgemeinen Widerstandsformel nach Prandtl-Colebrook (log. Auftragung)

2.2.2 Beispiel zur Berechnung der Saughöhe bei Wasser

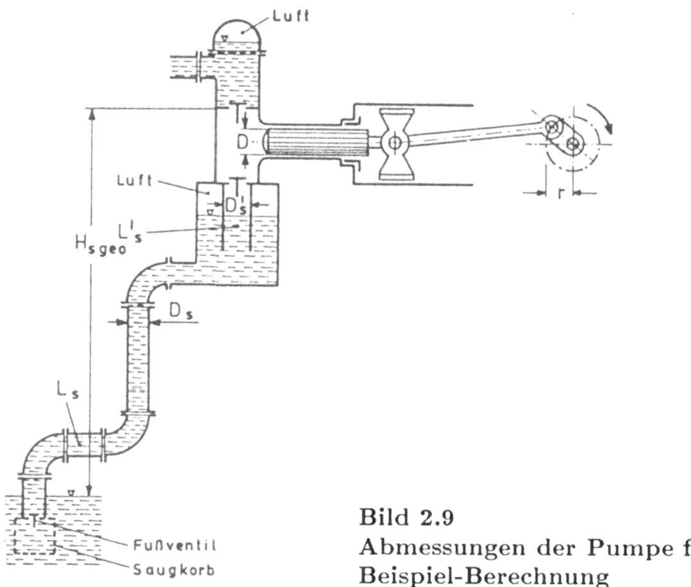

Bild 2.9
Abmessungen der Pumpe für die Beispiel-Berechnung

Voraussetzung: Saugwindkessel ausreichend groß, so daß $c_s = const.$

Gegebene Werte (s. Bild 2.9):

$$
\begin{aligned}
D &= 125mm \\
2r &= s = 122mm \\
\Lambda &= \frac{r}{l} = 0,2312 \\
n &= 1,75s^{-1} \qquad \text{(Fall1)} \\
P_a &= 1,0136 \cdot 10^5 Pa \\
L_s &= 15m \quad , \quad D_s = 70mm \\
L_s' &= 0,45m \quad , \quad D_s' = 120mm \\
k &= 0,2mm \quad \text{(Rohrrauhigkeit)} \\
V_H &= \frac{\pi}{4} \cdot D^2 \cdot s \\
\dot{Q} &= V_H \cdot n = 2,62 \cdot 10^{-3} \qquad \left[\frac{m^3}{s}\right] \\
\zeta_{Kr} &= 0,22 \quad \text{(Krümmer)} \\
\zeta_F &= 2,5 \quad \text{(Fußventil)} \\
\zeta_{Sk} &= 1,5 \quad \text{(Saugkorb)}
\end{aligned}
$$

ζ-Werte aus "Hütte", Bd. 1, S. 788 (28. Auflage)

Sauggeschwindigkeit (Annahme: $c_s = 0,5 - 1,0 m/s$):

$$D_s = 0,07m \rightarrow A_s = 3,85 \cdot 10^{-3} \quad m^2$$
$$c_s = \frac{2,62 \cdot 10^{-3} m^3/s}{3,85 \cdot 10^{-3} m^2} = 0,681 \frac{m}{s}$$

Maximale Kolbenbeschleunigung:

$$a_{k\,max} = r \cdot \omega^2 \cdot (1 + \Lambda) = r \cdot (2\pi \cdot n)^2 \cdot (1 + \frac{r}{l}) = 9,08 \quad \left[\frac{m}{s^2}\right]$$
$$\Delta H_4 = \frac{L'_s}{g} \cdot \frac{A_k}{A'_s} \cdot a_{k\,max} = \frac{0,45}{9,81} \cdot \frac{125^2}{120^2} \cdot 9,08 = 0,452 \quad [m\,Ws]$$
$$\Delta H_3 = 1,4 \quad [m\,Ws] \quad \text{(geschätzt)}$$

Anzustreben ist:

$$H_{s\,geo} < \frac{P_A - P_D}{\rho \cdot g} - \left[\Delta H_{3\,max} + \frac{L'_s}{g} \cdot \frac{A_k}{A'_s} \cdot a_{k\,max} + \underbrace{\frac{c_s^2}{2g} \cdot (1 + \Sigma\zeta_s)}_{\Delta H_1 + \Delta H_2}\right]$$

$$Re = \frac{c_s \cdot D_s}{\nu} \quad \text{Reynoldszahl}$$
$$\nu = \frac{\eta}{\rho} \quad \text{kinematische Zähigkeit}$$
$$\lambda = f\left(Re, \frac{D}{k}\right) \quad \text{aus Colebrook-Diagramm}$$

Rohrreibungsverluste in der Saugleitung:

$$\zeta_1 = \frac{\lambda \cdot L_s}{D_s}$$

Bei der Durchrechnung für verschiedene Temperaturen ergeben sich folgende Werte, die Angaben für $t = 20^oC$ sind die Ausgangswerte (Fall1):

$t\ [^oC]$	$\eta/\rho\ \ [m^2/s]$	Re	λ	ζ_1	ζ_{ges}	$\Delta H_1 + \Delta H_2$	$\Sigma H_{verl}\ [m]$
0	$1,79 \cdot 10^{-6}$	26620	0,032	6,86	11,52	0,296	2,148
20	$1,01 \cdot 10^{-6}$	47200	0,030	6,43	11,09	0,286	2,138
40	$0,658 \cdot 10^{-6}$	72450	0,0285	6,11	10,77	0,278	2,130
60	$0,478 \cdot 10^{-6}$	99700	0,0275	5,89	10,55	0,273	2,125
80	$0,366 \cdot 10^{-6}$	130250	0,0265	5,86	10,34	0,268	2,120
100	$0,295 \cdot 10^{-6}$	161500	0,026	5,57	10,23	0,2655	2,118
120	$0,240 \cdot 10^{-6}$	198500	0,026	5,57	10,23	0,2655	2,118

$\zeta_{ges} = \zeta_1 + \zeta_{Sk} + \zeta_F + 3\zeta_K$

$t\ ^oC$	$P_D\quad [N/m^2]$	$P_A - P_D\quad [N/m^2]$	$H_A - H_D\quad [m]$	$H_{s\ max}\quad [m]$
0	$0,00611 \cdot 10^5$	$1,00749 \cdot 10^5$	10,27	8,122
20	$0,02337 \cdot 10^5$	$0,99023 \cdot 10^5$	10,094	7,956
40	$0,07377 \cdot 10^5$	$0,93983 \cdot 10^5$	9,58	7,45
60	$0,19924 \cdot 10^5$	$0,54988 \cdot 10^5$	5,503	3,383
100	$1,01357 \cdot 10^5$	$0,00003 \cdot 10^5$	0,0	-2,118
120	$1,98603 \cdot 10^5$	$-0,97243 \cdot 10^5$	-9,913	-12,081

$H_A - H_D = (P_A - P_D)/(\rho \cdot g)$
$H_{smax} = H_A - H_D - \Sigma H_{verl}$

Fall 2: Erhöhung der Drehzahl bei $t = 20^oC$:

$$n_2 = 2n_1 = 3,5s^{-1}$$

$$Q_s = V_H \cdot n - 5,24 \cdot 10^3 \frac{m^3}{s}$$

$$c_s = \frac{5,24 \cdot 10^{-3}}{3,85 \cdot 10^{-3}} \frac{m}{s} = 1,362 \frac{m}{s}$$

$$Re = \frac{c_s \cdot D_s}{\nu} = \frac{1,362 \cdot 0,07}{1,01 \cdot 10^{-6}} = 94400$$

Aus der Reynoldschen Zahl, dem Durchmesser D und der Rauhigkeit k folgt die Rohrreibungszahl λ:

$$\lambda = 0,0277$$

$$\zeta_1 = \frac{\lambda \cdot L_s}{D_s} = \frac{0,0277 \cdot 15}{0,07} = 5,94$$

$$\Sigma\zeta = 10,16$$

$$\Delta H_1 + \Delta H_2 = \frac{c_s^2}{2g}(1 + \Sigma\zeta_s) = 1,055m \quad (\text{vergl.: } 0{,}286 \text{ bei } n = 1,75s^{-1})$$

$$a_{k\ max_2} = 4a_{k\ max_1} \quad \rightarrow \quad a_{k\ max_2} = 36,32 \frac{m}{s^2}$$

$$\Delta H_4 = \frac{L'_s}{g} \cdot \frac{A_k}{A'_s} \cdot a_{k\ max_2}$$

$$= \frac{0,45}{9,81} \cdot \frac{125^2}{120^2} \cdot 36,32 = 1,808m \quad (0,452 \text{ bei } n = 1,75s^{-1})$$

Annahme: $\Delta H_{3\ max}$ erhöht sich nicht. $\Delta H_{3\ max} = 1,4m$.

Bei höherer Strömungsgeschwindigkeit ist zwar ein höherer Druckverlust zu erwarten, aber der Anfangsverlust zu Beginn des Hubes hängt nur von der Trägheitskraft des Ventils ab. Mit diesen Werten ergibt sich die Gesamtverlusthöhe zu:

$$\Sigma H_{verl} = 4,263m$$

Die maximale Förderhöhe:

$$H_{s\ max} = 10,094 - 4,263 = 5,831m \quad (7,956m \text{ bei } n = 1,75s^{-1})$$

Fall 3: Erhöhung der Drehzahl, Verringerung der Kolbenfläche bei $t = 20^oC$.

$$n_3 = 2n_1 = 3,5s^{-1} \qquad A_{k3} = \frac{A_{k1}}{2}$$

$$\rightarrow Q_3 = Q_1 = 2,62 \cdot 10^3 \frac{m^3}{s}$$

$$c_s = c_1 = 0,681 \frac{m}{s}$$

$$\Delta H_1 + \Delta H_2 = \frac{c_s^2}{2g}(1 + \Sigma\zeta) = 0,681m \quad \text{(wie im Fall 1)}$$

$$a_{k\ max_3} = r \cdot \omega^2 (1 + \Lambda) = 4a_{k\ max_1} = 36,32 \frac{m}{s^2}$$

$$\Delta H_4 = \frac{L'_s}{g} \cdot \frac{A_k}{A'_s} \cdot a_{k\ max_3}$$

$$= \frac{0,45}{9,81} \cdot \frac{0,5 \cdot 125^2}{120^2} \cdot 36,32 = 0,904m \text{ (das Doppelte v. Fall 1)}$$

$$\Delta H_{3\ max} = 1,4m \quad \text{(s. Annahme Fall 2)}$$

Mit diesen Werten ergibt sich die Gesamtverlusthöhe zu:

$$\Sigma H_{verl} = 2,59m$$

Und die maximale Förderhöhe:

$$H_{s\ max} = 10,094 - 2,590 = 7,504m \quad (7,956m \text{ im Fall 1})$$

Fall 4: Pumpe ohne Saugwindkessel

Für die Strömungsverluste kann man c_m als maßgebend einsehen, so daß sich an den Strömungsverlusten nichts ändert, da sich die gleiche Saugrohrgeschwindigkeit ergibt.

$$\Delta H_1 + \Delta H_2 = \frac{c_s^2}{2g}(1 + \Sigma\zeta_s) = 0,286m \quad \text{(wie im Fall 1)}$$

$\Delta H_{3\ max}$ wird ebenfalls als konstant angesehen: $\Delta H_{3\ max} = 1,4m$

Beschleunigungsverluste:

$$\Delta H_4 = \underbrace{\frac{L_s}{g} \cdot \frac{A_k}{A_s} \cdot a_{k\ max}}_{\text{Saugleitung}} + \underbrace{\frac{L'_s}{g} \cdot \frac{A'_k}{A_s} \cdot a_{k\ max}}_{\text{wie vorher im Fall 1}}$$

$$= \frac{15}{9,81} \cdot \frac{125^2}{70^2} \cdot 9,08 + 0,452 = 44,72m \text{ (gegenüber } 0,452m \text{ b. Fall 1)}$$

Schon bei einer $\approx 3m$ langen Rohrleitung wäre allein aufgrund der Beschleunigungsverluste bei dieser Pumpe die Saughöhe zu Null geworden. Die Gesamthöhe beträgt $46,41m$.

Die erforderliche Zulaufhöhe beträgt:

$$\begin{aligned} H_s &= \underbrace{H_A - H_D}-\Sigma H_v \\ &= 10,094 \; - \; 46,41 = -36,32 \\ H_{zul_{min}} &= 36,32m \quad \text{(Zulauf)} \end{aligned}$$

Die Ergebnisse der 4 Varianten (bei $t = 20^oC$):

Fall	Bedingung	$H_{s\ max}$ $[m]$
1	$n = 1,75s^{-1}$	7,956
2	$n = 3,5s^{-1}$	5,831
3	$n = 3,5s^{-1}$ $A_k = 0,5A_{k\ 1}$	7,504
4	$n = 1,75s^{-1}$ (ohne Saugwindk.)	36,32 (Zulaufhöhe!)

Eine grafische Darstellung der Ergebnisse zeigt Bild 2.10.

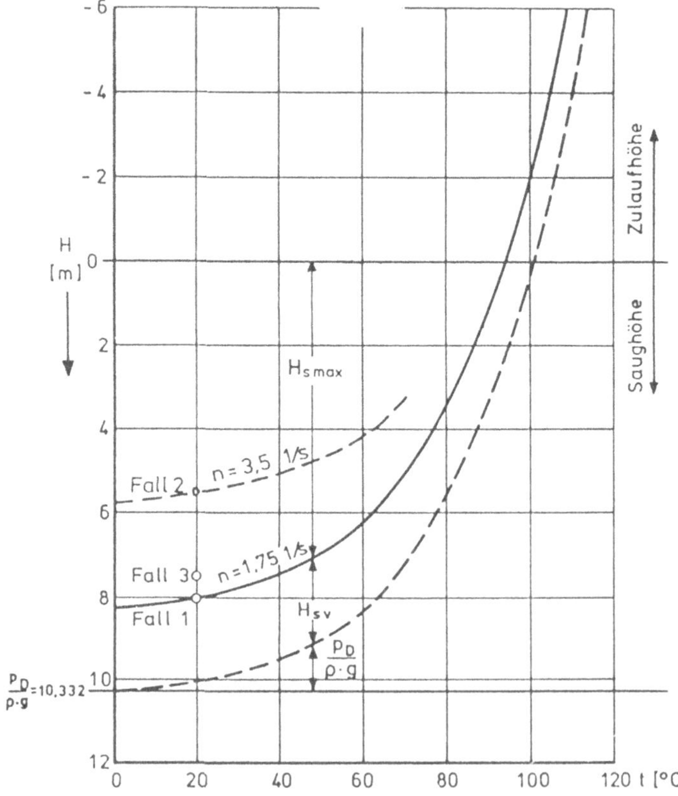

Bild 2.10 Maximale Förderhöhen in Abhängigkeit von Temperatur und Drehzahl

Die Bedingung der Kavitationsfreiheit ist nur zu erfüllen, wenn der Förderstrom "geglättet" werden kann. Kann der Vordruck nicht erhöht werden, verwendet man

- viele parallele Zylinder
- Saugwindkessel

Um die Länge L_s und damit die Massenkräfte, d.h. ΔH_4 klein zu halten, wird der Saugwindkessel so nahe wie möglich an das Saugventil herangebracht.

$$H_{s\ geo} = const. - \underbrace{\frac{A_k}{A_s} \cdot L_s \cdot \frac{a_k}{g}}_{\Delta H_4}$$

Bei genügend großem Luftinhalt ist die Geschwindigkeit im Saugrohr vor dem Windkessel nahezu konstant.

Richtwerte:

$$\begin{aligned} c_s &= 1\frac{m}{s} \quad \text{bei kurzer Saugleitung} \\ c_s &= 0,5\frac{m}{s} \quad \text{bei langer Saugleitung} \end{aligned}$$

Druck im Saugwindkessel

$$P_{sw} = P_A - H'_{s\ geo} \cdot g \cdot \rho - \frac{\rho}{2} \cdot c_s^2 \cdot (1 + \Sigma\zeta)$$

Die Anlage eines Saugwindkanals darf nicht zu dem Schluß verführen, daß "Luft in der Leitung" grundsätzlich von Vorteil ist (s. Bild 2.11).

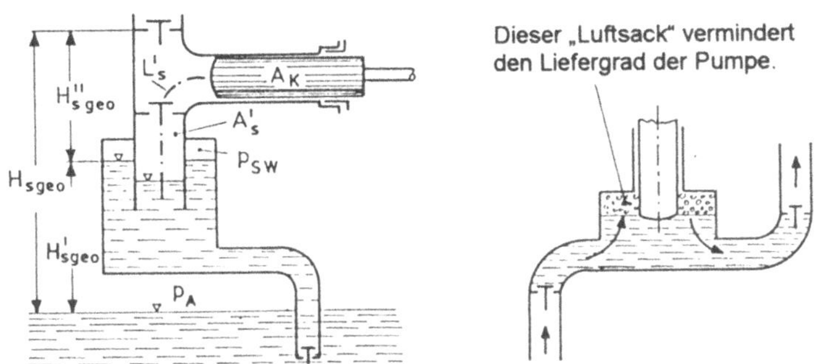

Bild 2.11 Druck im Saugwindkessel (links) und "Luftsack" in der Leitung (rechts)

2.3 Druckseite der Pumpe

Die wichtigsten Größen zur Berechnung der Druckseite einer einfachwirkenden Pumpe zeigt Bild 2.12.

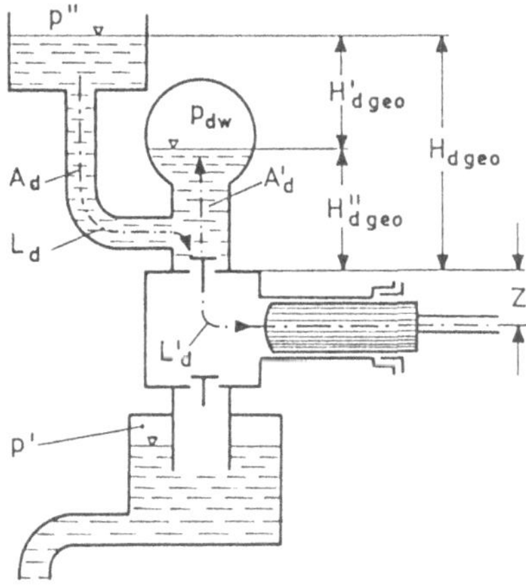

Bild 2.12
Abmessungen einer einfachwirkenden Kolbenpumpe

2.3.1 Ohne Windkessel

Druckhöhe in der Zylinderachse

In der ersten Hälfte des Druckhubes wird die Flüssigkeitssäule durch den Tauchkolben beschleunigt. Der Bewegung wirken der Luftdruck P_A auf den Druckwasserspiegel, die Gewichtskraft der Flüssigkeitssäule und die Bewegungswiderstände entgegen.

$$H_{Zyl_d} = \frac{P_A}{g \cdot \rho} + (H_{d\,geo} + z) + \Sigma H_{verl} \quad [m]$$

Bezeichnet man die absolute spezifische Druckenergie in der Zylinderachse mit $Y_{Zyl_d} = g \cdot H_{Zyl_d}$ in der Einheit $\left[\frac{Nm}{kg}\right]$, so gilt:

$$\begin{aligned}
Y_{Zyl_d} &= \frac{P_A}{\rho} + g \cdot (H_{d\,geo} + z) + Y_{vd} \\
Y_{vd} &= g \cdot \Sigma H_{verl} \\
\Sigma H_{verl} &= (1 + \Sigma\zeta_d) \cdot \left(\frac{A_k}{A_d}\right)^2 \cdot \frac{c_k^2}{2g} \\
&\quad + \Delta H_{vd} + \underbrace{\frac{L_d}{g} \cdot \frac{A_k}{A_d} \cdot a_k}_{\text{Beschleunigungsverl.}} \qquad [m]
\end{aligned}$$

Der Beschleunigungsanteil kann am größten sein!

Wird beim Druckhubende a_k negativ, kann der Druck im Zylinder soweit sinken, daß das Saugventil erneut öffnet. Außerdem schließt das Saugventil nach Kolbenumkehr meist mit heftigem Schlag.

Als Folge können im Verzögerungsbereich Abreißen der Flüssigkeitssäule und Kavitation mit Implosionen auftreten.

2.3.2 Mit Windkessel

Die Wirkung der Massenkräfte wird durch die Anordnung eines Windkessels wesentlich vermindert. Beim Druckhub drückt der Tauchkolben die Flüssigkeit in den Windkessel, so daß nur die zwischen dem Tauchkolben und dem Windkessel befindliche Flüssigkeitssäule beschleunigt und verzögert wird.

Druck im Windkessel:

$$P_{dW} = P_{atm} + H'_{d\,geo} \cdot g \cdot \rho + (1 + \Sigma\zeta_d)\,\frac{\rho}{2} \cdot c_d^2$$

c_d $[m/s]$ ist die mittlere Geschwindigkeit der Flüssigkeit im Druckrohr.

$$H_{dW} = \frac{P_{atm}}{g \cdot \rho} + H'_{d\,geo} + (1 + \Sigma\zeta_d) \cdot \frac{c_d^2}{2g}$$

Die Druckhöhe in der Zylinderachse errechnet sich mit $\frac{p}{g \cdot \rho} = H_{Zyl_d}$ aus:

$$H_{Zyl_d} = \underbrace{H_{dW}}_{\text{Druckhöhe im Kessel}} + (H''_{d\,geo} + z) + \underbrace{\Sigma H_{VL'_d}}_{\text{Verluste im Stück } L'_d}$$

Aus beiden Gleichungen folgt, da $H'_{d\,geo} + H''_{d\,geo} = H_{d\,geo}$

$$\begin{aligned} H_{Zyl_d} &= \frac{P_A}{g \cdot \rho} + (H_{d\,geo} + z) \\ &\quad + (1 + \Sigma\zeta_d) \cdot \frac{c_d^2}{2g} \qquad \underbrace{\Sigma H_{VL'_d}}_{\Delta H_{Ventil\ max} + \Delta H_{beschl}} \\ Y_{Zyl_d} &= H_{Zyl_d} \cdot g = \frac{P_A}{\rho} + (H_{d\,geo} + z) \cdot g \\ &\quad + (1 + \Sigma\zeta_d) \cdot \frac{c_d^2}{2} + g \cdot \Sigma H_{VL'_d} \end{aligned}$$

Der Druckhöhenverlust in der Rohrleitung, der ebenfalls von der Pumpe aufgebracht werden muß, wächst annähernd quadratisch mit der Geschwindigkeit. Man wird diese daher bei langen Leitungen klein halten müssen. Übliche Werte sind für große Pumpen und lange Leitungen $c_d = 1,5 \ldots 2,0 m/s$. Grundsätzlich ist aber auch hier der Rohrdurchmesser nach dem Gesichtspunkt der größten Wirtschaftlichkeit der Gesamtanlage bestimmt.

2.4 Windkessel und Zylinderzahl

2.4.1 Auslegung des Windkessels

Aufgabe: Durch Einschalten eines elastischen Zwischengliedes (Luftinhalt des Windkessels) wird die Rohrleitung so in zwei Teile zerlegt, daß nur die zwischen Windkessel und Pumpe befindliche Flüssigkeitssäule der Kolbenbewegung folgt, also beschleunigt und verzögert wird. Dagegen bewegt sich die Flüssigkeitssäule des übrigen Leitungsteils mit annähernd gleichbleibender Geschwindigkeit. Beim **Saug**windkessel steht das Absinken unter den Dampfdruck bei Saugbeginn im Vordergrund. Der **Druck**windkessel soll zu hohe Drücke am Druckstutzen beim Anfahren verhindern. Er ist auch für das Abstellen nötig [1].

Man wird das mittlere Luftvolumen möglichst groß machen, damit die Beschleunigungen der Flüssigkeitssäule diese Bedingung erfüllen. Dabei sind jedoch Gewicht, Bauraum und Kosten zu beachten.

Analogon: Teilung der Welle eines Schiffsantriebes durch elastische Kupplung. In beiden Fällen ist aber die Eigenfrequenz des schwingungsfähigen Gebildes zu beachten.

Die Verdichtung und Ausdehnung der Luft im Saugwindkessel wird annähernd isotherm erfolgen, so daß mit den Grenzen V_{max} und V_{min} des Luftvolumens

$$V_{max} \cdot P_{min} = V_{min} \cdot P_{max} = V_m \cdot P_m$$

gesetzt werden kann.

$$\Delta V = V_{max} - V_{min}$$

ΔV wird als fluktuierendes Volumen bezeichnet.

Beispiel Saugseite (Berechnung der Druckseite in [1]):

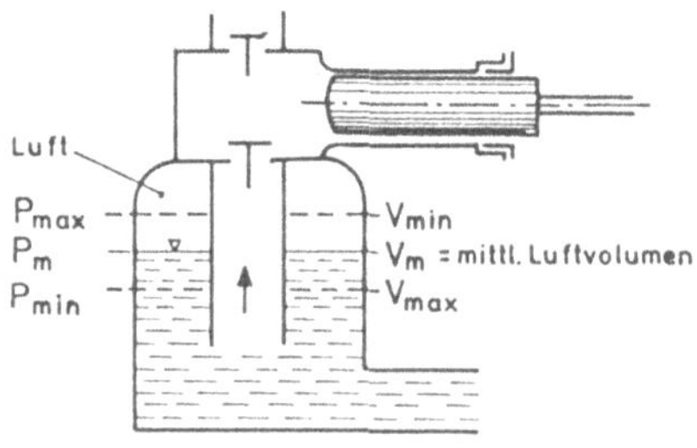

Bild 2.13
Mittleres Luftvolumen und mittlerer Luftdruck auf der Saugseite

Die Aufgabe besteht nun darin, das Volumen V_m, d.h. das mittlere Luftvolumen zu bestimmen (vgl. Bild 2.13):

a) statischer Ungleichförmigkeitsgrad δ_{WS} des Kesseldruckes als Rechengröße (außerhalb der Resonanz):

$$\delta_{WS} = \frac{P_{max} - P_{min}}{P_m}$$

P_m bezeichnet den mittleren absoluten Windkesseldruck in $[N/m^2]$,
$H_m = \frac{P_m}{\rho \cdot g}$ die entsprechende Druckhöhe in $[m]$.

$$\begin{aligned}
\delta_{WS} &= \frac{\frac{P_m \cdot V_m}{V_{min}} - \frac{P_m \cdot V_m}{V_{max}}}{P_m} = V_m \left(\frac{1}{V_{min}} - \frac{1}{V_{max}} \right) \\
&= \frac{V_{max} - V_{min}}{V_{max} \cdot V_{min}} \cdot V_m = \frac{V_{max} - V_{min}}{V_m}
\end{aligned}$$

Näherung: geometrischer Mittelwert: $V_m = \sqrt{V_{max} \cdot V_{min}}$

$$\begin{aligned}
\delta_{WS} &= \frac{\Delta V}{V_m} \\
\frac{\Delta P}{P_m} &= \frac{\Delta V}{V_m}
\end{aligned}$$

b) Dynamisches Verhalten des Systems mit Windkessel:

Der Luftinhalt des Windkessels und die Flüssigkeitssäule in der Rohrleitung bilden ein schwingungsfähiges System. Als Folge davon sind die tatsächlichen Druck- und Volumenschwankungen im Windkessel bei Resonanzannäherung größer als sich aus der obigen Rechnung ergibt. In demselben Maße ist auch der Ungleichförmigkeitsgrad vergrößert:

$$\delta_{dyn} = \delta_{WS} \cdot \frac{1}{1 - q^2}$$

Darin ist q das Frequenzverhältnis Erregerfrequenz der Pumpe zur Eigenfrequenz des Systems.

Für das dargestellte System gilt:

$$\begin{aligned}
\omega_s &= \sqrt{\frac{c}{m_s}} \\
m_s &= L_s \cdot A_s \cdot \rho \\
\Delta V &= \Delta L \cdot A_s \quad \text{s. Bild 2.14}
\end{aligned}$$

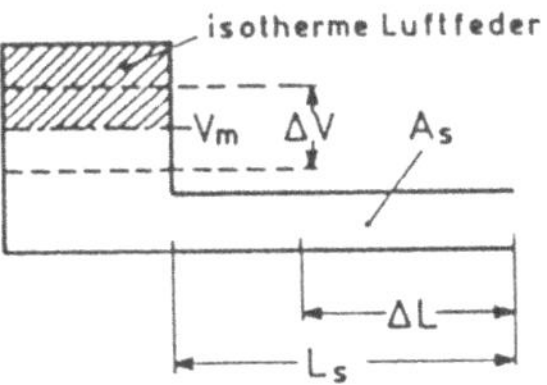

Bild 2.14
Luftinhalt des Windkessels und Flüssigkeitssäule als schwingungsfähiges System

$$c = \frac{\text{Kraftänderung}}{\text{Wegänderung}} = \frac{\Delta P \cdot A_s}{\Delta L} \quad \begin{array}{l}(\Delta P \cdot A_s) \text{ ist die Kraft,}\\ \text{die } m_s \text{ um } \Delta L \text{ verschiebt}\end{array}$$

$$= \frac{P_m \cdot \frac{\Delta V}{V_m} \cdot A_s}{\frac{\Delta V}{A_s}} = \frac{P_m \cdot A_s^2}{V_m}$$

Eingesetzt erhält man die Eigenkreisfrequenz des Systems

$$\omega_s = \sqrt{\frac{P_m \cdot A_s^2}{V_m \cdot L_s \cdot A_s \cdot \rho}} = \sqrt{\frac{P_m \cdot A_s}{V_m \cdot L_s \cdot \rho}}$$

Die Erregerkreisfrequenz der erregenden Pumpe ist $z \cdot \omega_P$ mit z: Zahl der Saughübe pro Umdrehung.

$$\omega_p = 2\pi \cdot n_p$$

mit n_p: Drehzahl der Pumpe.
Damit gilt:

$$q = \frac{\text{Erregerkreisfrequenz}}{\text{Eigenkreisfrequenz der Säule}} = \frac{z \cdot \omega_p}{\omega_s}$$

$$q = z \cdot \omega_p \cdot \sqrt{\frac{V_m \cdot L_s \cdot \rho}{P_m \cdot A_s}}$$

Und damit ist der dynamische Ungleichförmigkeitsgrad bestimmbar:

$$\delta_{dyn} = \delta_{WS} \cdot \frac{1}{|\,1 - q^2\,|}$$

Geht $q \to 0$, also unendlich kleine Erregerkreisfrequenz oder unendlich große Eigenkreisfrequenz, wird:

$$\delta_{dyn} = \delta_{WS} \quad \text{für } \omega_s \to \infty \text{ oder } \omega_p \to 0$$

Für $q = 1$ wird $\omega_s = z \cdot \omega_p$, $\delta_{dyn} \to \infty$

In diesem Fall ist die Eigenfrequenz der Flüssigkeitssäule gleich der Erregerfrequenz. Es liegt Resonanz vor.

Für $q = \sqrt{2}$ ist wieder: $\delta_{dyn} = \delta_{WS}$.

q muß daher stets oberhalb dieses Wertes bleiben, also $q > \sqrt{2}$, weil es andernfalls zweckmäßiger sein würde, die Pumpe ohne Windkessel arbeiten zu lassen, da dann der statische Ungleichförmigkeitsgrad δ_{WS} kleiner als der dynamische δ_{dyn} ist.

$$z \cdot \omega_p > \sqrt{2} \cdot \omega_s$$

Empfohlene Werte:

Saugwindkessel	Druckwindkessel
$\delta_{dyn} = \frac{1}{10} \cdots \frac{1}{20}$	$\delta_{dyn} = \frac{1}{20} \cdots \frac{1}{100}$

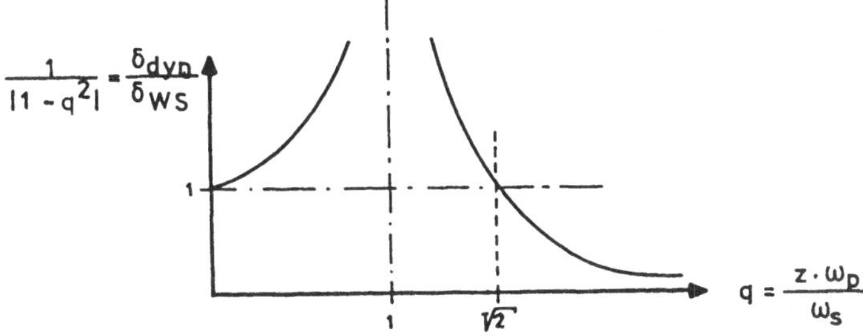

Bild 2.15

Ist δ_{dyn} gegeben, so kann V_m errechnet werden:

$$\delta_{dyn} = \delta_{WS} \cdot \frac{1}{\mid 1 - q^2 \mid} = \frac{\Delta V}{V_m} \cdot \frac{1}{1 - z^2 \cdot \omega_p^2 \cdot \frac{V_m \cdot L_s \cdot \rho}{P_m \cdot A_s}}$$

Daraus folgt das gesuchte mittlere Luftvolumen im Saugwindkessel:

$$V_m = \frac{P_m \cdot A_s}{2 \cdot z^2 \cdot \omega_p^2 \cdot L_s \cdot \rho} + \sqrt{\frac{P_m \cdot A_s}{2 \cdot z^2 \cdot \omega_p^2 \cdot L_s \cdot \rho} \cdot 1 + 4 \cdot \frac{\Delta V}{\delta_{dyn}} \cdot \frac{z^2 \cdot \omega_p^2 \cdot L_s \cdot \rho}{P_m \cdot A_s}}$$

Hierbei ist ΔV noch unbekannt. Anhaltswert:

$$\frac{\Delta V}{A_k \cdot s} = \text{const.}$$

z.B. 0,55 für eine einfachwirkende 1-Zyl.-Pumpe.

ΔV_m (= fluktuierende Menge) wird folgendermaßen bestimmt [1]:
Einfachwirkende Pumpe: Der Kolben saugt an:

$$dV = A_k \cdot c_k \cdot dt$$

Für eine unendlich lange Schubstange ($\lambda = 0$) befolgt der Kolbenweg das Cosinusgesetz:

$$s_k = r \cdot \cos \omega_p t$$

Damit:

$$\begin{aligned} \dot{s}_k &= c_k = -r \cdot \omega_p \cdot \sin \omega_p t \\ dV &= A_k \cdot r \cdot \omega_p \cdot \sin \alpha_p \cdot dt \qquad (\alpha_p = \omega_p \cdot t) \end{aligned}$$

Mit

$$\omega_p = \frac{d\alpha_p}{dt}$$

gilt:

$$dV = A_k \cdot r \cdot \sin\alpha_p \cdot \frac{d\alpha_p}{dt} \cdot dt$$

$$\frac{dV}{d\alpha_p} = \text{const.} \cdot \sin\alpha_p$$

Siehe Bild 2.16: AGHD = AFE → Flächen müssen gleich sein (ohne Verluste).

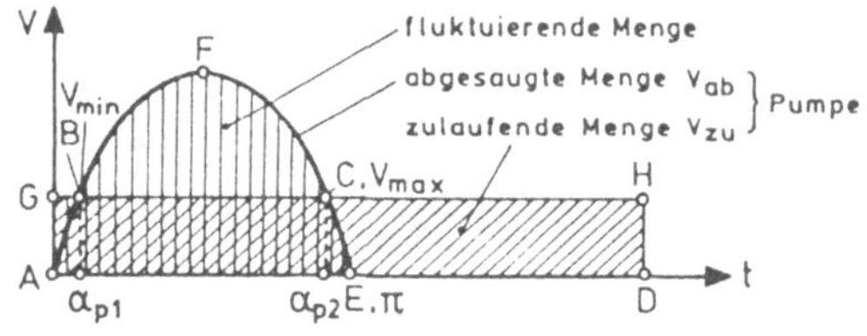

Bild 2.16 fluktuierende Menge (BFC), abgesaugte Menge (AFE) und zulaufende Menge (AGHD)

$$dV = A_k \cdot r \cdot \sin\alpha_p \cdot d\alpha_p \quad \text{entnommen}$$

$$dV' = A_k \cdot 2r \cdot \frac{1}{2\pi} \cdot d\alpha_p \quad \text{zugeflossen}$$

$$= A_k \cdot \frac{r}{\pi} \cdot d\alpha_p$$

$$\overline{\text{BFC}} \mathrel{\hat{=}} \text{fluktuierende Menge}\,\Delta V$$

$$d\Delta V = dV - dV' = A_k \cdot \left(\sin\alpha_p - \frac{1}{\pi}\right) \cdot r \cdot d\alpha_p$$

Bei B und C ist $\Delta V = 0$

$$\rightarrow \sin\alpha_p - \frac{1}{\pi} = 0 \qquad \sin\alpha_p = \frac{1}{\pi}$$

Damit wird

$$\alpha_{p1} = 18^o 34' = \arcsin\frac{1}{\pi}$$

$$\alpha_{p2} = 161^o 26'$$

$$\Delta V = \int_{\alpha_{p1}}^{\alpha_{p2}} A_k \cdot r \left(\sin\alpha_p - \frac{1}{\pi}\right) d\alpha_p$$

$$= A_k \cdot r \left| -\cos\alpha_p - \frac{\alpha_p}{\pi} \right|_{\alpha_{p1}}^{\alpha_{p2}} = 1,1 A_k \cdot r$$

Für eine einfachwirkende Einzylinderpumpe beträgt die fluktuierende Menge (s. Bild 2.17):

$$\Delta V = 0,55 \cdot A_k \cdot s = 0,55 \cdot V_h$$

Zusammenhang zwischen Zylinderzahl und Saugwindkesselvolumen:

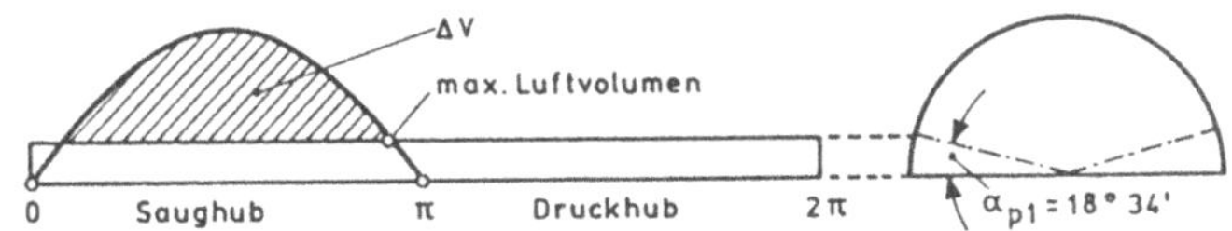

Bild 2.17 fluktuierende Menge einer einfachwirkenden Einzylinderpumpe

Anordnung	$\frac{\Delta V}{A_k \cdot s}$	
einfach wirkend	0,55	
doppelt wirkend	0,21	
Zwilling doppelt wirkend (90° Kurbelwinkel)	0,042	alle Saugstutzen in **einem** Saugraum
Drilling doppelt wirkend (120° Kurbelwinkel)	0,009	

Daraus ist ersichtlich, daß mit wachsender Zylinderzahl das fluktuierende Volumen sinkt.

Bei einer Zylinderzahl, die größer ist als 8 ... 10, ist kein Saugwindkessel mehr erforderlich. Nun läßt sich V_m mit ΔV ermitteln. Dabei muß δ_{dyn} festgelegt werden.

2.4.2 Zur Wahl der Zylinderzahl

Mit Rücksicht auf den stat. Ungleichförmigkeitsgrad werden ungerade Zylinderzahlen gewählt, z.B. 3, 5, 7, 9 Zylinder.

Beispiel: Berechnung eines Saugwindkessels und der Eigenfrequenz

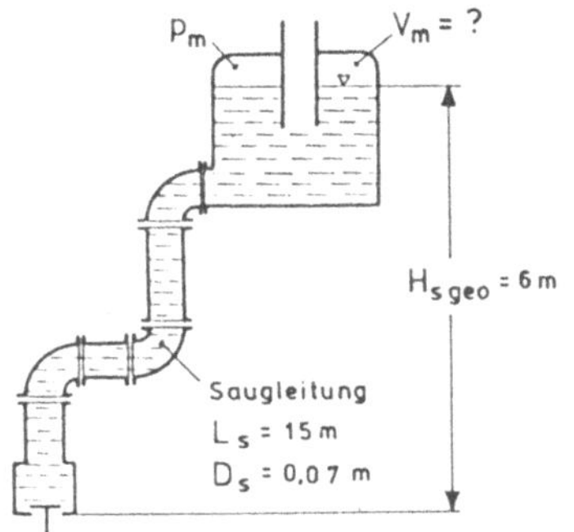

Bild 2.18 Saugwindkessel

Pumpendaten:

$$s = 0,122m$$

$$\begin{aligned} D &= 0,125m \\ n &= 1,75s^{-1} \\ \omega_p &= 11,0s^{-1} \end{aligned}$$

einfach wirkend:

$$\Delta V = 0,55 \cdot A_k \cdot s$$

Annahme:

$$\begin{aligned} \delta_{dyn} &= 0,05 \\ A_k &= 1,227 \cdot 10^{-2} m^2 \\ A_s &= 3,848 \cdot 10^{-3} m^2 \\ V_h &= 1,497 \cdot 10^{-3} m^3 \end{aligned}$$

Dann ist:

$$\begin{aligned} \Delta V &= 0,55 \cdot V_h = 8,2344 \cdot 10^{-4} m^3 \\ H_m &= \frac{P_m}{\rho \cdot g} = H_{Atm} - H_{s\,geo} - (1 + \Sigma\zeta_s) \cdot \frac{c_s^2}{2g} \\ &= 10,33m - 6,0m - \underbrace{0,286m}_{\text{aus Beispiel S. 26}} = 4,044m \end{aligned}$$

Mittleres Saugwindkesselvolumen:

$$\begin{aligned} V_m &= \frac{P_m \cdot A_s}{2 \cdot z^2 \cdot \omega_p^2 \cdot L_s \cdot \rho} \cdot \left(1 + \sqrt{1 + 4 \cdot \frac{\Delta V}{\delta_{dyn}} \cdot \frac{z^2 \cdot \omega_p^2 \cdot L_s \cdot \rho}{P_m \cdot A_s}}\right) \\ V_m &= \frac{1}{2 \cdot K_1} \cdot \left(1 + \sqrt{1 + 4 \cdot K_2 \cdot K_1}\right) \\ K_1 &= \frac{\omega_p^2 \cdot L_s}{H_m \cdot g \cdot A_s} \\ &= \frac{11^2 \cdot 15}{4,044 \cdot 9,81 \cdot 3,85 \cdot 10^{-3}} \frac{1}{m^3} = 11883,3 \frac{1}{m^3} \\ K_2 &= \frac{\Delta V}{\delta_{dyn}} = \frac{8,234 \cdot 10^{-4} m^3}{0,05} = 1,647 \cdot 10^{-2} m^3 \\ V_m &= 4,21 \cdot 10^{-5} \cdot \left(1 + \sqrt{1 + 4 \cdot 1,647 \cdot 10^{-2} \cdot 11883,3}\right) \\ V_m &= 1,22 \cdot 10^{-3} m^3 \end{aligned}$$

Volumenverhältnis:

$$\frac{V_m}{V_h} = \frac{1,22 \cdot 10^{-3}}{1,497 \cdot 10^{-3}} = 0,815$$

also sehr klein ausreichend.

Resonanz möglich? Frequenzverhältnis:

$$q = \frac{\omega_{err}}{\omega_s} = z \cdot \omega_p \cdot \sqrt{\frac{V_m \cdot L_s \cdot \rho}{P_m \cdot A_s}} = z \cdot \omega_p \cdot \sqrt{\frac{V_m \cdot L_s}{H_m \cdot g \cdot A_s}}$$

$$= 11 \cdot \sqrt{\frac{1,22 \cdot 10^{-3} \cdot 15}{4,044 \cdot 9,81 \cdot 3,848 \cdot 10^{-3}}} = 3,81 > \sqrt{2}$$

Die Erregerkreisfrequenz liegt also weit im überkritischen Bereich!

$$\delta_{WS} = \frac{\Delta V}{V_m} = \frac{8,2344 \cdot 10^{-4}}{1,22 \cdot 10^{-3}} = 0,675 > \delta_{dyn} = 0,05$$

Luftsteuerung im Druck- und Saugwindkessel [6]

1. Durch Schnüffelventil am Saugwindkessel
2. (a) Durch Luftkompressor im Druckwindkessel
   (b) Luft geschnüffelt durch den Prozeß hindurch zum Druckwindkessel

Nicht bei entgastem Kesselspeisewasser ausführen!

Beispiel: Saughöhe $6m$ und Förderdruck $15,7bar$ seien gegeben. Hierbei geht die Förderung um 27 % zurück, wenn ein Schnüffelventil am Saugwindkessel verwendet wird.

Leistungsaufwand: $22,8kWh/m^3$

Druckseitig beträgt das Luftvolumen 0,18% des Fördervolumens bei $p = 15,7bar$.

Mit Luft aus Kompressor oder Netz:
Leistungsmehraufwand nur $2,94kWh/m^3$ - Vorteil bei vorhandenem Druckluftnetz.

Bei luftlösenden Medien im Windkessel: Trennung durch einen Schwimmer (s. Bild 2.19).

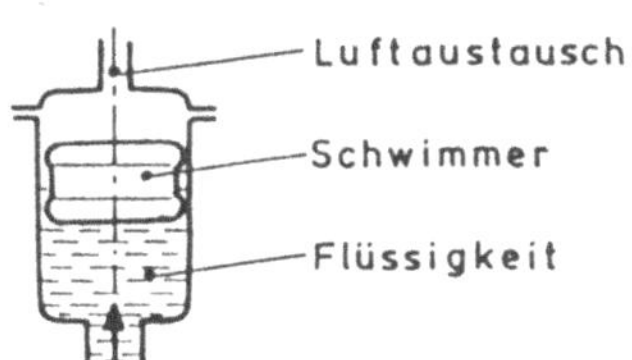

Bild 2.19
Trennung von Luft und Flüssigkeit im Windkessel durch Schwimmer

2.5 Pumpendiagramm und weitere im Pumpenbau übliche Wirkungsgrade und Leistungen [4]

Erste Definitionen wurden bereits in Kap. 2.1 erörtert. Über die in der Pumpe entstehenden Höhen- bzw. Druckverluste gibt, wie in Kap. 2.1 erklärt, das Indikatordiagramm Aufschluß. Dieses hat bei luftfreiem Pumpenraum und richtig bemessenen Windkesseln im wesentlichen die Gestalt eines Rechtecks (s. Bild 2.20).

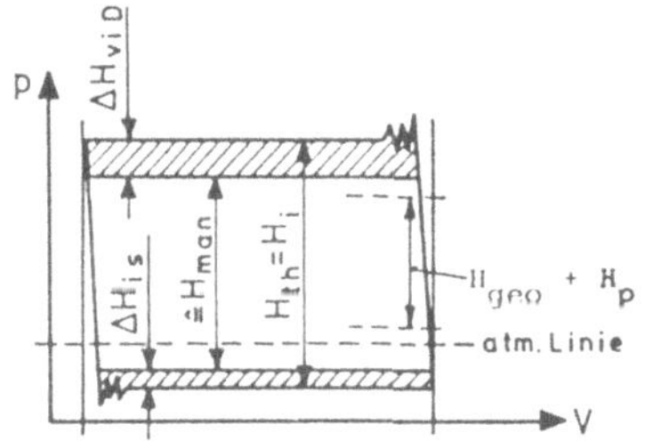

Bild 2.20
Pumpendiagramm (vgl. Bild 1.15)
ΔH_{ViD}: Innere Verluste Druckseite
ΔH_{ViS}: Innere Verluste Saugseite

Der hydraulische Wirkungsgrad η_{hp}:

Dieser berücksichtigt die inneren Verluste in der Pumpe.

$$\eta_{hp} = \frac{\text{Förderarbeit}}{\text{Kolbenarbeit}} = \frac{H}{H_{th}} = \frac{H}{H_i} = \frac{H_{th} - \Sigma\Delta H_{Vi}}{H_{th}}$$

mit

$$H = \frac{P_d - P_s}{\rho \cdot g} + \frac{c_d^2 - c_s^2}{2g} + a$$

a : Abstand der Meßstellen an Saug- und Druckseite (s. 2.1)

$\Sigma\Delta H_{Vi}$: Innere Verluste der Pumpe

Sie werden hauptsächlich durch die Ventilwiderstände hervorgerufen, die bei gleichem Volumenstrom als annähernd konstant angenommen werden können. Aus der obigen Gleichung folgt somit, daß der hydraulische Wirkungsgrad im wesentlichen von der spezifischen Förderarbeit der Pumpe, also vom erzeugten Druck bzw. der Förderhöhe abhängig ist. η_{hp} ist bei großen Förderhöhen besser als bei kleinen. Er bewegt sich für Wasser etwa zwischen $\eta_{hp} = 0,85$ bei niedrigen und $\eta_{hp} = 0,98$ bei hohen Drücken.

Beispiel (s. Bild 2.21):

$$\Delta H_{Vi} = 2m = \text{const.}$$

$$H = 8m : \quad \eta_{hp} = \frac{8}{8+2} = 0,8$$

$$H = 98m : \quad \eta_{hp} = \frac{98}{98+2} = 0,98$$

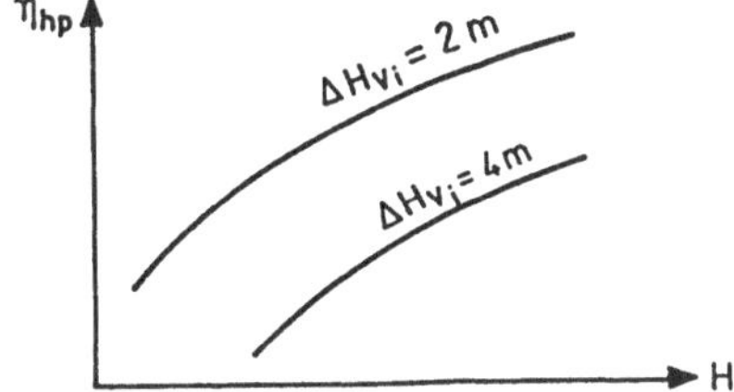

Bild 2.21
Verlauf hydraulischer Wirkungsgrad

Als Wiederholung sei noch einmal an bereits definierte Wirkungsgrade erinnert:

a) Hydraulischer Anlagenwirkungsgrad:

$$\eta_{h\,Anl.} = \frac{H_{geo} + H_p}{H_{th}}$$

mit :

$$H_P \mathrel{\hat{=}} \frac{P''}{\rho \cdot g} - \frac{P'}{\rho \cdot g}$$

Wenn Pipelines mit Gefälle verlegt sind, kann $\eta_{h\,Anl.}$ negativ sein.

$$H_P \approx 0 \quad \rightarrow \quad H_{geo} = \text{neg.}$$

b) Hydraulischer Leitungswirkungsgrad:

$$\eta_{hL} = \frac{\eta_{h\,Anl.}}{\eta_{hp}} = \frac{H_{geo} + H_p}{H}$$

mit :

$$H_P \mathrel{\hat{=}} \frac{P''}{\rho \cdot g} - \frac{P'}{\rho \cdot g}$$

c) neu: volumetrischer Wirkungsgrad η_V

Zustand der Pumpe: Gasgehalt der Flüssigkeit, Undichtigkeit der Ventile, der Stopfbuchsen und des Kolbens, Luft im Pumpenraum, Verzögerung beim Öffnen und Schließen haben zur Folge, daß das tatsächliche Fördervolumen kleiner ist, als das theoretische.

$$\eta_V = \frac{\text{wirkl. Volumenstrom}}{\text{theor. Volumenstrom}} = \frac{Q}{Q_{th}}$$

Für eine einfachwirkende Pumpe gilt:

$$Q_{th} = A \cdot s \cdot n \qquad \left[\frac{m^3}{s}\right]$$

Erfahrungswerte:

$$\eta_V = 0,85 \quad \text{für kleine Pumpen}$$
$$\eta_V = 0,93 \quad \text{für mittlere Pumpen}$$
$$\eta_V = 0,98 \quad \text{für große Pumpen}$$

Der volumetrische Wirkungsgrad setzt sich zusammen aus zwei Faktoren:

$$\eta_V = \lambda \cdot \lambda_F$$

λ = Lieferverluste: Volumenverluste, die eintreten, nachdem Flüssigkeit bereits erhöhten Energiegehalt hat (daher auch Leistungsverluste)

$$\lambda = \frac{Q}{Q+Q_s} \qquad Q_s = \text{Leckverluste}$$

λ_F = Füllungsverluste: durch Ansaugen von kompressiblen Medien (Luft), durch Verzögerung beim Ventilschließen usw.

$$\lambda_F = \frac{Q+Q_s}{Q+Q_s+Q_L} = \frac{Q+Q_s}{Q_{th}}$$

mit

Q_L = Kompressibilitätsverlust

Damit wird

$$\eta_V = \lambda \cdot \lambda_F = \frac{Q}{Q+Q_s} \cdot \frac{Q+Q_s}{Q_{th}} = \frac{Q}{Q_{th}}$$

d) Indizierter Wirkungsgrad η_i (auch Innenwirkungsgrad):
Ist keine Luft im Pumpenkörper vorhanden, so ist $Q_L = 0$.

$$\eta_i = \eta_{hp} \cdot \eta_V = \frac{H \cdot Q}{H_i \cdot (Q+Q_s)} = \eta_{hp} \cdot \lambda$$

$$\eta_V = \lambda \quad , \quad \text{wenn} \quad Q_L \to 0$$

Allgemein gilt:

$$\eta_i = \frac{P_n}{P_i} = \frac{\text{Nutzleistung der gehobenen Flüssigkeit}}{\text{indizierte Leistung (Innenleistung) der Pumpe}}$$

e) Mechanischer Wirkungsgrad:
Zusätzlich zur Innenleistung müssen die mechanischen Verluste P_R gedeckt werden. Diese betreffen: Reibung im Triebwerk, in den Stopfbuchsen und am Kolben. Daraus ergibt sich der mechanische Wirkungsgrad zu:

$$\eta_m = \frac{\text{Indizierte Pumpenleistung}}{\text{Aufgenommene Pumpenleistung}} = \frac{P_i}{P_k}$$

$$\eta_m = 0,85 \ldots 0,96$$

f) Gesamtwirkungsgrad η_g:

$$\eta_g = \frac{H \cdot Q}{H_i(Q+Q_s)} \cdot \eta_m = \eta_i \cdot \eta_m = \eta_{hp} \cdot \eta_m \cdot \lambda$$

mit

$$H_i = H_{th}$$

Erfahrungswerte für η_g:

$$\begin{aligned}\eta_g &= 0,90\ldots 0,95 \text{ (gr. Tandempumpe m. direktem Antreib)}\\ \eta_g &= 0,80\ldots 0,90 \text{ (kleinere Anlage)}\\ \text{Vergleich: } \eta_g &= 0,50\ldots 0,85 \text{ (Kreiselpumpen)}\end{aligned}$$

Schließlich muß auch die Gesamtwirtschaftlichkeit beachtet werden. Diese schließt z.B. Kapitaldienst, Kosten und Raumkosten mit ein.

g) Leistungen von Pumpen:
Nutzleistung:

$$P_e = C \cdot \rho \cdot g \cdot H = Q \cdot g \cdot Y \quad [W] \qquad \text{mit } Q \left[\frac{m^3}{s}\right]$$

Indizierte Leistung:

$$P_i = (Q + Q_s) \cdot H_i \cdot \rho \cdot g \; = \; \frac{P_e}{\lambda \cdot \eta_{hp}} \quad [W]$$

Kupplungsleistung:

$$P_k = \frac{P_i}{\eta_m} = \frac{P_e}{\eta_m \cdot \lambda \cdot \eta_{hp}} \quad [W]$$

3 Ölhydraulik

3.1 Hydrostatik - Hydrodynamik

In der Ölhydraulik wird zwischen Hydrodynamik und Hydrostatik unterschieden (Begriffsbestimmung siehe VDI-Richtlinie 2152). Der Unterschied zwischen Hydrostatik und -dynamik kann anhand der Bernoulligleichung verdeutlicht werden:

$$\underbrace{H}_{\text{Lageanteil}} + \underbrace{\frac{c^2}{2g}}_{\text{Geschwindigkeitsanteil}} + \underbrace{\frac{P}{g \cdot \rho}}_{\text{Druckanteil}} = \text{const.}$$

Es gilt:

	Hydrodynamik	Hydrostatik
Druckhöhe	≈ Geschwindig-keitshöhe	≈ 100· Geschwindig keitshöhe
Maximaldruck	$\approx 10 \ldots 15 bar$	$ND: 2 \ldots 35 bar$ $MD: 35 \ldots 100 bar$ $HD: > 100\ (500)\ bar$
Strömungs-geschwindigkeit	$\approx 50 m/s$ (Wandler)	$\approx 5 m/s$ (druckseitig)
Beispiel	Hydrodynamisches Gleitlager Wandlergetriebe	Hydrostat. Lager (Werkzeugmaschinen) Gleitschuh bei Schräg-scheibenmotor
wesentl. Druckursache	Relativgeschw. der Oberfläche	Pumpe baut Druck auf durch Verdrängung

3.2 Vorteile der Hydrostatik (Ölhydraulik)

(Siehe hierzu auch im Anhang S. 194).

1. Große Kräfte, kleiner Raum
2. Übersetzung: von großen Geschwindigkeiten zu beliebig kleinen

3. Stufenlose Regelung
   (a) der Geschwindigkeit durch Drosseln, Stromregler
   (b) von Kräften durch Druckbegrenzungsventile
4. Gute Steuerbarkeit
5. Einfache Überwachung durch Manometer [7]
6. Rasche Umkehr, weil Massen klein
7. Umwandlung rotierender Bewegung in translatorische und umgekehrt
8. Vollautomatisierbar
9. Hohe Wirtschaftlichkeit

3.3 Geschwindigkeiten, Druckverluste, Kosten, Sinnbilder [8]

Grenzwerte für w:

Saugleitung $w = 1,5 \frac{m}{s}$ (begrenzt durch Kavitation)

	p [bar]	w [m/s]
	150	5,5
Druckleitung:	100	5,0
	50	4,0
	25	3,0

Druckverluste Δp (für Erstauslegung):

glatte Rohre	rauhe Rohre
$\Delta p = \text{const.} \cdot w_m^{1,75}$	$\Delta p = \text{const.} \cdot \lambda \cdot w_m^2$

λ: siehe S. 24f. Bei glatten Rohren:

$$\lambda = \frac{64}{Re} \qquad 0 < Re < 2320 \text{ (laminar)}$$

$$\lambda = \frac{0,316}{Re^{1/4}} \qquad 2320 < Re < 100000$$

Nach dem Bau eines Prototyps sind u.a. folgende **Kriterien** zu prüfen:

- Druckspitzen
- Kavitation

- Zerstörung
- Geräusch

- Verschäumung

Unterdruckspitzen treten auf, wenn der Kolben "ansaugt", ohne daß der Saugkanal geöffnet ist.
Überdruckspitzen treten auf, wenn der Kolben ausschieben "will", ohne daß der Druckkanal geöffnet ist ("positive Überdeckung", s. S. 103).

Kosten zur Ölhydraulik (als Beispiel)

Nach den derzeitigen Erfahrungen liegt allgemein ein gesamtwirtschaftliches Optimum je nach Umständen und Maschinenarten bei Drücken von 150 ... 300*bar*.

Beispiel. Kosten für die hydrostatische Anlage eines Küstenmotorschiffes (s. Bild 3.1). Die Kurve zeigt, daß diese Anlage kostengünstig nicht mit Drücken unter 300*bar* betrieben werden kann.

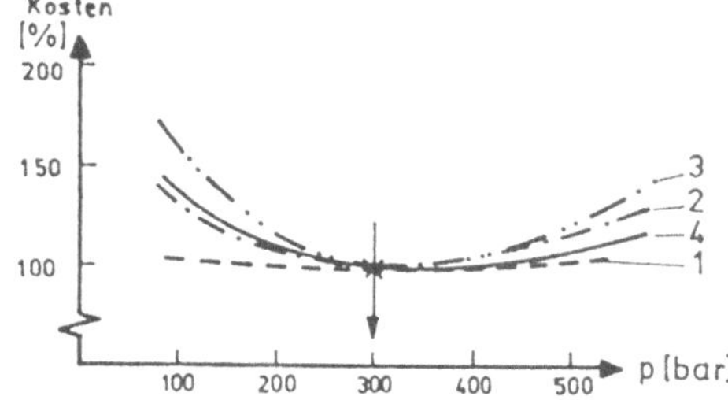

Bild 3.1
Kosten hydrostat. Anlage
Küstenmotorschiff
1: Rohre und Armaturen
2: Hubzylinder
3: Pumpen und Steuerungen
4: Gesamtkosten

Zur Geschichte der neuzeitlichen Ölhydraulik:

1900 Axialkolbenpumpe mit Taumelscheibe für 40*bar* von Williams und Janneys (USA)

1930 Thoma-Patent (schwenkbarer Pumpenkörper)

Sinnbilder (Symbole) für Systemelemente
Übliche Symbole befinden sich im Anhang, S. 164.

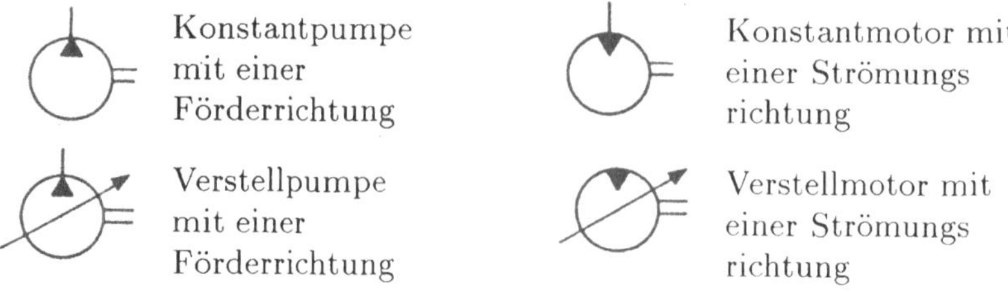

Konstantpumpe mit zwei Förderrichtungen

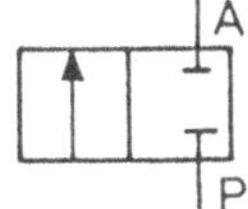

2/2-Wegeventil mit Sperr-Nullstellung

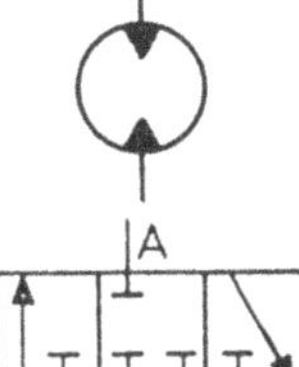

Konstantmotor mit zwei Strömungsrichtungen

3/3-Wegeventil mit Sperr-Mittelstellung

3.4 Systematik der Huberzeugung - als Beispiel - Wegsteuerung und Kolbenabstützung in der Ölhydraulik

Nachfolgende Bilder geben am Beispiel der in der Ölhydraulik vorherrschenden Hubkolbenmaschinen eine Systematik der Huberzeugung und Zylinderanordnung als Einführung wieder [9] (genauere Unterteilung folgt in Kap. 5).

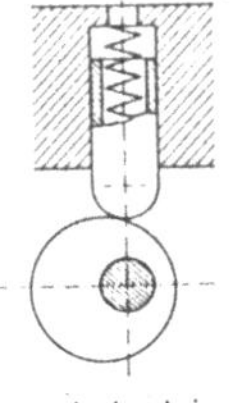

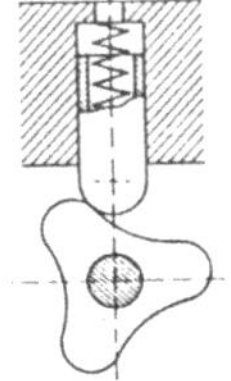

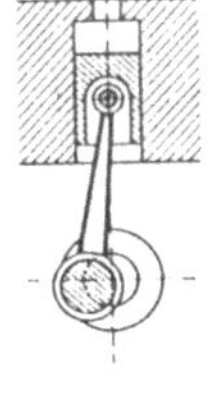

Bild 3.2
Huberzeugung, kreuzachsig

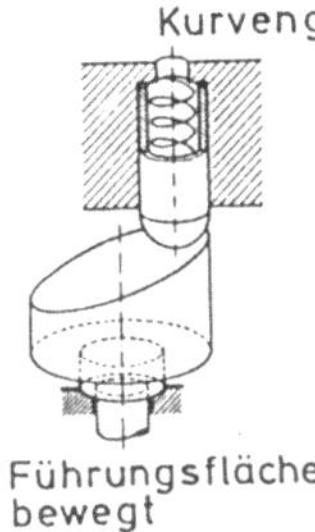

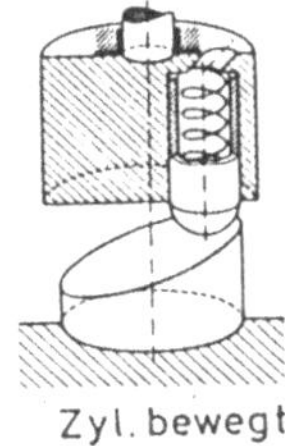

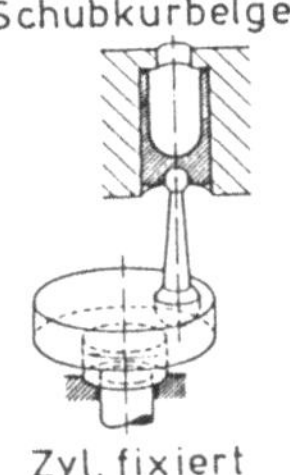

Bild 3.3
Huberzeugung, parallelachsig. Im 3. Teilbild muß als weitere Art auf den gebrochenachsigen Antrieb in Kap. 5.2.4 hingewiesen werden

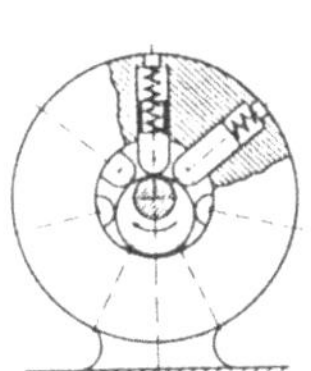

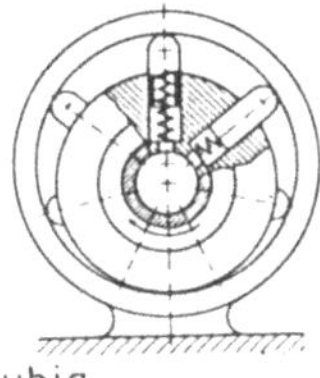

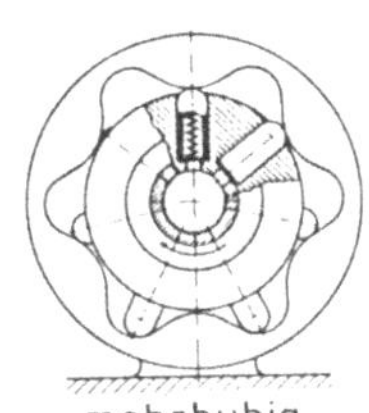

Bild 3.4
Mehrere Zylinder kreuzachsig. Bei Neigung der Zyl. Achsen in Drehebene: Asymmetrie von Ansaug- und Ausschubverlauf

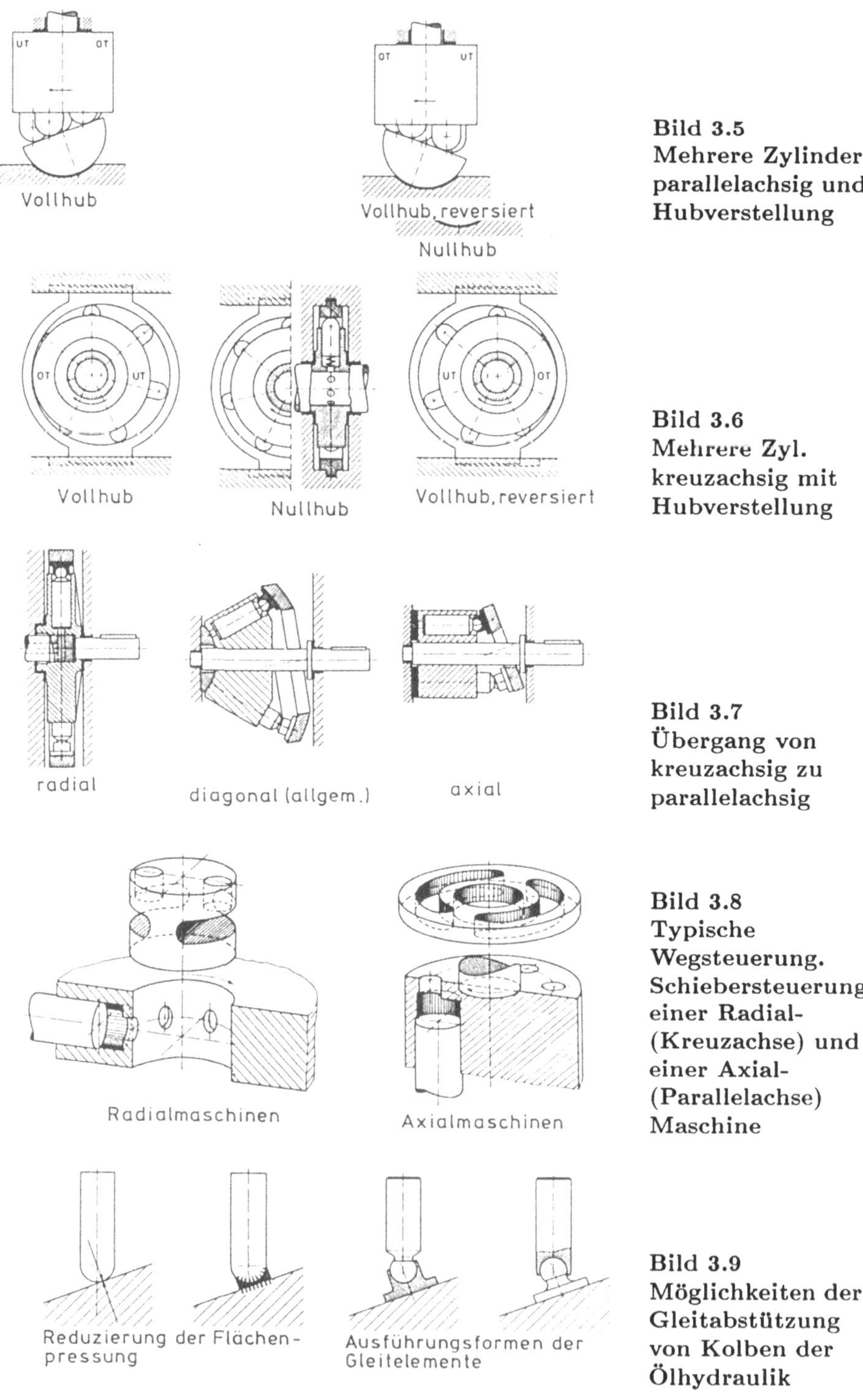

Bild 3.5
Mehrere Zylinder parallelachsig und Hubverstellung

Bild 3.6
Mehrere Zyl. kreuzachsig mit Hubverstellung

Bild 3.7
Übergang von kreuzachsig zu parallelachsig

Bild 3.8
Typische Wegsteuerung. Schiebersteuerung einer Radial- (Kreuzachse) und einer Axial- (Parallelachse) Maschine

Bild 3.9
Möglichkeiten der Gleitabstützung von Kolben der Ölhydraulik

Angaben über Kräfte an Gleitscheiben finden sich in [9], über Reibung an Kolben in [23], [26] und [27].

3.5 Übertragung von Leistungen

Wesentlich: An jeder Stelle $P \sim p \cdot Q \sim M \cdot n$ verfügbar.

Beispiel: Hydrostat. Getriebe (Motor und Pumpe, s. Bild 3.10) [10], bei veränderlichem V_h in Motor und Pumpe. Der Druck im HD-Teil wird durch den Widerstand am Motor bestimmt.

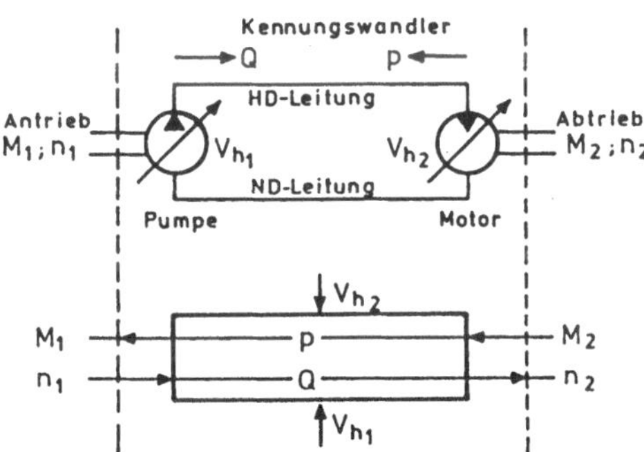

Bild 3.10
Hydrostat. Getriebe,
oben: Funktionsbild,
unten: Signalflußbild

Pumpe: Gegeben ist n_1 und V_{h1}. Damit stellt sich ein:

$$Q_1 = n_1 \cdot V_{h1}$$

Lastmotor: gegeben ist V_{h2} und $Q_1 = Q_2$ (ohne Leckverluste), damit stellt sich ein:

$$n_2 = \frac{Q_2}{V_{h2}}$$

Als Belastung ist M_2 gegeben. Da die Leistung P konstant ist, gilt:

$$P = \text{const.} = M \cdot \omega = M_2 \cdot 2\pi \cdot n = p \cdot n \cdot V_{h2}$$

Für das Moment M_2 wird benötigt und der Pumpe "aufgedrückt":

$$p = M_2 \cdot \frac{2\pi}{V_{h2}}$$

Dieser Druck muß von der Pumpe erzeugt werden. Damit wird das Moment an der Pumpenwelle:

$$M_1 = \frac{p \cdot V_{h1}}{2\pi}$$

Also:

$$M_1 = \frac{M_2 \cdot 2\pi}{V_{h2}} \cdot \frac{V_{h1}}{2\pi}$$

$$\Rightarrow \frac{M_1}{V_{h1}} = \frac{M_2}{V_{h2}} \quad \text{und} \quad \frac{n_1}{n_2} = \frac{V_{h2}}{V_{h1}}$$

Die Antriebsdrehzahl n_2 kann variiert werden

1. Durch Verändern von V_{h1}
2. Durch Verändern von V_{h2}

Merke:

$$P = \frac{M \cdot n}{C_1} = \frac{p \cdot Q}{C_2}$$

$$Q = V_h \cdot n$$

$$M = p \cdot V_h \cdot \frac{C_1}{C_2}$$

	ideal	real
$\frac{n_2}{n_1}$	$\frac{V_{h1}}{V_{h2}}$	$\frac{V_{h1}}{V_{h2}} \cdot \eta_{1,2\,vol}$
$\frac{M_2}{M_1}$	$\frac{V_{h2}}{V_{h1}}$	$\frac{V_{h2}}{V_{h1}} \cdot \eta_{1,2\,mh}$
$\eta = \frac{P_2}{P_1}$	1	$\eta_{1,2\,ges}$

$$\eta_{1,2\,vol} = \eta_{1\,vol} \cdot \eta_{2\,vol}$$

$$\eta_{1,2\,ges} = \eta_{1,2\,vol} \cdot \eta_{1,2\,mh}$$

3.6 Theoretische Betrachtungen zur Hydrostatik

3.6.1 Wirkungsgrade unter Verwendung von Kennzahlen (n. Schlösser [11])

(Zur Optimierung und Neuauslegung)

Fördermengenverluste für Pumpen:

$$Q_{eff} = Q_{th} - Q_{sv} - Q_{st}$$

Q_{sv} : Anteile der Leckverluste (volum. Verlust), die von der Viskosität η_1 abhängen (laminarer Leckstrom, Hagen Poisseuille)

$$Q_{sv} = \frac{\Delta p}{\eta_1} \cdot \underbrace{\sum \left(\frac{s^3 \cdot e}{12 \cdot l} \right)}_{\text{Geometrie d. Leckspaltes (s. Bild 3.11)}}$$

Q_{st} : Anteile Leckverluste, von ρ_1 abhängig (turb. Leckstr.), Leckspalte mit plötzl. Querschnittsänderung

Δp : Druckdifferenz$\hat{=}$Arbeitsdruck

$$Q_{st} = \sqrt{\frac{2\Delta p}{\rho_1}} \cdot \Sigma f$$

f : Ausströmquerschnitt f. turbulente Leckage

$$Q_{th} = \omega \cdot \frac{V_h}{2\pi}$$

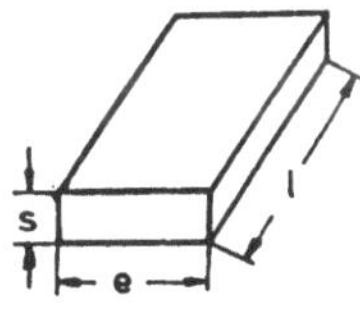

Bild 3.11
Geometrie Leckspalt
s : Spalthöhe
e : Breite d. Spalte
l : Tiefe d. Spalte

Damit erhält man für die effektive Fördermenge:

$$Q_{eff} = \omega \cdot \frac{V_h}{2\pi} - \frac{\sum\left(\frac{s^3 \cdot e}{l}\right)}{\left(\frac{V_h}{2\pi}\right)} \cdot \frac{\Delta p}{\eta_1} \cdot \left(\frac{V_h}{2\pi}\right) - \frac{\Sigma f}{\sqrt[3]{\left(\frac{V_h}{2\pi}\right)^2}} \cdot \sqrt{\frac{2\Delta p}{\rho_1}} \cdot \sqrt[3]{\left(\frac{V_h}{2\pi}\right)^2}$$

$$Q_{eff} = \omega \cdot \frac{V_h}{2\pi} - C_{sv} \cdot \frac{\Delta p}{\eta_1} \cdot \left(\frac{V_h}{2\pi}\right) - C_{st} \cdot \sqrt{\frac{2\Delta p}{\rho_1}} \cdot \sqrt[3]{\left(\frac{V_h}{2\pi}\right)^2}$$

worin:

$$C_{sv} = \frac{\sum\left(\frac{s^3 \cdot e}{12 l}\right)}{\left(\frac{V_h}{2\pi}\right)}$$

$$C_{st} = \frac{\Sigma f}{\sqrt[3]{\left(\frac{V_h}{2\pi}\right)^2}}$$

Die konstanten Verlustfaktoren C_{sv} und C_{st} sind nur konstruktionsabhängig (nur geom. Größen)!

Der volumetrische Wirkungsgrad der Pumpe:

$$Q_s = Q_{sv} + Q_{st}$$

$$\eta_v = \frac{Q_e}{Q_{th}} = 1 - \frac{Q_s}{Q_{th}} = 1 - C_{sv} \cdot \underbrace{\frac{\Delta p}{\eta_1 \cdot \omega}}_{\text{Kennzahl } \frac{1}{\lambda}} - C_{st} \cdot \underbrace{\frac{1}{\omega} \cdot \sqrt{\frac{2\Delta p}{\rho_1}} \cdot \frac{1}{\sqrt[3]{\left(\frac{V_h}{2\pi}\right)}}}_{\text{Kennzahl } \frac{1}{\sigma}}$$

Die Kennzahlen $\frac{1}{\lambda}$ und $\frac{1}{\sigma}$ sind Betriebsparameter!
Damit ergibt sich für Pumpen:

$$\eta_v = 1 - \frac{C_{sv}}{\lambda} - \frac{C_{st}}{\sigma}$$

Für λ und σ gilt:

$$\lambda = \frac{\eta_1 \cdot \omega}{\Delta p} = \frac{\text{viskose Reibungskräfte}}{\text{hydrostat. Kräfte}} = \frac{1}{So} \qquad (So\text{: Sommerfeldzahl})$$

$$\sigma = \frac{\omega \cdot \sqrt[3]{\frac{V_h}{2\pi}}}{\sqrt{\frac{2 \cdot \Delta p}{\rho_1}}} = \frac{\text{Umfangsgeschwindigkeit}}{\text{Strömungsgeschwindigkeit}}$$

$$\sigma^2 = \frac{\omega^2 \cdot \sqrt[3]{\left(\frac{V_h}{2\pi}\right)^2}}{\frac{2 \cdot \Delta p}{\rho_1}} = \frac{\text{Trägheitskräfte}}{\text{hydrostat. Kräfte}} \qquad \text{(z.B. Fliehkräfte)}$$

$$\frac{\sigma^2}{\lambda} = Re = \frac{\text{Trägheitskräfte}}{\text{viskose Reibungskräfte}}$$

Bei der Vergrößerung der Pumpen verändern sich die Verlustfaktoren nicht, wenn die Vergrößerung der Spiele geometrisch ähnlich erfolgt.

Drehmoment-Verluste:

$$M = M_{th} + M_c + M_p + M_v + M_t$$

mit :

M_c : konst. Verlustanteil (z.B. nach Reibung), meist vernachlässigbar klein, $\neq f(p, n, \eta, \rho)$

Einflußgrößen:

Druck:

$$M_p = f(\Delta p) = \sum F \cdot \mu \cdot r = \sum (\Delta p \cdot A_p \cdot \mu \cdot r)$$

mit :

A_p : ideelle Reibungsfläche

Δp : Druckdifferenz (Arbeitsdruck)

Viskosität:

$$M_v = f(\eta_1) = \sum \tau \cdot A_R \cdot r = \sum \eta_1 \cdot \frac{V}{s} \cdot A_R \cdot r = \sum \eta_1 \cdot \frac{\omega \cdot r}{s} \cdot r \cdot A_R$$

mit :

A_R : Reibungsflächen

$\frac{v}{s}$: Geschwindigkeitsgefälle im Spalt

Turbulenz:

$$M_t = f(\rho_1)$$

Die rotierenden Teile geben Energie an die Förderflüssigkeit ab. Diese kann nicht mehr zurückgewonnen werden, sondern geht als Verlust verloren.

$$\begin{aligned}
P_T &= \underbrace{\omega \cdot M_t}_{\text{zugeführte Arbeit pro Sekunde}} = \frac{1}{2}(\underbrace{\dot{m}}_{\rho_1 \cdot Q} \cdot v^2) \\
&= \underbrace{\frac{1}{2}(\rho_1 \cdot A_t \cdot \omega \cdot r) \cdot (\omega \cdot r)^2}_{\text{kin. Energie der Flüssigkeit pro Sekunde}} \\
A_t &= \text{ideelle Fläche} \\
M_t &= \frac{1}{2}\rho_1 \cdot \omega^2 \cdot \sum (A_t \cdot r^3) \\
P &= Q \cdot \Delta p = M \cdot \omega \\
M_{th} &= \frac{Q \cdot \Delta p}{\omega} = \frac{\omega \cdot V_h}{2\pi} \cdot \frac{\Delta p}{\omega} \\
M_{th} &= \frac{V_h \cdot \Delta p}{2\pi}
\end{aligned}$$

Damit wird:

$$\begin{aligned}
M &= \Delta p \cdot \frac{V_h}{2\pi} + \Delta p \cdot \sum (A_p \cdot \mu \cdot r) + \sum \left(\eta_1 \cdot \frac{\omega \cdot r}{s} \cdot r \cdot A_r\right) \\
&\quad + \sum (A_t \cdot r^3) \cdot \frac{1}{2}\rho \cdot \omega^2 \\
M &= \Delta p \cdot \frac{V_h}{2\pi} + \underbrace{\frac{\sum (A_p \cdot \mu \cdot r)}{\frac{V_h}{2\pi}}}_{C_{pv}} \cdot \Delta p \cdot \frac{V_h}{2\pi} + \underbrace{\frac{\sum \left(\frac{A_R \cdot r^2}{s}\right)}{\frac{V_h}{2\pi}}}_{C_{vv}} \cdot \eta_1 \cdot \frac{\omega \cdot V_h}{2\pi} \\
&\quad + \underbrace{\frac{\sum (A_t \cdot r^3)}{\sqrt[3]{\left(\frac{V_h}{2\pi}\right)^5}}}_{C_{tv}} \cdot \frac{\rho_1}{2} \cdot \omega^2 \sqrt[3]{\left(\frac{V_h}{2\pi}\right)^5}
\end{aligned}$$

Mechanisch-hydraulischer Wirkungsgrad der Pumpen (an der Welle gemessen):

$$\begin{aligned}
\eta_{mh} &= \eta_m \cdot \eta_h \\
&= \frac{M_{th}}{M} = \frac{1}{1 + \frac{M_p}{M_{th}} + \frac{M_v}{M_{th}} + \frac{M_t}{M_{th}}} \\
&= \frac{1}{1 + C_{pv} + C_{vv} \cdot \frac{\eta_1 \cdot \omega}{\Delta p} + C_{tv} \cdot \frac{\rho_1 \cdot \omega^2}{2 \cdot \Delta p} \cdot \sqrt[3]{\left(\frac{V_h}{2\pi}\right)^5} \cdot \left(\frac{2\pi}{V_h}\right)}
\end{aligned}$$

$$= \frac{1}{1 + C_{pv} + C_{vv} \cdot \frac{\eta_1 \cdot \omega}{\Delta p} + C_{tv} \cdot \frac{\rho_1 \cdot \omega^2}{2 \cdot \Delta p} \cdot \sqrt[3]{\left(\frac{V_h}{2\pi}\right)^2}}$$

$$\eta_{mh} = \frac{1}{1 + C_{pv} + C_{vv} \cdot \lambda + C_{tv} \cdot \sigma^2}$$

Die Wirkungsgrade werden grafisch im Sankey-Diagramm (Bild 3.12) dargestellt.

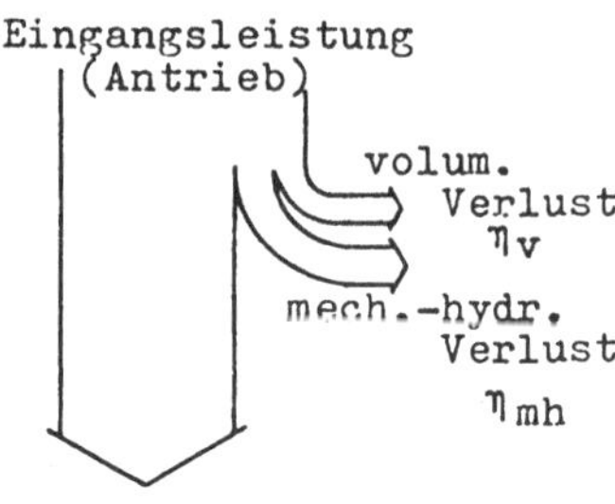

Bild 3.12
Sankey-Diagramm der Pumpe

Gesamtwirkungsgrad der Pumpe:

$$\eta_{ges} = \eta_v \cdot \eta_{mh}$$

$$\eta_{ges} = \frac{1 - \frac{C_{sv}}{\lambda} - \frac{C_{st}}{\sigma}}{1 + C_{pv} + C_{vv} \cdot \lambda + C_{tv} \cdot \sigma^2}$$

Die Werte C_{sv}, C_{st}, C_{pv}, C_{vv}, C_{tv} sind nur konstruktionsabhängig, λ und σ sind betriebsabhängige Kennzahlen.

Anmerkung: Zur Optimierung z.B. Untersuchungen von

$$\frac{\delta\eta}{\delta\lambda} = 0 \quad ; \quad \frac{\delta\eta}{\delta\sigma} = 0$$

möglich.

Obere und untere Grenzwerte für die Verlustfaktoren von Verdrängerpumpen (theoretisches Hubvolumen zwischen 10 und $50 cm^3$) nach Schlösser:

	Q		M		
	C_{sv}	C_{st}	C_{pv}	C_{vv}	C_{tv}
Schneckenpumpen	$45 \cdot 10^{-8}$	$38 \cdot 10^{-4}$	0,06	$0,4 \cdot 10^5$	1400
	$10 \cdot 10^{-8}$	$8 \cdot 10^{-4}$	0,03	$0,2 \cdot 10^5$	500
Zahnradpumpen			0,12	$1,0 \cdot 10^5$	140
(Plattentype)	$40 \cdot 10^{-8}$	$30 \cdot 10^{-4}$	0,01	$0,2 \cdot 10^5$	20
Zahnradpumpen	$2 \cdot 10^{-8}$	$2 \cdot 10^{-4}$	0,06	$0,6 \cdot 10^5$	270
(druckkompensiert)			0,03	$0,3 \cdot 10^5$	60
Flügelpumpen	$4,3 \cdot 10^{-8}$	$9,0 \cdot 10^{-4}$	0,30	$1,6 \cdot 10^5$	60
	$3,0 \cdot 10^{-8}$	$3,5 \cdot 10^{-4}$	0,02	$0,4 \cdot 10^5$	10
Axialkolbenpumpen			0,10	$2,0 \cdot 10^5$	250
	$2,0 \cdot 10^{-8}$	$2,8 \cdot 10^{-4}$	0,01	$0,2 \cdot 10^5$	100
Radialkolbenpumpen	$0,5 \cdot 10^{-8}$	$0,5 \cdot 10^{-4}$	0,08	$0,8 \cdot 10^5$	50
			0,01	$0,2 \cdot 10^5$	10

Für Motoren gilt:

$$\eta_v = \frac{1}{1 + \frac{C_{sv}}{\lambda} + \frac{C_{st}}{\sigma}}$$

$$\eta_{mh} = 1 - C_{pv} - C_{vv} \cdot \lambda - C_{tv} \cdot \sigma^2$$

$$\eta_{ges} = \frac{1 - C_{pv} - C_{vv} \cdot \lambda - C_{tv} \cdot \sigma^2}{1 + \frac{C_{sv}}{\lambda} + \frac{C_{st}}{\sigma}}$$

	Motor	Pumpe
η_v	$\frac{Q_{th}}{Q_{eff}}$	$\frac{Q_{eff}}{Q_{th}}$
η_{mh}	$\frac{M_a}{M_{th}}$	$\frac{M_{th}}{M_a}$

Wirkungsgrade von Verdrängerpumpen (nach Schlösser):

Die Benutzung der obigen Tabellen und der Bilder 3.13, 3.14 und 3.15 für $\eta_{mh} = f(\Delta p)$, $\eta_{mh} = f(n)$ und $\eta_{ges} = f(\Delta p)$ dient der Neuauslegung zur Ermittlung von Anhaltswerten zur Beurteilung des Nutzens.

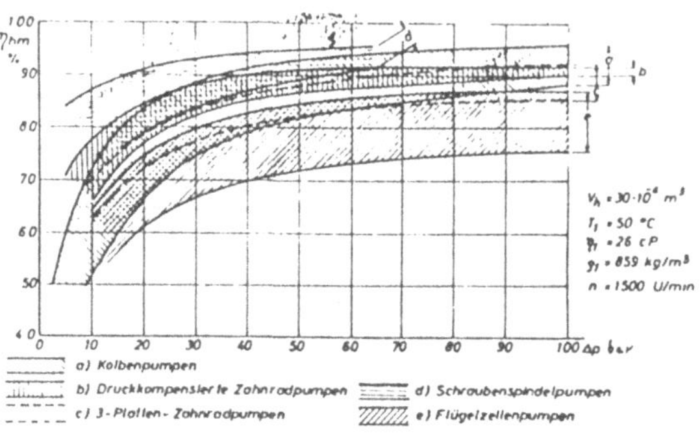

Bild 3.13 Hydraulisch-mechanischer Wirkungsgrad als $f(\Delta p)$

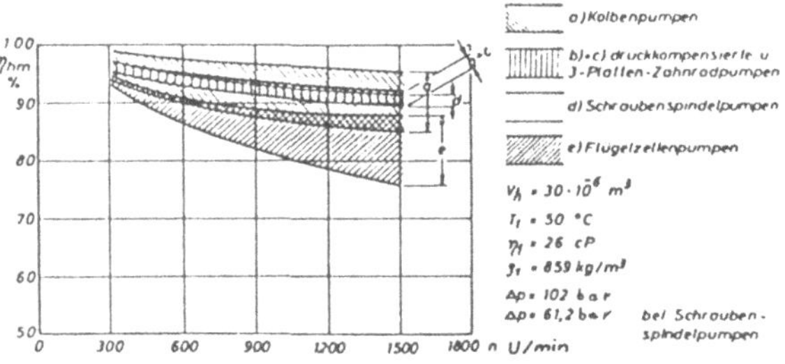

Bild 3.14 Hydraulisch-mechanischer Wirkungsgrad als $f(n)$

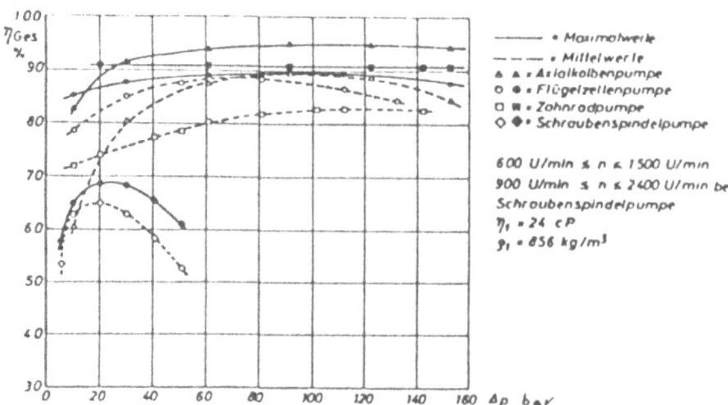

Bild 3.15 Gesamtwirkungsgrad, errechnet aus Kennzahlen

Berechnungsbeispiel für eine Axialkolbenpumpe

Gegeben:

$$\begin{aligned} V_h &= 33,3 \cdot 10^{-6} m^3 \\ n_1 &= 25 s^{-1} \quad \rightarrow \quad \omega_1 = 157,1 s^{-1} \\ \rho_1 &= 865 \frac{kg}{m^3} \\ \eta_1 &= 0,0225 \frac{Ns}{m^2} \\ \Delta p &= 98,1 \cdot 10^5 Pa \end{aligned}$$

Ermittlung der Betreibsgrößen:

$$\lambda = \frac{\eta_1 \cdot \omega}{\Delta p} = \frac{0,0225 \cdot 157,1}{98,1 \cdot 10^5} = 0,36 \cdot 10^{-6}$$

$$\sigma = \frac{\omega \cdot \sqrt[3]{\frac{V_h}{2\pi}}}{\sqrt{\frac{2\Delta p}{\rho_1}}} = \frac{157 \cdot \sqrt[3]{5,3 \cdot 10^{-6}}}{\sqrt{\frac{2 \cdot 98,1 \cdot 10^5}{865}}} = 0,01817$$

Verlustfaktoren nach Schlösser (Erfahrungswerte ähnlicher Baureihen, s. Tabelle S. 57):

$$\begin{aligned} C_{sv} &= 1,0 \cdot 10^{-8} \\ C_{st} &= 1,7 \cdot 10^{-4} \\ C_{pv} &= 0,05 \\ C_{vv} &= 1,0 \cdot 10^5 \\ C_{tv} &= 150 \end{aligned}$$

Volumetrischer Wirkungsgrad:

$$\eta_v = 1 - \frac{C_{sv}}{\lambda} - \frac{C_{st}}{\sigma} = 1 - \frac{1,0 \cdot 10^{-8}}{0,36 \cdot 10^{-6}} - \frac{1,7 \cdot 10^{-4}}{0,01817} = 0,963$$

Mechanisch-hydraulischer Wirkungsgrad:

$$\begin{aligned} \eta_{mh} &= \frac{1}{1 + C_{pv} + C_{vv} \cdot \lambda + C_{tv} \cdot \sigma^2} \\ &= \frac{1}{1 + 0,05 + 1,0 \cdot 10^5 \cdot 0,36 \cdot 10^{-6} + 150 \cdot 0,01817^2} \\ &= \frac{1}{1 + 0,05 + 0,036 + 0,0495} = 0,881 \end{aligned}$$

Gesamtwirkungsgrad:

$$\eta_{ges} = \eta_v \cdot \eta_{mh} = 0,936 \cdot 0,881 = 0,848$$

Beispiele für Prospektangaben finden sich im Anhang, Bild 183.

3.6.2 Kennlinien der Verdrängerpumpen und Motoren

Die Aufgliederung findet nach Schlösser statt.

Verlustfreie Verdrängermaschinen (s. Bild 3.16):

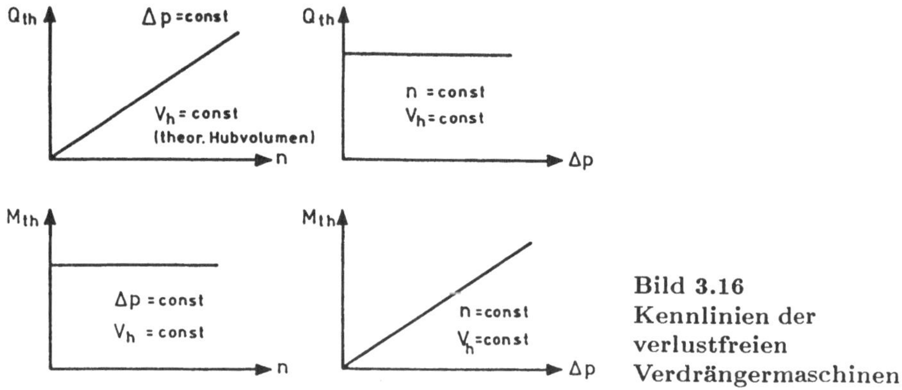

Bild 3.16 **Kennlinien der verlustfreien Verdrängermaschinen**

Verlustbehaftete Maschinen:

M Pumpe (Definition und Berechnung der einzelnen Drehmomente nach S. 54f):

$$M_p = M_{pth} + \underbrace{M_{pc} + M_{pp}}_{\text{mechan. Reibung}} + \underbrace{M_{pv} + M_{pt}}_{\text{Flüssigkeitsreibung}}$$

Q-Pumpe:

$$Q_p = Q_{th} - Q_{p\,verl}$$

$Q_{p\,verl}$ = Leckverluste = Lieferverluste
Von Füllverlusten kann man in der Ölhydraulik absehen.

M Motor:

$$M_M = M_{Mth} - M_{Mc} - M_{Mp} - M_{Mv} - M_{Mt}$$

Q Motor:

$$Q = Q_{M\,th} + Q_{M\,verl}$$

In Bild 3.17 sind die Kennlinien von Pumpe und Motor gegenübergestellt.

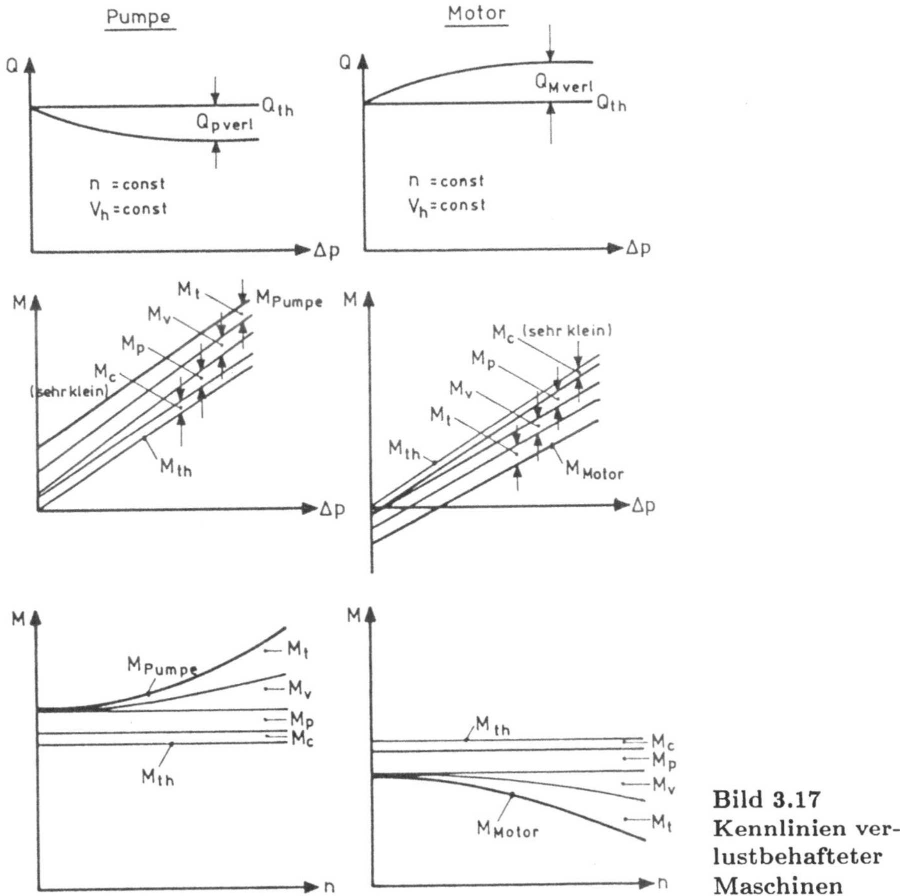

Bild 3.17 Kennlinien verlustbehafteter Maschinen

Zum besseren Verständnis der Diagramme seien hier einige Grundlagen wiederholt:

$$
\begin{aligned}
Q_{verl} &= Q_v + Q_t \\
Q_v &: \text{laminar} \sim \Delta p \quad \text{(Gerade)} \\
Q_t &: \text{turbulent} \sim \sqrt{\frac{\Delta p}{\rho}} \quad \text{(Parabel)} \\
M_{R\,Fl} &= M_v + M_t \quad \text{(Flüssigkeitsreibung)} \\
M_v &: \sim \text{Drehzahl } n \\
M_t &: \text{Anteil durch Massenwirkung d. Flüssigkeit} \sim \rho \cdot n^2 \\
M_{R\,mech} &= M_c + M_p \quad \text{(mechanische Reibung)} \\
M_c &: \text{konstant (Ausnahme: zu kleine Drehzahlen)} \\
M_p &: \sim \Delta p
\end{aligned}
$$

Schematische Kennfelder von Pumpe, Motor und Getriebe (Axialmaschinen, s. Bild 3.18, 3.19 und 3.20):

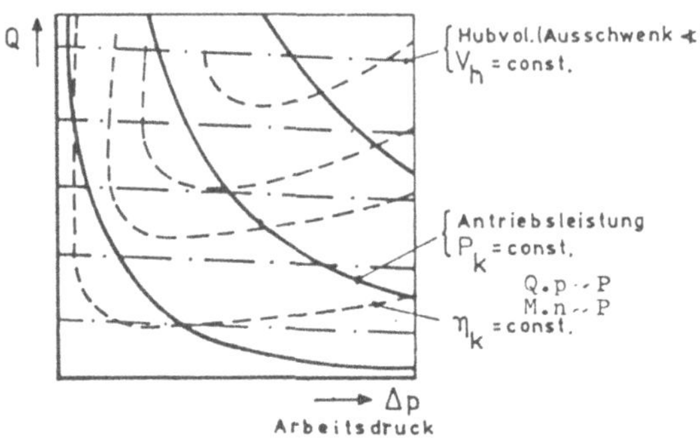

Bild 3.18
Schematisches Kennlfeld einer Pumpe

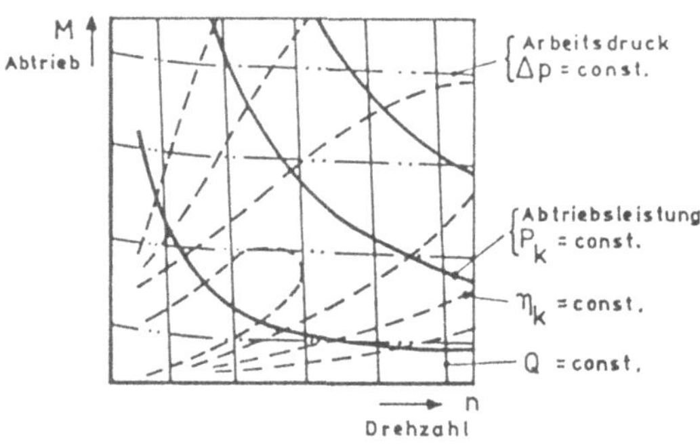

Bild 3.19
Schematisches Kennlfeld eines Motors

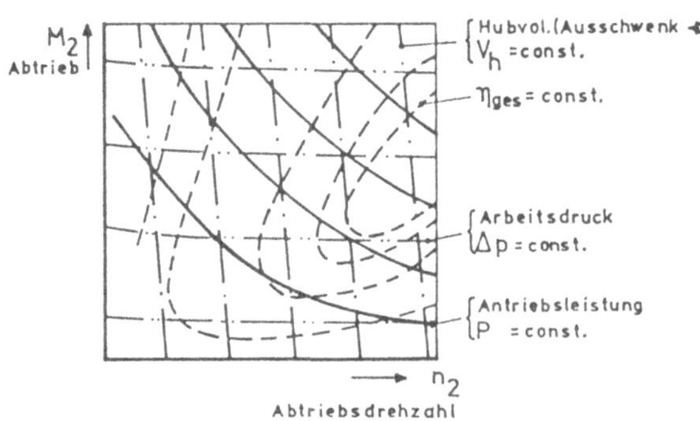

Bild 3.20
Schematisches Kennlfeld eines Getriebes, Eingangsdrehzahl konstant

3.7 Ähnlichkeiten von hydraulischen Maschinen

3.7.1 Geometrische Ähnlichkeit

Geometrische Ähnlichkeit bedeutet, daß das Verhältnis von zwei Abmessungen entsprechender Bauteile von verschieden großen Maschinen konstant ist (maßstäbliche Vergrößerung oder Verkleinerung, eine Zeichnung für alle Größen, nur Maßveränderung, s. Bild 3.21).

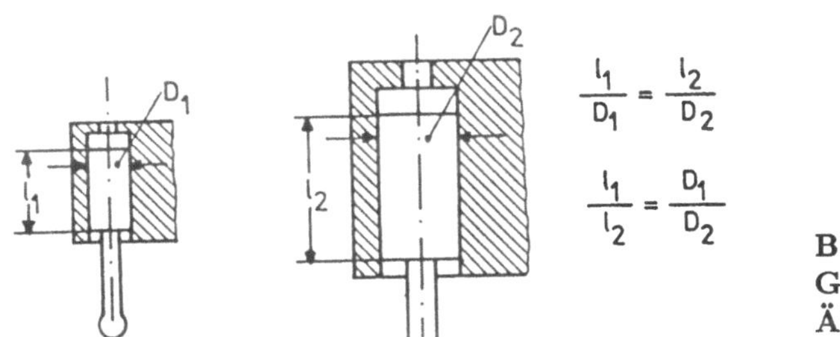

Bild 3.21 Geometrische Ähnlichkeit

Bemessung der Spiele → Verluste

1. Maßstäbliche Vergrößerung der Spiele, L = Vergrößerungsfaktor.

$$\frac{D_2}{D_1} = L \quad ; \quad \frac{\text{Spiel } s_2}{\text{Spiel } s_1} = L$$

Durch die konsequente maßstäbliche Vergrößerung werden die Spiele ebenfalls vergrößert. Aus fertigungstechnischen Gesichtspunkten könnte das Spiel u.U. konstant bleiben, dies richtet sich u.a. nach möglicher Fertigungsgenauigkeit. Betriebstechnische und kostenmäßige Gesichtspunkte sprechen aber dagegen.

2. Inkonsequente maßstäbliche Vergrößerung:

$$\frac{s_2}{s_1} = L^m \leq L \quad ; \quad 0 \leq m \leq 1$$

Die Spiele ändern sich weniger als bei 1.

3. Einseitige Vergrößerung z.B. Breite, Radius.

Die Werte von L müssen für die Fertigung sinnvoll gewählt werden, deshalb findet z.B. die Normzahlreihe R10 hier Verwendung.

$$L = 1,25 \sim \sqrt[10]{10^n} \qquad \text{Normzahlreihe R10: } n = 0 \ldots 10$$

Mit einem Abmessungssprung von einer Größe zur nächsten vom 1,25 fachen ($L = 1,25$) wächst V_h dann mit $L^3 \sim 2$, d.h. es tritt jeweils eine Verdoppelung von V_h ein.

3.7.2 Zunahme der Spiele

Für m gelten folgende Anhaltswerte (s. Bild 3.22):

$m \approx 1\ldots 2/3$ Hydraulische Maschinen

$m \approx 1/3$ ISO-System

$m = 0$ Spiele sind konstant

Bei dieser Maßstabsanalyse sind Wandstärken, Steifheit, Lebensdauer und Wärmeabfuhrquerschnitte mit zu prüfen.

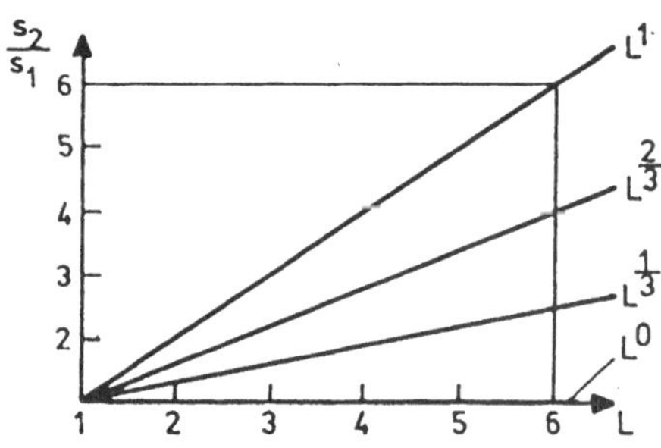

Bild 3.22
Zunahme der Spiel durch Änderung von m

3.7.3 Einfluß der Spieleänderung auf die Änderung der Verlustfaktoren

Man kann die Änderung der Verlustfaktoren (nach Schlösser, S. 52) und damit die Änderung der Wirkungsgrade bei Übergang von einer Maschinengröße zur anderen bei ähnlichen Maschinen bestimmen. Darin liegt der besondere Vorteil der Faktoren. Dabei muß jeweils aber die Änderung der Spiele bekannt sein. Bei "konsequent-maßstäblicher" Veränderung der Spiele ($m = 1$) bleiben die Verlustfaktoren konstant. Sie ändern sich aber mit Änderung von m.
Beispiele:

$$C_{sv} = \frac{\sum \left(\frac{s^3 \cdot e}{12 \cdot l}\right) \cdot 2\pi}{V_h} \sim \frac{(L^m)^3 \cdot \frac{L}{L}}{L^3} = L^{(3m-3)} = L^{-3(1-m)}$$

$$C_{st} = \frac{\sum f}{\sqrt[3]{\left(\frac{V_h}{2\pi}\right)^2}} \sim \frac{L \cdot L^m}{(L^3)^{2/3}} = \frac{L^{m+1}}{L^2} = L^{-1(1-m)}$$

In beiden Beispielen ist nur eine der Spalt- bzw. Spieldimensionen mit L^m verändert worden. Die Übrigen, z.B. e und l, wurden mit L^1 verändert. Würde man **alle** Spaltdimensionen mit L^m ändern, ergäbe sich im Beispiel 2:

$$C_{st} \sim L^{2(m-1)}$$

Die folgende Tabelle zeigt die Änderung der Verlustfaktoren.

	Spiel $\sim L^1$	Allg. Spiel $\sim L^m$	Art der Verluste	
$\frac{C_{sv2}}{C_{sv1}}$	1,0	$L^{-3(1-m)}$	laminare	Leckverluste
$\frac{C_{st2}}{C_{st1}}$	1,0	$L^{-1(1-m)}$	turbulente	
$\frac{C_{pv2}}{C_{pv1}}$	1,0	$L^0 = (1,0)$	druckabhängige	
$\frac{C_{vv2}}{C_{vv1}}$	1,0	$L^{(1-m)}$	viskositätsabhängige	Drehmomentverl.
$\frac{C_{tv2}}{C_{tv1}}$	1,0	$L^0 = (1,0)$	turbulente	

$$L = \frac{\sigma_2}{\sigma_1} \quad ; \quad \sigma_1, \sigma_2 \; : \; \text{Betriebsgrößen}$$
$$L^3 = \frac{V_{h2}}{V_{h1}} = \frac{M_{th2}}{M_{th1}}$$

3.7.4 Mechanische Ähnlichkeit

Konstant: Druck p, Geschwindigkeit v (z.B. Kolben oder Trommel), Spannung σ.

Mit Normzahlreihe R10 für das Beispiel:

Sprung $\sqrt[10]{10^n} = 1,25 = L$

Damit mechanische Gleichwertigkeit der Bauteile $\neq f(\text{Größe})$.

Die folgende Tabelle zeigt die Änderung von Bau- und Betriebsgrößen bei geometrischer und mechanischer Ähnlichkeit.

Gesuchte Größe	Zusammenhang mit L	Änderungsfaktor mit $L = 1,25$
Hubvolumen V_h	$\sim d^3 \sim L^3$	2
Drehmoment M_{th}	$\sim V_h \cdot \Delta p \sim L^3$	2
Gewicht	$V_h \sim L^3$	2
Drehzahl n	$\sim \frac{v}{\pi \cdot d_{Tr}} \sim L^{-1}$	0,8
Leistung P	$\sim \Delta p \cdot Q \sim L^3 \cdot L^{-1} \sim L^2$ $Q = D^2 \cdot s \cdot n$	1,6
Fördermenge	$\sim L^2$ (wie Leistung!)	1,6
Trägheitsmoment θ	$\sim D^4 \cdot l \sim L^5$	3,2
Winkelbeschleunigung	$\sim \frac{M_{th}}{\theta} \sim \frac{L^3}{L^5} \sim L^{-2}$	0,63
$\left(\frac{\text{Drehzahl}}{\text{Winkelbeschl.}}\right) \approx$ Beschleunigungszeit	$\sim \frac{L^{-1}}{L^{-2}} \sim L$	1,25

Schlußbemerkungen:

1. Die Ähnlichkeit läßt sich nicht bis zu beliebig kleinen Maschinen führen, z.B. begrenzte Wandstärken bei Gußteilen.

2. Bei der verwendeten Ähnlichkeit wird für die sog. Modelldrehzahl (Drehzahl bei $P = 1kW$):

$$n_M = n\sqrt{P} \sim L^{-1} \cdot \sqrt{L^2} = L^0 = 1$$

L^0 bedeutet also, daß die Größe konstant bleibt.

3. Das gleiche gilt auch für die Volumenträgheitskonstante (nach Kordak). Unter den Ähnlichkeitsannahmen wird ebenfalls eine Konstante daraus [14], nämlich:

$$C = \frac{\theta}{V_h^{5/3}} \quad \left[\frac{kg}{m^3}\right] \quad \text{d.h. mit Dimensionen einer Dichte}$$

$$C \sim \frac{L^5}{(L^3)^{5/3}} = 1 \quad \text{d.h. } L^0$$

Mit C ist auch ein **Vergleich der Bauarten** möglich.
Der kleinste C-Wert ergibt die geringste Beschleunigungszeit!
$C = f$(Werkstoff, Konstruktionsprinzip u.a.).
Haben zwei Maschinen verschiedener Baureihen ein gleiches C, so haben sie gleiches Beschleunigungsvermögen.

3.8 Prozeßrechenansatz (Druckverlauf im Zylinder)

Die Möglichkeit der Berechnung des Druckverlaufes in hydraulischen Kolbenmaschinen soll hier am Beispiel der weggesteuerten Axialkolbenpumpe demonstriert werden. Der grundsätzliche Ansatz ist auf andere Systeme übertragbar. Ausgehend von geschätzten Startwerten (Integrationskonstanten) wird das Arbeitsspiel schrittweise numerisch ermittelt. Gegebenenfalls werden dann neue Startwerte gewählt und die Berechnung bis zum Erreichen eines stationären Betriebspunktes wiederholt (s. dazu auch im Band II die Kreisprozeßrechnung von Kompressoren).

Ausgangspunkt für die Berechnung des Druckverlaufes ist eine Volumenstrombilanz der in den Zylinder ein- und austretenden Flüssigkeit (s. Bild 3.23).

Man erhält für die resultierende Volumenänderung folgende Grundgleichungen:

$$dV_{res} = dV_{ab} - dV_{zu}$$

Setzt man die allgemein übliche Bezeichnung Q für Volumenströme ein:

$$Q_{res} = Q_{ab} - Q_{zu}$$

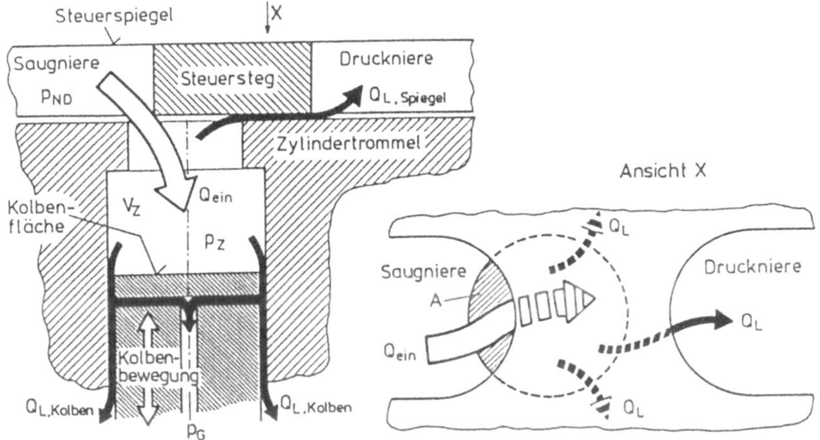

Bild 3.23 Modell zur Simulation des Druckverlaufes beim Umsteuern im Zylinder einer Axialkolbenmaschine (Pumpe)

Alle vom Zylinder abfließenden Volumenströme werden mit einem positiven, der zufließende Strom mit einem negativen Vorzeichen versehen. Volumenströme über die Zylindergrenzen (Systemgrenzen) können hervorgerufen werden durch:

Kolbenbewegung (s. Kap. 6.2):

$$V_Z = \frac{V_h}{2} \cdot (1 + \sin\varphi) \qquad (\varphi: \text{ Drehwinkel})$$

$$Q_{Kolben} = \frac{dV_z}{dt} = \omega \cdot \frac{V_h}{2} \cdot \cos\varphi$$

Leckströme (s. Kap. 3.6.1):

$$Q_L = \frac{\Delta p \cdot h^3 \cdot b}{12 \cdot \eta \cdot l}$$

Für l und b müssen oft wegen der komplizierten Geometrien Ersatzwerte gefunden werden.

$$Q_{L,Spiegel} = \frac{(p_z - p_{HD}) \cdot h_S^3 \cdot b_{Ersatz}}{12 \cdot \eta \cdot l_{Ersatz}}$$

$$Q_{L,Kolben} = \frac{(p_z - p_G) \cdot h_K^3 \pi d_K}{12 \cdot \eta \cdot l_K} \cdot \mu \qquad p_G: \text{ Druck im Gehäuse}$$

$$\mu = \left(1 + 1,5 \cdot \varepsilon^3\right)$$

Verluste durch exzentrische Lage des Kolbens im Zylinder werden durch ε berücksichtigt.

Flüssigkeitsstrom von den Nieren in den Zylinder (s. Kap. 3.1):
Bernoulli-Gleichung:

$$h_1 + \frac{c_1^2}{2g} + \frac{p_1}{\rho_1 \cdot g} = h_2 + \frac{c_2^2}{2g} + \frac{p_2}{\rho_2 \cdot g}$$

Vereinfachung mit $h_1 = h_2$, $c_1 = 0$, $\rho_1 = \rho_2$:

$$c_2^2 = \frac{2}{\rho} \cdot (p_1 - p_2)$$

Konti-Gleichung:

$$\begin{aligned} \frac{dV}{dt} &= c \cdot A \\ dV_{ein,aus} &= Q_{ein,aus} = A_{eff} \cdot \sqrt{\frac{2}{\rho} \cdot (p_1 - p_2)} \\ A_{eff} &= \alpha \cdot A \qquad \text{(enthält auch Verluste)} \end{aligned}$$

Beim Durchströmen von Querschnitten (Fläche A im Bild 3.24) schnürt sich der Flüssigkeitsstrom ein.

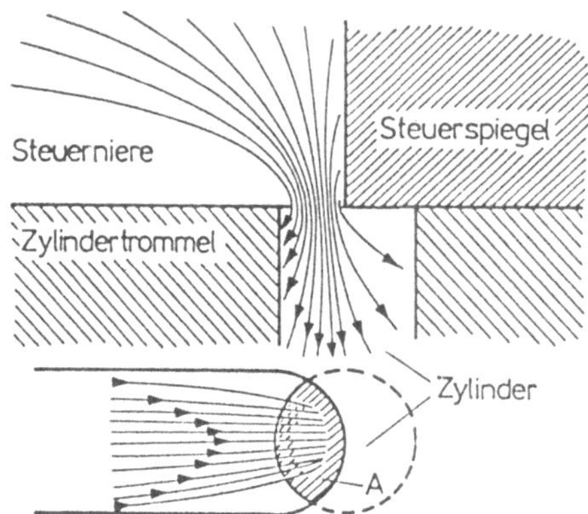

Bild 3.24 Einschnürung des Flüssigkeitsstromes

Weiterhin erfolgt die Umwandlung von Druck- in Geschwindigkeitsenergie nicht verlustfrei (Reibungs- und Stoßverluste). Der effektive Volumenstrom ist dann um den Faktor α (Einschnürung und Verluste) kleiner als der theoretisch berechnete Strom. Dieser Durchflußbeiwert muß durch Messungen bestimmt werden. Einen empirischen Ansatz für $\alpha = f(Re)$ gibt Weule [40] an.

Die Bernoulli-Gleichung beschreibt einen stationären Flüssigkeitsstrom. In Wirklichkeit sind die Vorgänge jedoch instationär, d.h. die Flüssigkeit wird beschleunigt und Massenkräfte müssen berücksichtigt werden. Man muß dann eine Kräftebilanz für einen strömenden "Massepfropfen" aufstellen.

$$m \cdot \dot{c} = p_1 \cdot A - p_2 \cdot A + F_R$$

In der Literatur (z.B. [41]) findet man Ansätze für die Masse:

$$\begin{aligned} \dot{m} &= A \cdot l \cdot \rho \\ l &= 4 \cdot r_{hydr} \\ r_{hydr} &= 2 \cdot \frac{A}{U} \qquad (U : \text{Umfang}) \end{aligned}$$

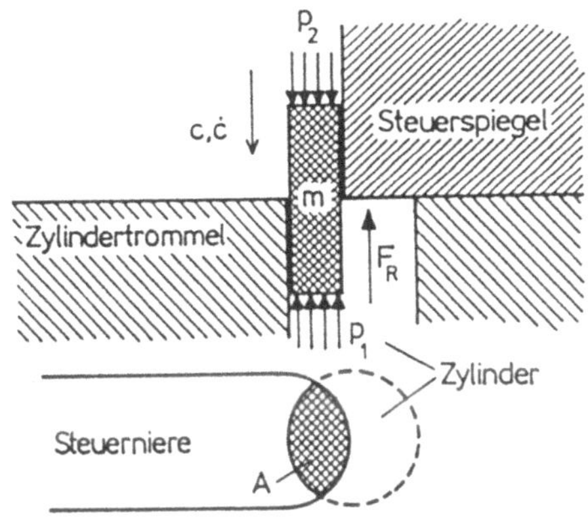

Bild 3.25
Schema für instationären Berechnungsansatz

Damit ergibt sich unter Berücksichtigung der Verluste F_R:

$$F_R = \left(\frac{1}{\alpha^2} - 1\right) \cdot \frac{\rho}{2} \cdot c^2 \cdot A$$

$$\dot{c} = \frac{U}{8 \cdot A \cdot \rho} \cdot (p_1 - p_2 + F_R)$$

$$c = \int \dot{c} = \frac{U}{8 \cdot A \cdot \rho} \cdot \int (p_1 - p_2 + F_R)\, dt$$

$$\frac{dV_{ein,aus}}{dt} = c \cdot A = \frac{U}{8\rho} \cdot \int (p_1 - p_2 + F_R)\, dt$$

Der Druck im Zylinder berechnet sich nach der "Kompressionsgleichung" für Flüssigkeiten:

$$dp = -\frac{E}{V} dV$$

Damit kann die DGL für den konkreten Fall in Bild 3.23 angesetzt werden.

Stationärer Ansatz:

$$\frac{dp}{dt} = -\frac{E}{\frac{V_h}{2} \cdot (1 + \sin\varphi)} \cdot \left[\omega \frac{V_h}{2} \cos\varphi + \alpha \cdot A\sqrt{\frac{2}{\varphi}(p_z - p_{ND})} + \ldots \right.$$
$$\left. \ldots \frac{(p_Z - p_{HD}) \cdot h_s^3 b_{Ersatz}}{12 \cdot \eta \cdot l_{Ersatz}} + \frac{(1 + 1,5\varepsilon) \cdot (p_Z - p_G) \cdot h_K^3 d_K \pi}{12 \cdot \eta \cdot l_K}\right]$$

Instationärer Ansatz:

$$\frac{dp}{dt} = -\frac{E}{V} \cdot \left[\omega \frac{V_h}{2} \cos\varphi + \frac{U}{8\rho} \cdot \int (p_Z - p_{ND} + F_R)\, dt + \ldots \right.$$
$$\left. \ldots \frac{(p_Z - p_{HD}) \cdot h_s^3 b_{Ersatz}}{12 \cdot \eta \cdot l_{Ersatz}} + \frac{(1 + 1,5\varepsilon) \cdot (p_Z - p_G) \cdot h_K^3 d_K \pi}{12 \cdot \eta \cdot l_K}\right]$$

Für die Berechnung gibt man nun Startwerte für die unbekannte Größe p_Z vor. Die daraus erhaltene Ableitung wird numerisch integriert und der erhaltene Wert wieder in die DGL eingesetzt.

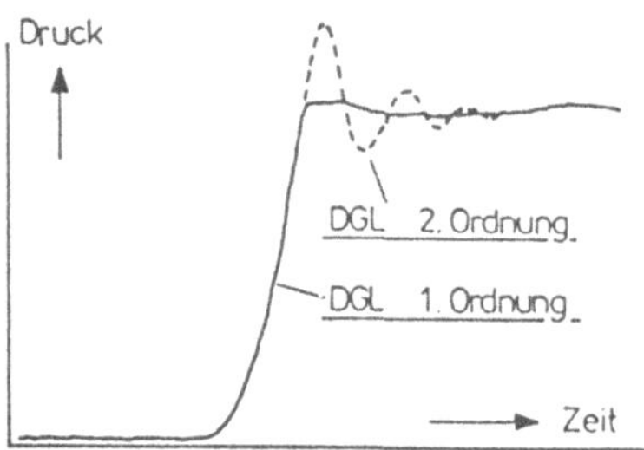

Bild 3.26
Vergleich der stationären und instationären Berechnung

Durch den instationären Ansatz ergibt sich für den Druck eine DGL zweiter Ordnung (Bild 3.26). An berechneten Druckverläufen läßt sich die Art der Berechnung leicht erkennen, da ein System zweiter Ordnung schwingungsfähig ist. Wenn die entstehenden Oberwellen für das betrachtete System von Interesse sind, muß die Berechnung auf diese Art durchgeführt werden. Meistens genügt jedoch der stationäre Ansatz.

4 Konstruktive Einzelheiten

4.1 Kolbenbauarten

4.1.1 Kolben für Pumpen des allgemeinen Maschinenbaus [1], [4]

Zwei Bauformen sind hauptsächlich im Gebrauch: Scheibenkolben und Plungerkolben. Der erstere wird im allgemeinen für kleine und mittlere Drücke verwendet. Bei sehr großen Drücken findet man fast nur den Plungerkolben, da die mit dem Scheibenkolben erzielbare Abdichtung schwierig wird.

Die Dichtung erfolgt beim **Scheibenkolben** durch Kolbenringe, so daß der Zylinder oder eine eingesetzte Laufbüchse auf der ganzen Länge bearbeitet werden muß.

Einfache Kolben für niedrige Drücke:

Als Werkstoff für die Ringe dient Grauguß (auch Ringe des Motorenbaus) und u.U. auch Bronze (Bauart K.S.B.).

Bild 4.1 zeigt einen Scheibenkolben für die Hauswasserversorgung mit Lederdichtung (nur bei kaltem Wasser und niedriger Kolbengeschwindigkeit). In Bild 4.2 ist ein Beispiel für eine Doppeltopfmanschette zu sehen. Die Manschette besteht aus Perbunan (bis 100 ^{o}C). Sie ist auf einen Stahlkern aufgesetzt und ist auch für sandhaltiges Wasser widerstandsfähig genug.

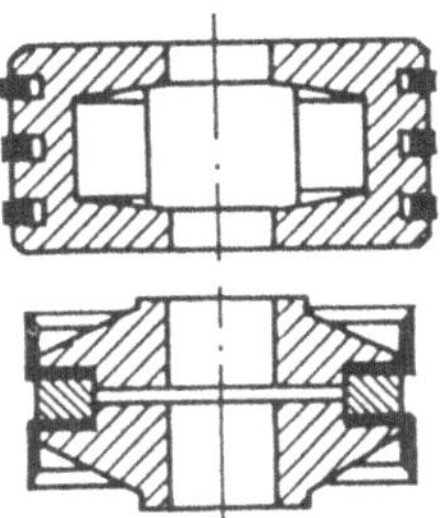

Bild 4.1
Scheibenkolben mit Lederdichtung für Hauswasserversorgung

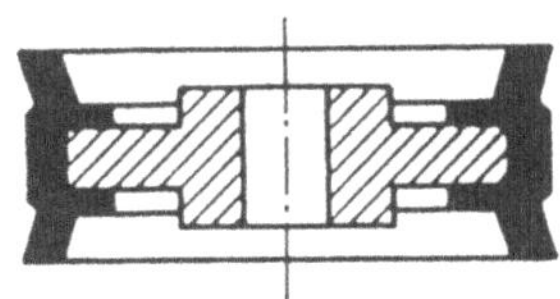

Bild 4.2
Doppeltopfmanschette aus Perbunan

Für Hubpumpen, bei denen nur die obere Kolbenseite druckbelastet ist, genügt eine Manschette. Dagegen sind bei Druckpumpen für die Abdichtung in beide Richtungen zwei Stulpen in spiegelbildlicher Anordnung vorzusehen. Die Stulpen müssen jeweils gegen die zu verdrängende Flüssigkeit gerichtet sein (Anpreßkraft der Dichtung ist proportional dem Druck im Zylinder).

Hochwertige Kolben für größere Pumpen

Für höhere Drücke werden gebaute Scheibenkolben vorgesehen. Als erstes Beispiel sei eine Kolbenabdichtung durch Dachformmanschetten angeführt. Die Dichtkraft kann eingestellt werden.

Die Manschetten (Bild 4.3) bestehen aus formengepreßten Baumwollgeweben, die mit Kunstkautschuk imprägniert sind. Auch neuere Gewebe-Kunststoff-Materialien sind geeignet.

Ein weiteres Beispiel bildet der Kolben einer Kesselspeisepumpe (Bild 4.4), deren Stahlgußstege (4) mit einem Bronzemantel (1) überzogen sind. Die Kolbenringe (2) bestehen hier aus Kunstharzpreßstoff und sind in Einzelkammern untergebracht. Zur Erzielung einer größeren Anpressung werden hinter den geschlitzten Kolbenringen metallische u.U. auch einstellbare Federringe eingebaut.

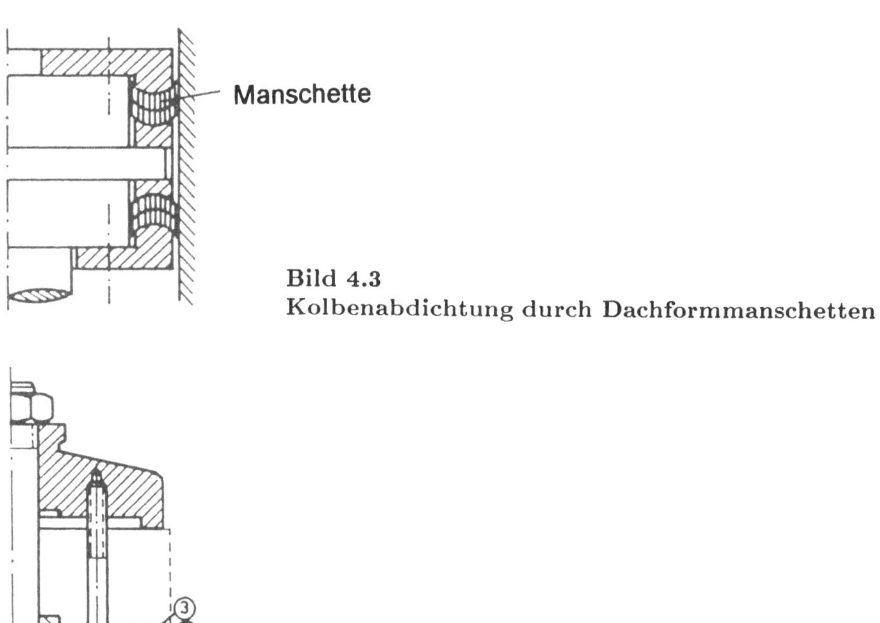

Bild 4.3
Kolbenabdichtung durch Dachformmanschetten

Bild 4.4
Kolben einer Kesselspeisepumpe

In dem Kolben in Bild 4.5 sind als Kolbenringe (2) sog. "Canvas-Ringe" eingebaut, die aus feinen, mit Hartkautschuk-Kunststoff imprägnierten Baumwollgewebeeinlagen hergestellt sind. Kolbenringe dieser Art finden für Kesselspeisewasser bei Simplex- und Duplexpumpen Verwendung, da sie bis 100 ^{o}C geeignet sind und im Heißwasser nur geringe Quellung zeigen.

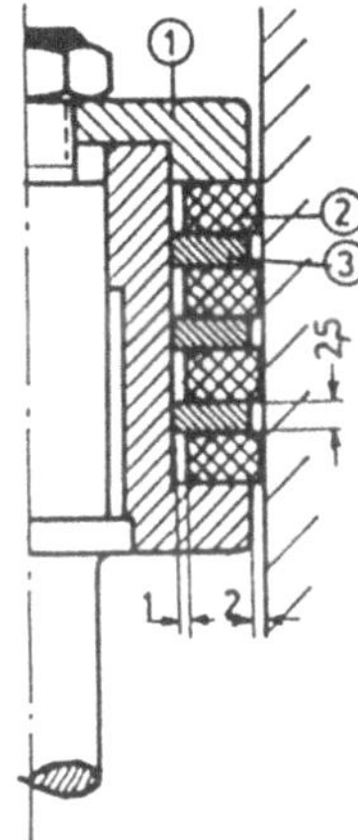

Bild 4.5
Kolben mit "Canvas"-Kolbenringen
1: Druckring
2: Kolbenring
3: Zwischenring

Während der Scheibenkolben die Zylinderwandung auf der ganzen Länge berührt, bewegt sich der Plungerkolben frei im Zylinder. Die Führung übernehmen Stopfbuchsen. Dadurch entfällt die Bearbeitung der Zylinderwandung. Die Länge des Plungers ist deshalb stets größer als der Kolbenhub. Als eine dazwischenliegende Ausführung seien die metallisch dichtenden, sehr hochwertig gefertigten Einspritzpumpen des Dieselmotorenbaus erwähnt.

Der Kolben ist je nach Anforderung aus Gußeisen, Bronze oder Stahl gefertigt, wird auf seiner ganzen Länge feinstbearbeitet, evtl. geschliffen und hart verchromt. Da die Stopfbuchse gut ausführbar und kontrollierbar ist, eignet sich der Tauchkolben besonders für hohe Drücke.

Weitere Beispiele zeigen die Bilder 4.6, 4.7 und 4.8.

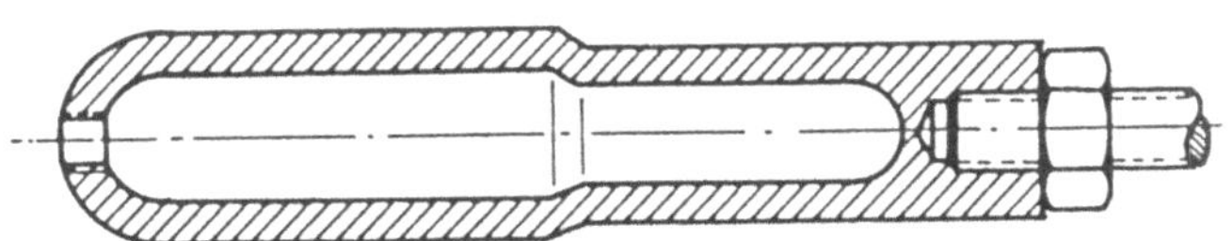

Bild 4.6
Liegende Pumpe: Hohlbohrungen des Plungers bewirken eine Gewichtsentlastung der Führungsbuchse.

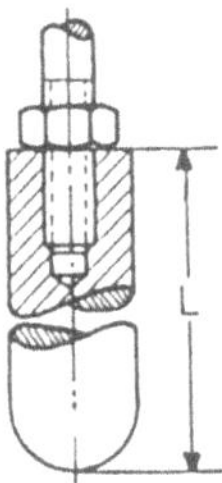

Bild 4.7
Kolben mit kleinem Durchmesser werden massiv hergestellt, L größer als Hub

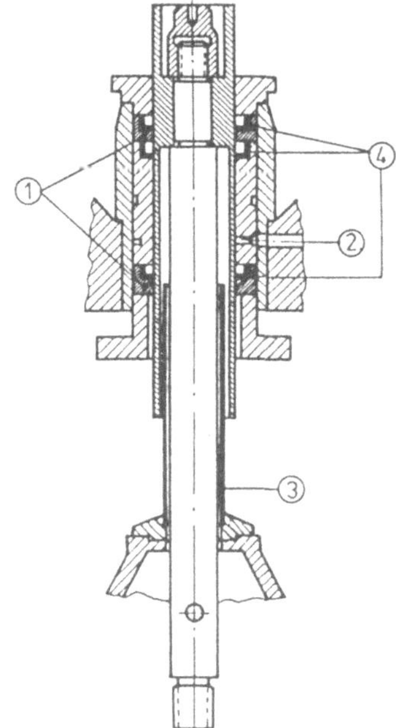

Bild 4.8
Plungerkolben (Bauart Halberg) als neuzeitliches Ausführungsbeispiel
1: Packungen
2: Fettschmierung
3: Schutzrohr (Benetzung der Kolbenstange wird verhindert)
4: Dichtungspaket

4.1.2 Kolben für hydrostatische Maschinen

Die Axialkolbenmaschinen mit **Triebflansch** benötigen eine Kolben-Pleuel-Einheit (Bild 4.9).

In Bild 4.10 werden zwei Möglichkeiten der Pleuelbefestigung gezeigt:

1. mit eingeschobener Befestigung
2. mit eingerolltem Kolbenteil

Vom Druckraum wird über eine Drosselstrecke (Spalt) Öl einer Querbohrung von dort dem oberen und unteren Pleuellager zugeführt.

Bei Schrägscheibenausführung der Maschine wird ein Kolben mit einem Gleitschuh, der sich hydrostatisch abstützt, eingebaut (Bild 4.11).

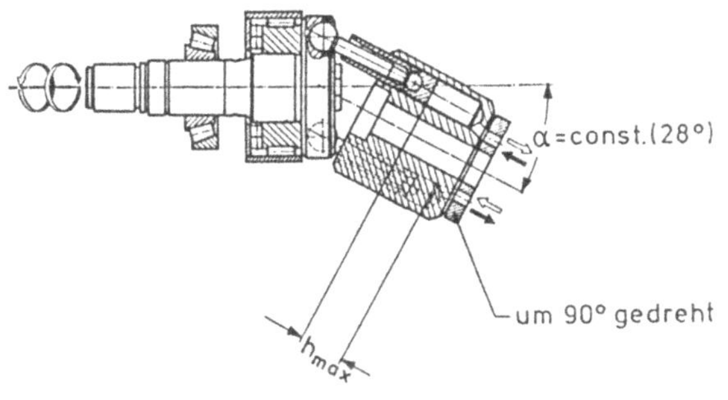

Bild 4.9
Einbausituation für Treibflanschmaschinen, aus [25]

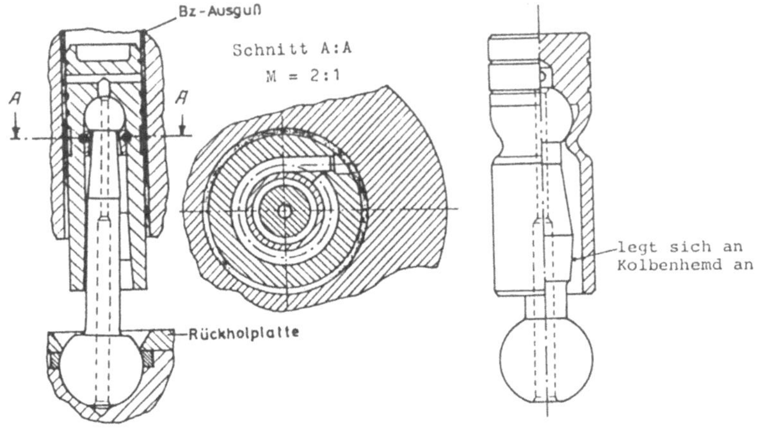

Bild 4.10 Möglichkeiten der Pleuelbefestigung
links: mit eingeschobener Befestigung
rechts mit eingerolltem Kolbenteil

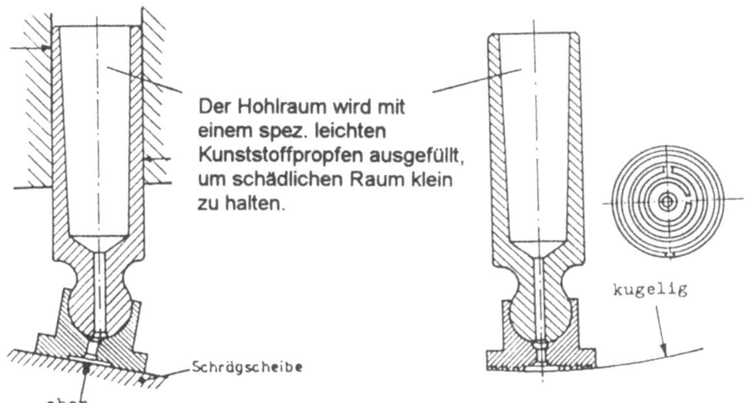

Bild 4.11 Schrägscheibenausführung

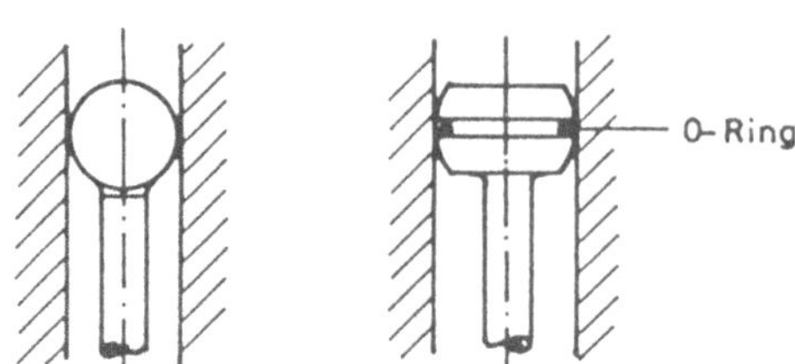

Bild 4.12
Sphährische Kolben

Neben den zylindrischen Kolben finden in einigen Fällen, z.T. noch in der Entwicklung, sphärische Kolben in der Ölhydraulik ihre Verwendung [15], Bild 4.12. Sie haben gegenüber den zylindrischen Kolben folgende Vorteile:

1. Die Gesamtbauhöhe ist geringer.
2. Die Reibung ist geringer.
3. Bei Axialkolbeneinheiten ermöglichen sie einen größeren Ausschwenkwinkel.

4.2 Stopfbuchsen und Dichtungen

Die Stopfbuchsen sollen bei geringer Reibung und ggf. ausreichender Kühlung das Austreten von Flüssigkeit beim Druckhub und das eventuelle Eintreten von Luft in das Pumpeninnere während des Saughubes verhindern.

4.2.1 Stopfbuchsen für Pumpen des allgemeinen Maschinenbaus [1]

Ihre Bauteile sind die eigentliche Buchse mit der Grundbüchse, die Stopfbuchsenbrille mit dem Futter und die Packung. Man unterscheidet:

1. Packungen aus Gewebe:
   (a) Weichpackungen
   (b) Dachmanschetten-Packungen, Lippenpackungen
2. Packungen aus Metall:
   (a) Plastisch verformbare Metallpackungen
   (b) Reine Metallpackungen

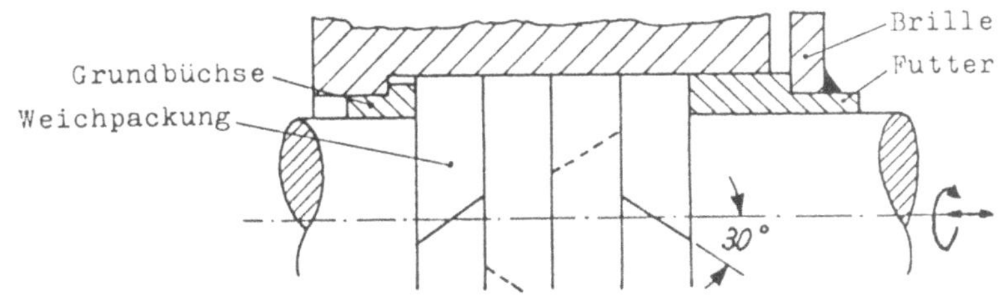

Bild 4.13 Stopfbuchse mit Weichpackung

Zu 1.(a): Die Weichpackungen bestehen aus quadratischen Baumwoll- und Asbestgewebe-Zöpfen, die mit Fett bzw. Talg getränkt sind und einen Zusatz von Graphit und anderen Stoffen enthalten. Neuerdings hat Polytetrafluorethylen (Teflon) für Stopfbuchsenpackungen eine größere Bedeutung erlangt (s. Bild 4.13). Zur sicheren Abdichtung sollen vier Ringe vorhanden sein. Weichpackungen werden hauptsächlich für geringe und mittlere Drücke verwendet ($p < 50bar$). Bei heißen Medien ist Kühlung nötig.

Zu 1.(b): Die Stopfbuchse mit Manschetten- oder Lippendichtung eignet sich für höhere Drücke ($p > 50bar$). Die Abdichtung 4.14 zeigt eine Stopfbuchse mit Lippenpackungsringen für eine Preßpumpe mit einem Betriebsdruck von $200bar$. Beim Anziehen tritt Graphit aus.

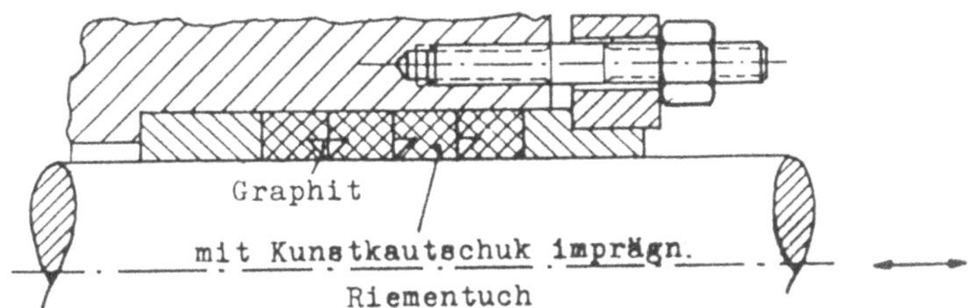

Bild 4.14 Stopfbuchse mit Lippenpackungsringen

Zu 2.(a): Ebenfalls für hohe Drücke geeignet sind die plastisch verformbaren Metallpackungen. Die Packung setzt sich aus einzelnen Metallhohlringen zusammen, die entweder ungeteilt oder auch zweiteilig ausgeführt sind. Die Füllung der Ringe besteht aus Graphit-Schmierstoff, der durch kleine Öffnungen auf die Innenseite austreten kann. Als Material wird für Pumpen z.B. Blei empfohlen. Die Zwischenringe bestehen aus Leder oder einem Kunststoff (Bild 4.15).

Zu 2.(b): Reine Metallpackungen werden als Kegelpackungen (Bild 4.16) oder als Federringpackungen (Bild 4.17) ausgeführt. Sie setzen sorgfältig bearbeitete und genau laufende Stangen voraus. Die Kegelpackungen bestehen aus inneren und äußeren konischen Dichtungen. Die äußeren Ringe sind einteilig, die inneren geteilt oder geschlitzt. Durch die beim Anziehen der Brille entstehende Keilwirkung werden die

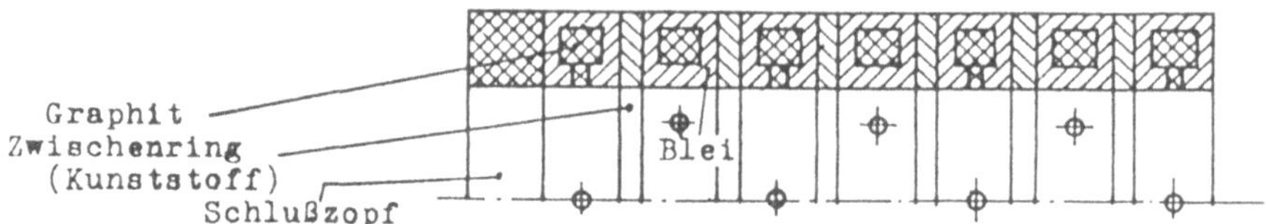

Bild 4.15 Stopfbuchse mit Bleihohlringpackung

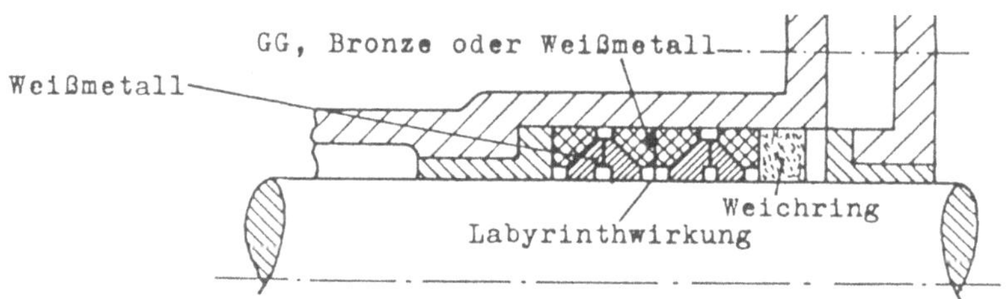

Bild 4.16 Stopfbuchse mit Kegelpackung

inneren Ringe gegen die Kolbenstangen gedrückt. Für die äußeren Ringe wird in der Regel Gußeisen, aber auch Bronze oder Weißmetall verwendet, für die inneren Ringe nur Weißmetall. Die labyrinthartigen Eindrehungen erhöhen die Wirkung der Packung.

Die Federringpackung (Bild 4.17) setzt sich aus mehrteiligen Dichtungen und Packungsringen zusammen, deren plangeschliffene Stirnflächen ohne Spiel aufeinanderliegen. Die Ringe sind paarweise in Kammern angeordnet und werden durch Schlauchfedern leicht zusammengedrückt. Die eigentliche Anpressung gegen die Kolbenstange erfolgt durch hinter die Ringe tretende Flüssigkeit. Als Werkstoff dient in der Regel Gußeisen, das bei großer Verschleißfestigkeit gute Laufeigenschaften hat.

Die Dichtwirkung der Stopfbuchse entsteht, wie gezeigt, durch die Zusammendrückung und/oder Andrückung einer plastischen oder elastischen Masse und/oder von ringartigen Dichtungen. In der Regel entsteht dadurch eine Reib-Verlustleistung, die als Wärme abgeführt werden muß.

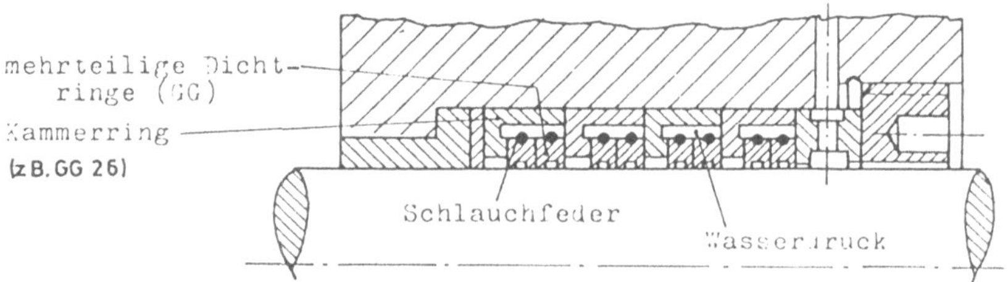

Bild 4.17 Stopfbuchse mit Federringpackung

Bei verschmutzten Medien ergeben sich erhöhte Schwierigkeiten. Der Einsatz von gefilterten Sperrflüssigkeiten sei erwähnt. Metallpackungen sind auf Reinheit der Flüssigkeiten angewiesen.

4.2.2 Dichtungen, vornehmlich für hydrostatische Maschinen

Der Abdichtmechanismus kann, wie zuvor schon erklärt, durch zwei verschiedene Ursprungswirkungen eingeleitet werden.

1. Verpressung
Der Querschnitt eines kompakten Dichtelements wird in meist vorgegebenen Einbauraum axial oder radial verformt. Dadurch entsteht die für die Abdichtung erforderliche Anpreßkraft auf die Kontaktfläche, wobei die Kraft durch den Druck des Mediums noch verstärkt wird.

2. Anpressung
Der Innen- bzw. Außendurchmesser der Dichtlippe eines Dichtelementes ist im ungespannten Zustand um das sog. Vorspannmaß kleiner oder größer als der Stangen- (Wellen-) bzw. Zylinderdurchmesser. Nach dem Einbau wird die Dichtlippe gedehnt oder gestaucht. Dadurch werden folgende Vorspannkräfte ausgelöst, die die Dichtkanten an die Abdichtflächen anpressen:

- tangentiale Zug- oder Druckkräfte im Elastomer, abhängig vom Lippenprofil
- Biegekräfte im Elastomer, die infolge des Auf- oder Einbiegens des Profils ausgelöst werden, ebenfalls abhängig vom Lippenprofil.

Die Elastomere haben folgende Einsatzbereiche [16]:

		mögl. Dauertemperaturen d. Mediums in [°C]							
	Werkst. Zeichen n. ASTM D 1418-69	NBR	SBR	CR	EPDM	ACM	VMQ	FMQ	FKM
Medien auf Mineralölbasis	Tieftemp. darf im Regelfall zugel. werden	-30	-40	-30	-40	-15	-45	-50	-15
	Motorenöle	100	-	b	-	150	150	170	180
	Getriebeöle (Hypoid)	90	-	b	-	130	b	150	160
	ATF-Öle	100	-	b	-	130	b	150	170
	Druckflüssigkeit DIN 51524	100	-	b	-	130	150	150	180
	Heizöle EL u. L	90	-	b	-	100	130	150	150
	Fette	90	-	b	-	100	100	150	180
schwer entflammbare Flüssigk.	Wasserfl. Fl. VDMA 24317 HSD	-	-	-	b	-	b	b	150
	Polyglykol-Wasserlösungen	70	70	b	70	b	70	70	70
sonstige	Wasser	100	100	b	140	b	-	100	100
	Luft	90	90	90	120	130	200	200	200
	Bremsflüssigkeit	-	100	b	140	-	130	130	b

b: bedingt geeignet, -: nicht geeignet

Eine Kombination mit Gummi oder anderem elastischen Material ist erforderlich, wenn der Dichtwerkstoff gute Gleiteigenschaften, aber keine elastischen Eigenschaften besitzt (z.B. Teflon).

Zur Oberflächenbeschaffenheit:

drucklose Drehbewegung:	$R_t = 1 - 4\mu m$	
hin- und hergehende Bewegung:		
dynamische Seite:	$R_{t\,max} = 2\mu m$	z.B. Kolbenstange
statische Seite:	$R_{t\,max} = 10\mu m$	z.B. Zylinder

Die Abdichtstelle muß vor Korrosion geschützt werden. Korridierte Oberflächen sind zu rauh, die Lebensdauer der Dichtung sinkt.

In vielen Fällen genügen O-Ringe aus geeigneten Werkstoffen in richtig bemessenen Nuten. In Bild 4.18 sind Beispiele verschiedener mit Gewebe verstärkter Dichtungen für hin- und hergehende Kolbenstangen. Der Druckraum ist nach rechts durch eine strichpunktierte Linie abgetrennt.

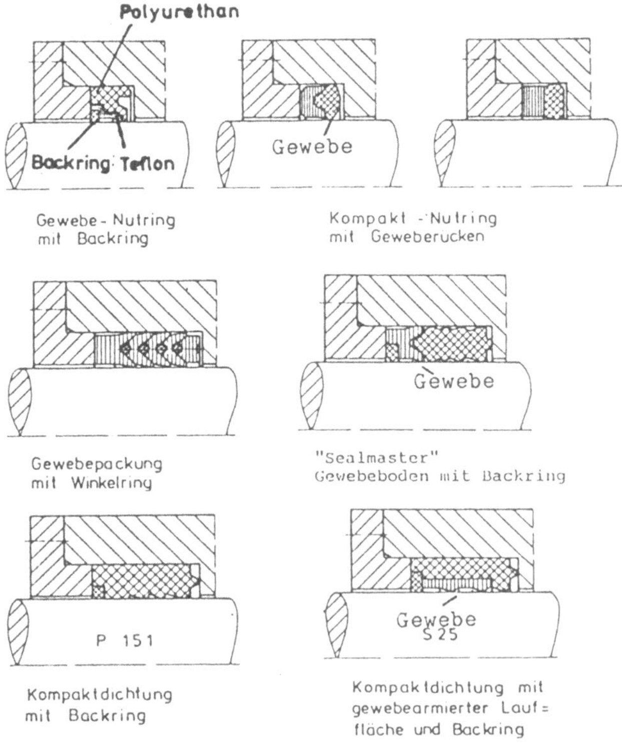

Bild 4.18 Beispiele für mit Gewebe verstärkte Dichtungen, Einsatz: bei hin- und hergehenden Kolbenstangen

Als Vorteile werden genannt: slipstickfrei, Reibung gering, Wärmeabfall gering.

An diesen Einbaubeispielen wird deutlich, wie die Wärmeausdehnung der Materialien zu beachten ist. Wegen der Robustheit und Unempfindlichkeit gegen Stoßbelastungen und Schwingungen haben sich Gewebepackungen als Stangendichtung am besten bewährt. Ihr Nachteil ist die größere Bauhöhe. Außerdem müssen sie axial nachgestellt werden.

Weiter Beispiele für Dichtungen zeigen die Bilder 4.19 bis 4.24.

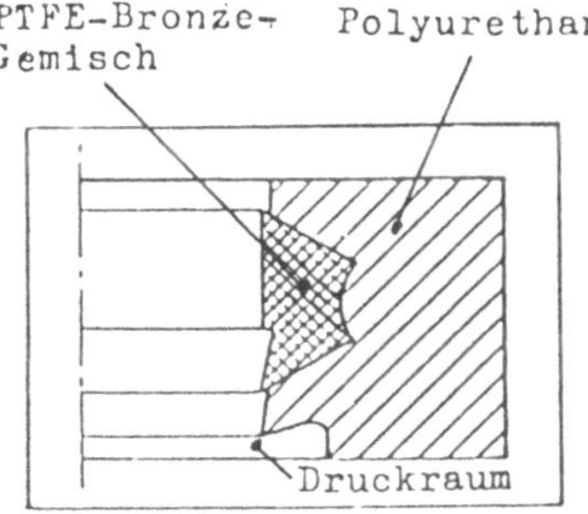

Bild 4.19
Tandem-Dichtring zur Abdichtung einer hin- und hergehenden Kolbenstange, zweiteilig, durch PTFE-Bronze-Ring geringe Reibung, daher lange Lebensdauer

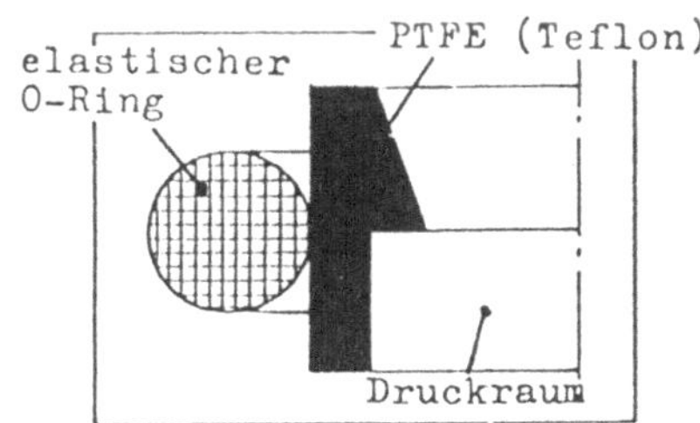

Bild 4.20
Stangendichtung (hin- und hergehende Stange), O-Ring erzeugt Andruckkraft, PTFE-Ring mit Dichtlippe übernimmt dynamische Dichtfunktion, geringe Reibung, Einsatzgrenze bei Tandemanordnung 800bar und 15m/s (oszillierende Bewegung)

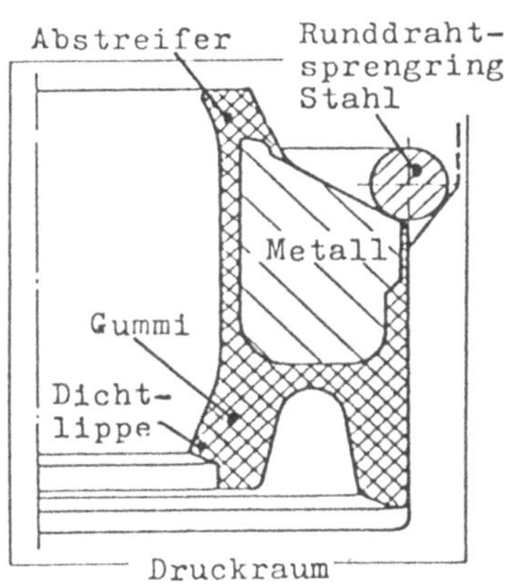

Bild 4.21
Dichtabstreifelement, Einsatzgrenze 200bar und 0,3m/s Gleitgeschwindigkeit (hin- und hergehend)

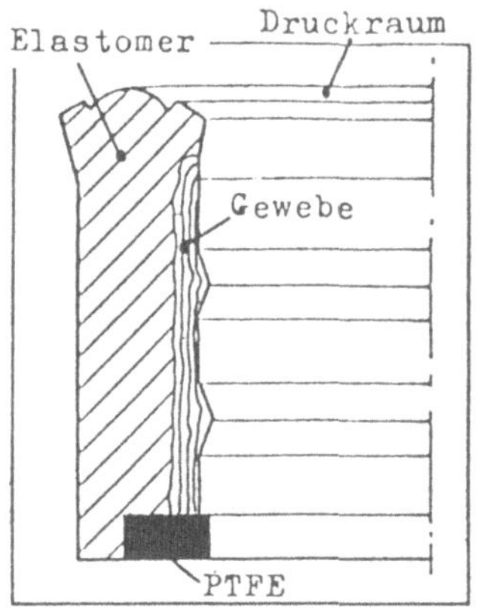

Bild 4.22
Kompaktdichtung für eine hin- und hergehende Kolbenstange, Gewebe dient zum Anlagern des Mediums, um Trockenlauf zu vermeiden (ähnlich Bild 4.18, Teilbild 7)

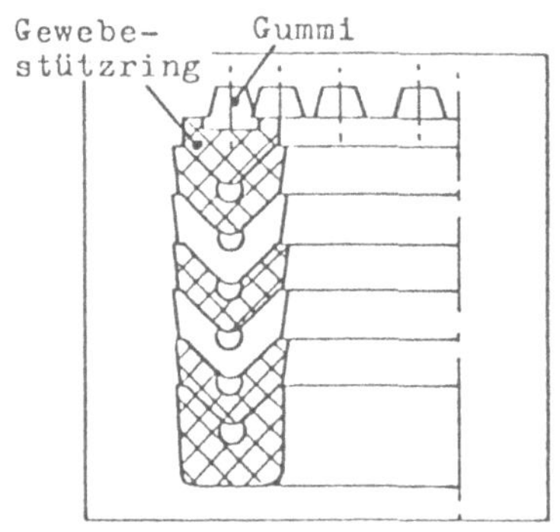

Bild 4.23
Dachformmanschettensatz, Gumminoppen spannen den Dichtsatz selbsttätig in axialer Richtung, für hin- und hergehende sowie drehende Stangen, 300bar, 0,5m/s (ähnlich Bild 4.18, Teilbild 5)

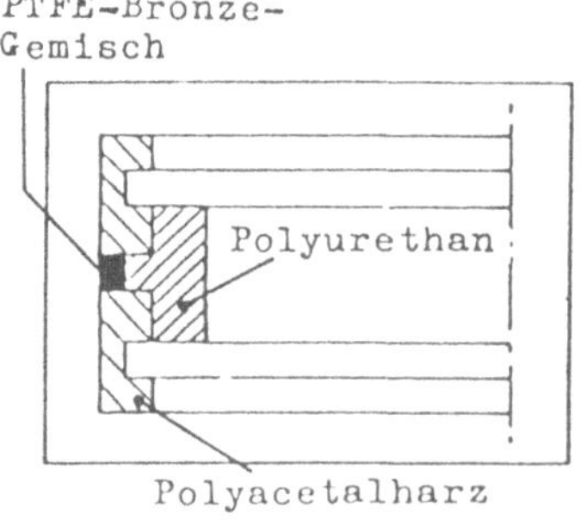

Bild 4.24
Gleitring-Kompaktdichtsatz für doppeltwirkende Kolben, Polyurethanring wirkt als radiale Feder, PTFE-Bronze-Ring übernimmt dynamische Dichtung, die beiden anderen Ringe sind Führungsringe

4.3 Hub- und Klappenventile

4.3.1 Arten, Anordnungen, konstruktiver Aufbau

Hier werden vornehmlich Ventile für die Drucksteuerung der Pumpen des allgemeinen Maschinenbaus behandelt. Die Erörterungen gelten prinzipiell auch für die Ölhydraulik-Maschinen. In der Ölhydraulik ist jedoch die Mehrzahl der Maschinen weggesteuert. Steuerventile und andere Organe des Ölhydraulik-Systems sind nicht Gegenstand dieses Buches (diese werden z.B. in [34] behandelt).

In Bild 4.25 werden grundsätzliche Arten von Ventilen gezeigt (Ableitung vom engsten Querschnitt soll strömungsgünstig sein, z.B. "Düsenventil").

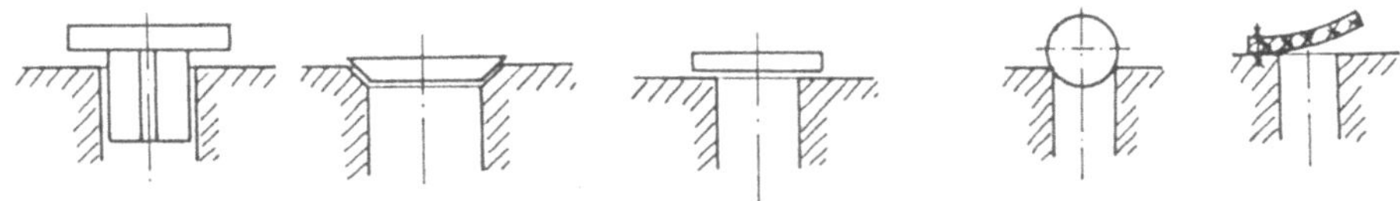

Bild 4.25 Ventilarten: links: drei tellerartige Ventile mit unterschiedlichen Auflageflächen, daneben: Kugelventil, rechts: Klappenventil. Die Ventile sind gewichts- oder federbelastet

Es ergeben sich verschiedene Anordnungen (Bilder 4.26 bis 4.29).

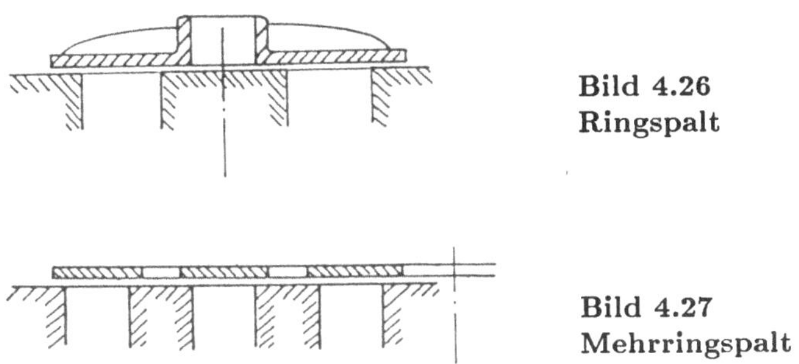

Bild 4.26 Ringspalt

Bild 4.27 Mehrringspalt

Bei der Konstruktion eines Ventils müssen folgende Forderungen beachtet werden:

1. Die bewegten Massen sollen möglichst klein sein. Daraus ergibt sich eine kleine Schlagbeanspruchung und eine geringe Schließverzögerung (siehe später).
2. Der Ventilkörper muß gut geführt werden, damit keine Klemmung auftritt. Dabei muß auch auf eine geringe Reibung geachtet werden.
3. Durch eine strömungsgünstige Formgebung ist die Verlustziffer bei der Durchströmung klein zu halten.

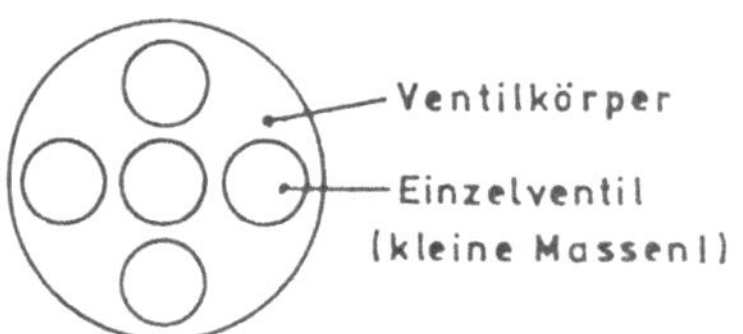

Bild 4.28
Gruppenventil (mehrere Ventile zu einem Block zusammengefaßt

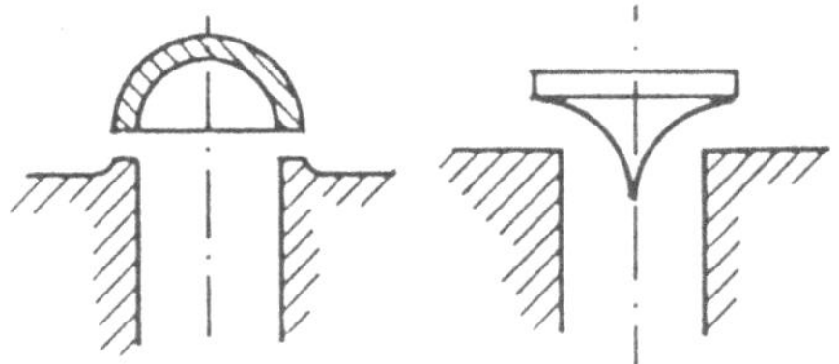

Bild 4.29
Weitere Möglichkeiten der Ventilanordnung

4. Auf Geräuscharmut achten! Abhilfe bietet eventuell eine Teflonauflage.
5. Hohe Formsteifigkeit
6. Eine hohe Festigkeit gegen Verschleiß, Erosion, Korrosion und Schlagfestigkeit muß erreicht werden.
7. Bei einer seitlichen Ausströmung müssen die dynamischen Kräfte des Mediums beachtet werden (s. Bild 4.30). Bei nur einer seitlichen Öffnung kann Klemmen eintreten. Mehrere Bohrungen bieten hier eine Abhilfe.

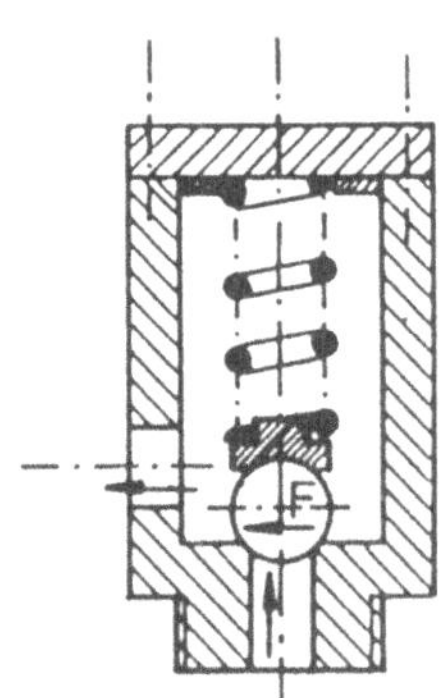

Bild 4.30
Ausströmung aus Ventil mit nur einer seitlichen Öffnung

Übliche Ventilwerkstoffe z.B. des Wasserpumpenbaus sind für sauberes Wasser und ähnliche Flüssigkeiten:

Phosphor-Bronze	$20 \frac{N}{mm^2}$	max. Flächenpressung
Rotguß	$15 \frac{N}{mm^2}$	
Cr-Stahl	$30 \frac{N}{mm^2}$	

Messing wird selten verwendet, da es oft zu weich ist.

Für verschmutzte Flüssigkeiten:

- Gummi
- Leder
- Kunststoffe

Die Werkstoffe am Ventil müssen auch kavitationsbeständig sein.

Einige übliche Bauformen von Pumpenventilen (Bilder 4.31 bis 4.34):

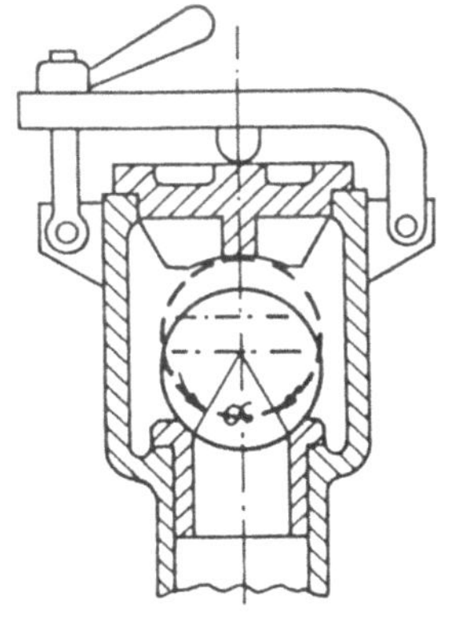

Bild 4.31
Gewichtsbelastetes Kugelventil. Der Winkel α sollte ungefähr 60° betragen, wählt man α größer, taucht die Kugel zu tief ein und kann leicht festgehen.

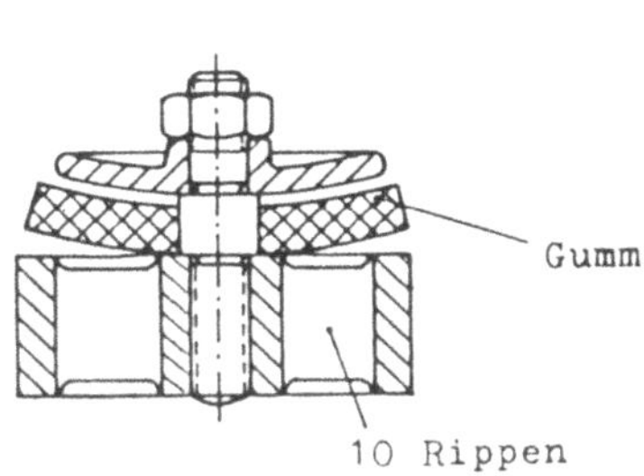

Bild 4.32
Gewichts- und federbelastetes klappenartiges Ventil

Befestigungsarten:

Die Sitze kleiner Ventile werden in das Ventilgehäuse eingeschraubt oder mittels Spannbügel (Beispiel Bild 4.33) gehalten.

Große Ringventile und die Ventilplatten der Gruppenventile werden durch drei bis vier Druckbolzen oder Druckschrauben (s. Bild 4.35) von außen gegen die Dichtflächen des Ventilgehäuses gepreßt. Diese Anordnung besitzt eine geringe Elastizität. Eine Kontrolle der Vorspannung ist nötig!

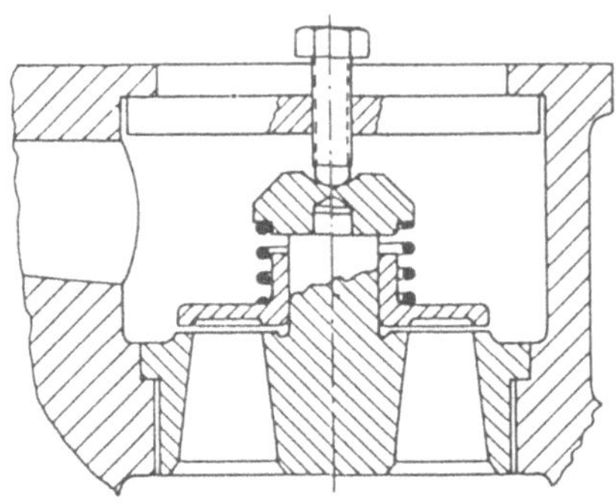

Bild 4.33
Eingeführte Traverse durch Ausnehmungen, Bauart M.E.

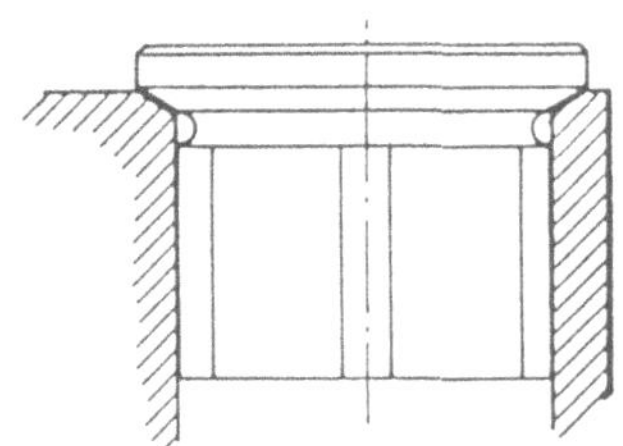

Bild 4.34
Andere Ventilform (z.B. Einspritzpumpe)

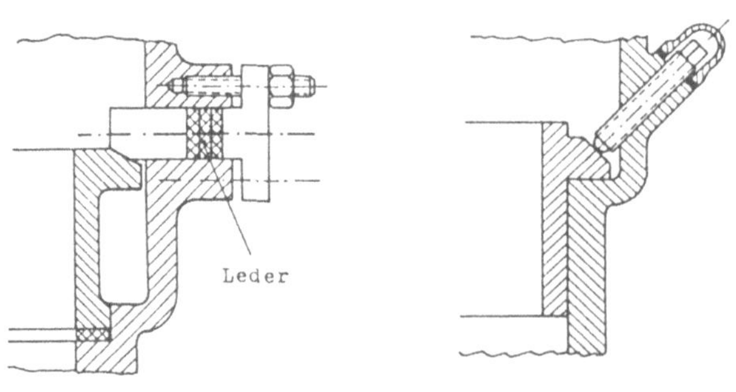

Bild 4.35
Pressen von Ringventilen oder von Ventilplatten der Gruppenventile von außen gegen die Dichtflächen des Ventilgehäuses. Links: durch drei bis vier Druckbolzen, rechts: durch Druckschrauben

Eine weitere Möglichkeit der Ventilbefestigung bei gleichachsiger Anordnung von Saug- oder Druckventil geht aus Bild 4.36 hervor. Als neueres Ausführungsbeispiel sei hier außerdem noch eine "Gleichstrom"-Pumpe (Halberg) gezeigt (Bild 4.38). Sie arbeitet mit 150 ... 650*bar*. Beide Ventile sind zusammen ausbaubar [4].

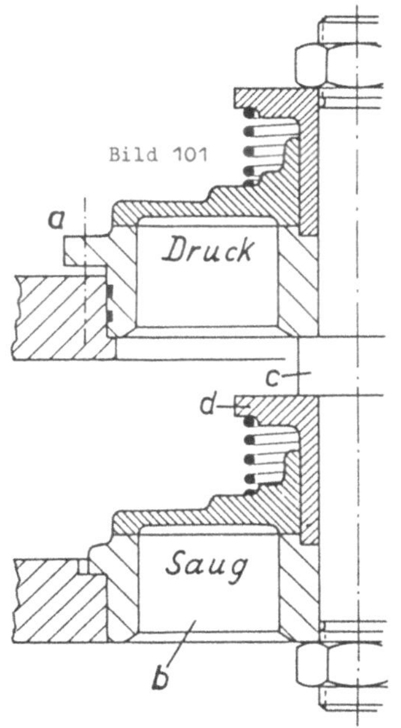

Bild 4.36
Möglichkeit der Ventilbefestigung bei gleichachsiger Anordnung von Saug- und Druckventil: Durch die Schrauben a wird der Sitz b des Saugventils über den Bolzen c und die Federtellerbuchse d auf die Dichtfläche gepreßt. Der mit dem Ventilbolzen ebenfalls fest verbundene Druckventilsitz bleibt in der Achsrichtung gegenüber dem Ventilgehäuse frei einstellbar.

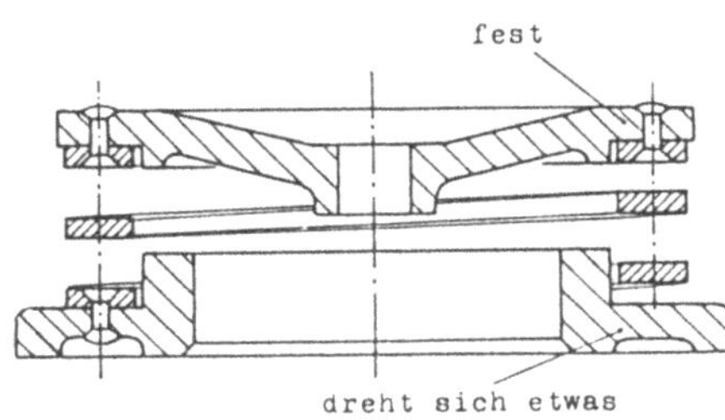

Bild 4.37
An Schraubenfeder angenietete Ventilplatte (schleift sich selbst ein)

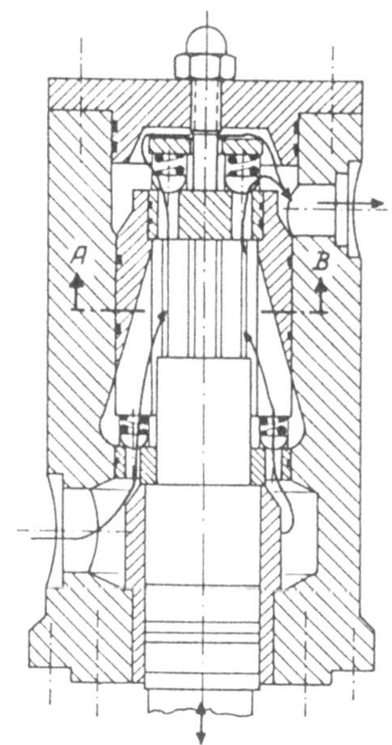

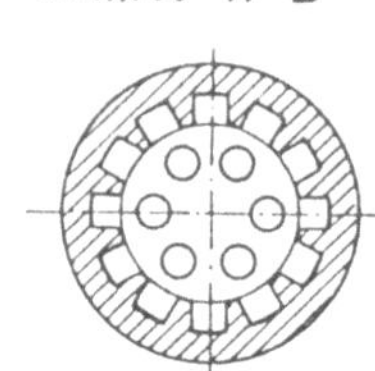

Bild 4.38
"Gleichstrom"-Pumpe von HALBERG

4.3.2 Betriebsverhalten der Ventile

Die nachfolgenden groben Näherungsbetrachtungen sollen helfen, das typische Betriebsverhalten der Pumpenventile zu erklären. Das gilt hier insbesondere hinsichtlich der Verzögerung beim Öffnen und Schließen. Feststellung:

Infolge einer Verdrängungswirkung öffnet das Ventil verspätet und schließt verspätet, d.h. nicht in den Totpunkten.

Wie ist das zu erklären? Zur Erklärung wird zunächst vereinfachend angenommen:

- Keine Reibung
- Volle Füllung
- Keine Ventilbewegung und Verdrängung

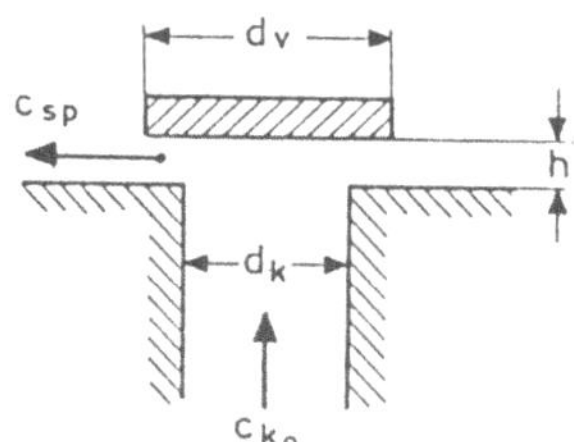

Bild 4.39
Skizze zum Betriebsverhalten der Ventile

Bild 4.39 zeigt zur nachfolgenden Rechnung eine Skizze. Es bedeuten:
c_{sp} : radiale Spaltgeschwindigkeit = konstant, μ : Durchflußziffer
Aus Kontinuitätsgründen gilt:

$$\mu \cdot d_v \cdot \pi \cdot h \cdot c_{sp} = d_{ka}^2 \cdot \frac{\pi}{4} \cdot c_{kan} = A_{ko} \cdot c_{ko}$$

Für $\lambda_{Pl} \to 0$:

$$c_{ko} \approx r \cdot \omega \cdot \sin \omega t$$

Daraus h (siehe Bild 4.40):

$$h = \frac{A_k \cdot r \cdot \omega}{\mu \cdot \pi \cdot d_v \cdot c_{sp}} \cdot \sin \omega t \quad , \quad \omega t = \alpha \text{ (Kurbelwinkel)}$$

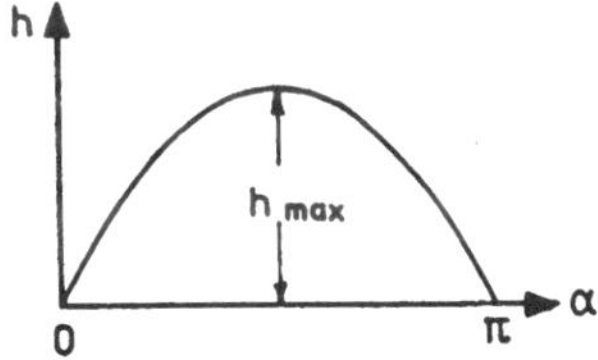

Bild 4.40
Verlauf der Ventilöffnungshöhe in Abhängigkeit des Kurbelwinkels

Hier wird in grober Vereinfachung angenommen, daß sich das Ventil mit endlicher Geschwindigkeit zu öffnen beginnt [1]. Das trifft sicher nicht zu. Es öffnet mehr schleichend. Das Aufsetzen dagegen erfolgt mit hoher Geschwindigkeit.

Daraus ergibt sich dann die Geschwindigkeit (s. Bild 4.41):

$$\frac{dh}{dt} = c_{Ventil} = \frac{A_k \cdot r \cdot \omega^2}{\mu \cdot \pi \cdot d_v \cdot c_{sp}} \cdot \cos \alpha$$

Und die Beschleunigung:

$$\frac{d^2 h}{dt^2} = a_{Ventil} = -h \cdot \omega^2 \cdot \sin \alpha$$

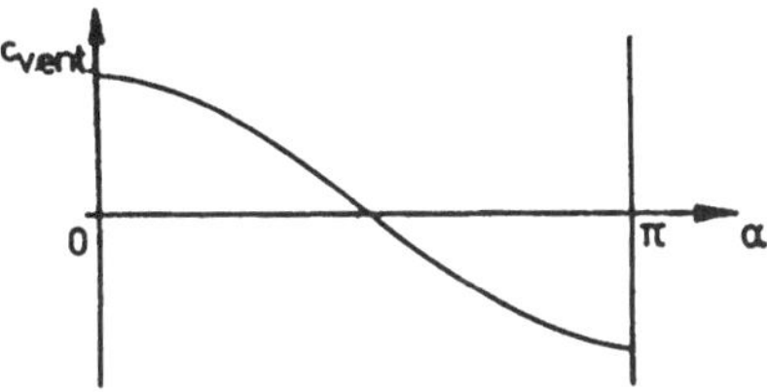

Bild 4.41
Ventilgeschwindigkeit in Abhängigkeit des Kurbelwinkels

Der Verlauf entspricht nach den gemachten Annahmen der negativen Kurve $h(\alpha)$ (tatsächlich ist beim Öffnungsbeginn zunächst eine endliche Beschleunigung vorhanden). Jedenfalls ist erkennbar, daß beim Schließen die Verzögerung des Ventils mit abnehmendem Hub abnimmt und gegen 0 geht.

Zur weiteren Erklärung des Verzugsphänomens lassen wir nun die zunächst getroffene Annahme fallen und rechnen eine Ventilbewegung **mit Verdrängung des Ventilvolumens** ein. Das Flüssigkeitsvolumen, welches das Ventil bei seiner Bewegung verdrängt, muß noch durch den Spalt. Damit ergibt sich nun:

$$\mu \cdot \pi \cdot d_v \cdot c_{sp} \cdot h = A_k \cdot c_{ko} - d_v^2 \cdot \frac{\pi}{4} \cdot \underbrace{\frac{dh}{dt}}_{c_{Ventil}}$$

$$\frac{dh}{dt} > 0 \text{ beim Öffnen}$$

$$\frac{dh}{dt} < 0 \text{ beim Schließen}$$

$$\mu \cdot \pi \cdot d_v \cdot c_{sp} \cdot h = A_k \cdot r\omega \cdot \sin\alpha - d_v^2 \cdot \frac{\pi}{4} \cdot \frac{A_k \cdot r\omega^2}{\mu\pi d_v \cdot c_{sp}} \cdot \cos\alpha$$

Durch den Spalt tritt die Summe oder Differenz aus Kolbenverdrängung und Ventilverdrängung. Die Linie $h = f(\alpha)$ (Sinuslinie) ist mit der negativen Linie $c_{Ventil} = f(\alpha)$ (Cosinuslinie) zu überlagern gemäß Bild 4.42.

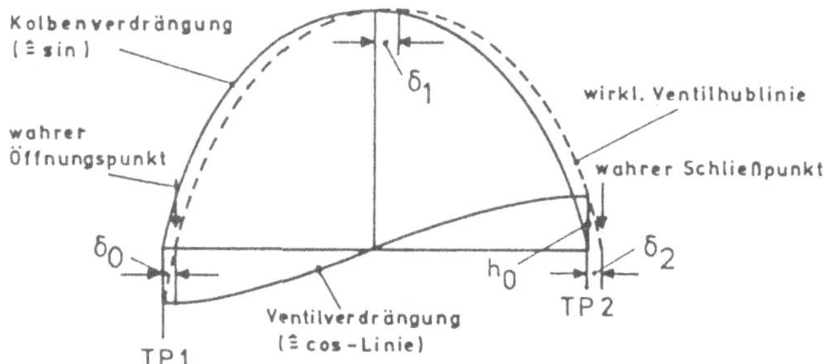

Bild 4.42 Überlagerung der Sinus- mit der Cosinuslinie

Daraus ergibt sich für die wirkliche gestrichelte Ventilhublinie eine Verzögerung beim Öffnen und Schließen, die u.a. der Drehzahl bzw. ω proportional ist, z.B. $\delta_1 \sim \omega$ bzw. ω^2.

Nach Bild 4.42 öffnet das Ventil erst, nachdem die Kurbel von der Totlage TP1 den Kurbelwinkel δ_0 zurückgelegt hat, und es ist noch um h_0 geöffnet, wenn sich die Kurbel bereits in der Totlage TP2 befindet. Es schließt erst, nachdem die Kurbel von der Totlage TP2 aus den Winkel δ_2 zurückgelegt hat. Außerdem hat das Ventil bei einem Kurbelwinkel von 90° seinen größten Hub noch nicht erreicht. Das Öffnen des einen Ventils erfolgt erst, wenn das Gegenventil geschlossen ist. Schließt letzteres mit Verspätung, so wird auch das erstere mit entsprechender Verspätung öffnen.

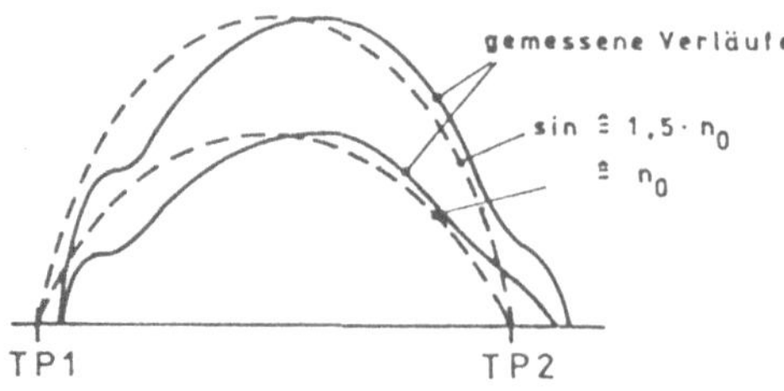

Bild 4.43 gemessene Verläufe der Ventilerhebungskurve

Die tatsächlichen Ventilehebungskurven (Bild 4.43) haben keinen sinusförmigen Verlauf. Zu Beginn des Saughubes hat sich das Druckventil noch nicht geschlossen. Das Saugventil kann sich erst öffnen, wenn der Druck im Pumpenraum soweit abgesunken ist, daß der Öffnungswiderstand des Ventils überwunden werden kann. Die Öffnung geht aber infolge der schon bestehenden Kolbengeschwindigkeit schneller vor sich als nach der Sinuslinie.

Ist der zu Beginn der Bewegung vorhandene Kraftüberschuß durch Reibungswiderstände und die wachsende Federkraft verbraucht, nimmt die Ventilgeschwindigkeit ab. Sie kann bis auf Null fallen, d.h. die Ventilplatte steht. Mit zunehmender Geschwindigkeit der Flüssigkeit steigt dann die Erhebungskurve annähernd gradlinig bis zur höchsten Ventillage, die nicht in der Hubmitte, sondern später erreicht wird. Die Verspätung ist wegen der wirksamen Massenkräfte umso größer, je höher die Drehzahl der Pumpe ist.

Die Abwärtsbewegung geht infolge der in der Feder und in der gehobenen Ventilmasse aufgespeicherten Energie schneller als nach dem Sinusgesetz von sich. Der beim Schließen des Ventils zu beobachtende Schlag ist bei mäßiger Drehzahl klein. Wird die Drehzahl erhöht, so nimmt der Ventilhub und die Verspätung der größten Ventilerhebung zu. Als Folge davon vergrößert sich die Hubhöhe in der Kolbentotlage und die Ventilschließgeschwindigkeit. Es entsteht schließlich ein Ventilschlag, der beim Saugventil durch den Aufprall der nach Beginn des Druckhubes bereits in Bewegung befindlichen Flüssigkeitsmasse noch verstärkt wird.

Merke:

- Schlagstärke $= f(n^2)$
- Schlagenergie $= f(\frac{dh}{dt})_{h \to 0} \sim \delta_2$
- δ_0 steigt mit dem Luftgehalt
- δ_1 steigt $\sim n^2$ (Massenkraft)
- Ein Ventil öffnet erst, wenn ein anderes geschlossen ist. Bewegung der Flüssigkeitsmasse verstärkt den Schlag bei Verzögerung (z.B. δ_2 bei Saugventil). Der Ventilschlag darf nur schwach hörbar sein ("Ticken")

Maßnahmen zur Verringerung der Öffnungs- und Schließverzögerung:

1. c_{Ventil} beim Aufsetzen wird kleiner, wenn c_{sp}, d.h. die Ventilbelastung erhöht wird. Nicht die Ventilmasse erhöhen (leichte Ventile aus Titan verwenden), sondern die Belastung. Die größere Ventilbelastung muß durch Federkraft herbeigeführt werden.
   Verminderung der Auftreffgeschwindigkeit am Ventilhubende durch eine geeignete Vorspannung der Ventilfeder:

   $$F_F = 0,3 \ldots 0,6 \cdot F_{max}$$

   Große Ventilbelastungen bringen den Nachteil, daß ΔH_3 wächst. Bei kleinen Förderhöhen wirkt es sich stark aus, der Wirkungsgrad sinkt merklich.

2. Senkung der Drehzahl, Verringerung des Strömungswiderstandes
3. Reibungsfreie Lenkerfeder
4. Kleine Sitzflächen
5. Kleiner Hub und große Öffnungsquerschnitte

Das hörbare Geräusch vorm Öffnen des Druckventils entsteht direkt unter dem Druckventil. Es wird hervorgerufen durch Dampfblasen beim Ansaugvorgang, die erst am Ende des Druckhubes implodieren und danach die Ventilöffnung ermöglichen (besonders bei großen Saughöhen). Das Druckventil öffnet dann um so später, je größer die Saughöhe ist. Das dabei entstehende Geräusch ist ein Kavitationsgeräusch und kein Ventilschlag. Abhilfe: Drehzahl verkleinern, Saugventile vergrößern.

4.3.3 Auslegung der Ventile

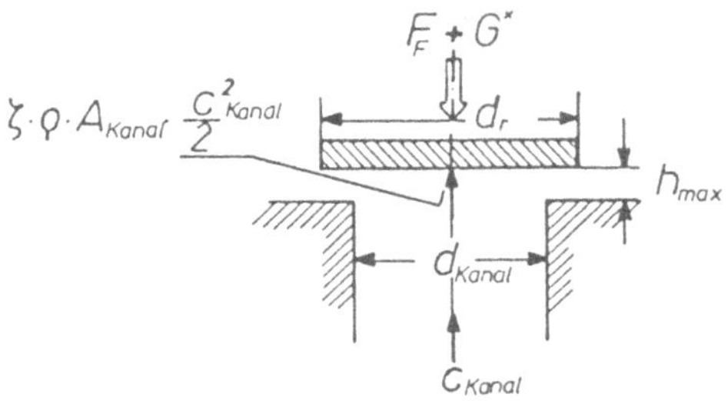

Bild 4.44 Ventilauslegung: F_F = Federkraft G^x = Gewicht der Ventilplatte in der Flüssigkeit

Bei ganz geöffnetem Ventil (s. Bild 4.44) ist es einen Augenblick in Ruhe, so daß keine Massenkräfte auftreten. In diesem Gleichgewichtszustand gilt:

$$F_{F\,max} + G^x_{max} = \underbrace{\zeta \cdot \rho \cdot A_{Kanal} \cdot \frac{c^2_{Kanal}}{2}}_{\text{Strömungsgegendruck}}$$

ζ ist ein Erfahrungswert.
Spezifische Ventilbelastung:

$$K_{V\,sp} \cdot g = \frac{F_{F\,max} + G^x_{max}}{\rho \cdot A_{Kanal}} \cdot \zeta \cdot \frac{c^2_{Kanal}}{2} \quad \left[\frac{Nm}{kg}\right]$$

$$\text{Verhältniswert} = \frac{\text{größter Spaltquerschnitt}}{\text{Durchgangsquerschn. im Ventilkanal}} = \frac{d_v \cdot \pi \cdot h_{max}}{\frac{\pi \cdot d^2_{Kan}}{4}} = x$$

Mittlere Strömungsgeschwindigkeit im Kanal (s. Bild 4.45):

$$\int_0^{\pi} \sin x dx = |-\cos x|_0^{\pi} = 2$$

Damit:

$$c_{Kan_m} = \frac{2}{\pi} \cdot c_{kan_{max}}$$

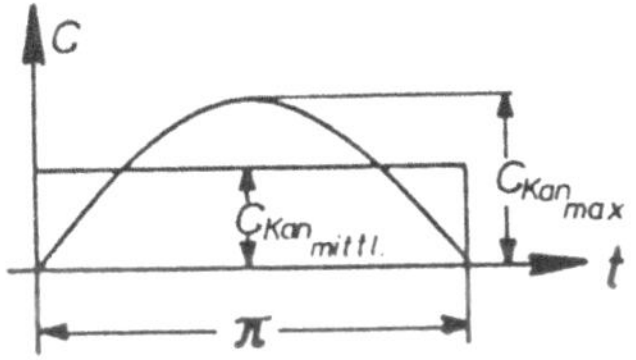

Bild 4.45
Strömungsgeschwindigkeit im Kanal

Schrittauslegungsverfahren (s.a. Bild 4.47):

Nach Auswertung von Versuchen an zahlreichen verschiedenen Ventilen von Krauss [18] hat Bouché das Hilfsdiagramm in Bild 4.46 zur Auslegung entworfen (für Wasser oder ähnliches, [1]).

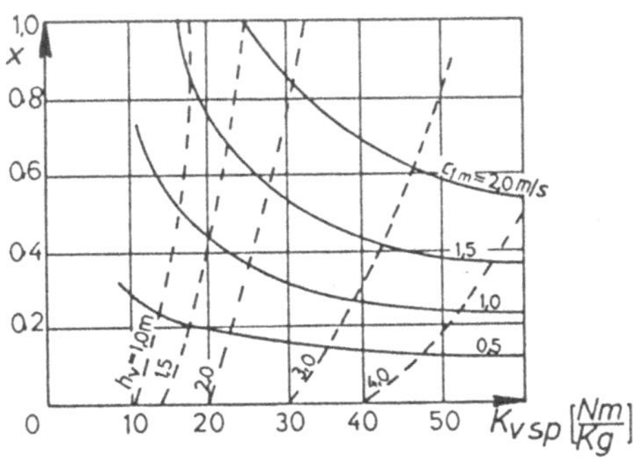

Bild 4.46
Hilfsdiagramm zur Ventilauslegung
$h_v \hat{=} \Delta H_3$

1. Schritt:
ΔH_3 im Ventil schätzen bzw. annehmen,
c_{Kan_m} im Ventil schätzen bzw. annehmen,
x und K_{Vsp} aus Diagramm entnehmen.

2.Schritt:

$$A_K \cdot \underbrace{s \cdot n}_{c_m} = d_{Kanal}^2 \cdot \frac{\pi}{4} \cdot c_{Kanal}$$

Daraus A_{Kanal} bzw. d_{Kanal}.

3. Schritt:
$d_v \cdot \pi \cdot h_{max}$ mit x ermitteln.
h_{max} wählen: $3mm$ kleine Pumpen, $12mm$ große Pumpen,
daraus d_v oder Ringspaltquerschnitte, wenn eine Öffnung nicht ausreichend.

4. Schritt:
Teller zeichnen, Werkstoffpaarung, zul. Flächenpressung, Gewicht mit Auftrieb ermitteln (Differenz = G^x).

5. Schritt:
Auslegung der Feder:

$$F_{F_{max}} = \rho \cdot g \cdot A_{Kanal} \cdot K_{Vsp} - G^x$$

Vorspannkraft F_{F_0} beachten ($\approx 30\ldots60\%$ von $F_{F_{max}}$).

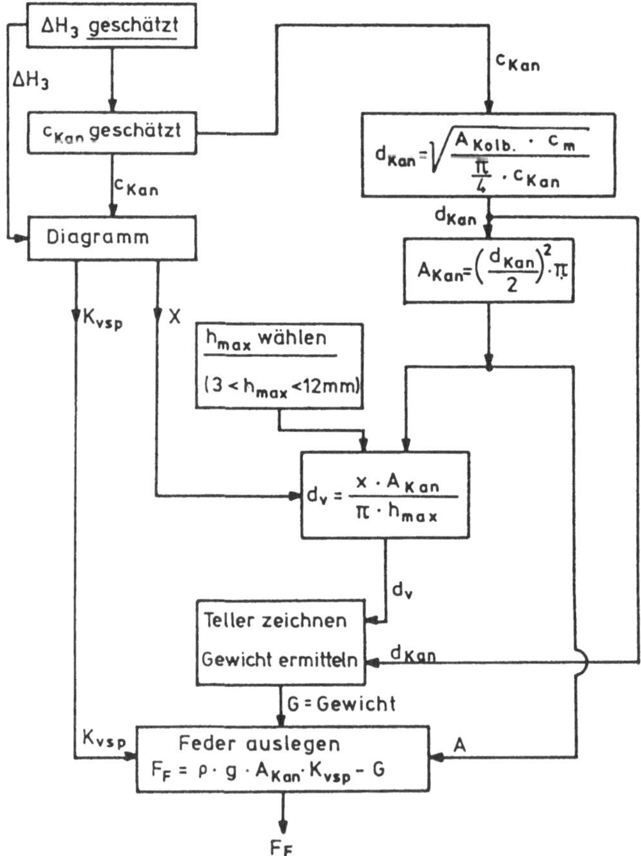

Bild 4.47 Blockschema für Ventilauslegung

4.4 Pumpengehäuse

Die Gestaltung soll einen Fördermittelstrom ohne wesentliche Richtungsänderung mit kürzestmöglichen Wegen gewährleisten. Luft bzw. Gassäcke sind zu vermeiden.

Eingeschlossene Luft und Gase sollen über die oben anzuordnenden Druckventile entweichen können. Wartungsteile müssen leicht zu demontieren sein. Hier sollen außer den in früheren Abschnitten erörterten nur einige wenige Angaben zur Orientierung gemacht werden. Darüber hinaus wird auf das Schrifttum [1] verwiesen.

Werkstoffe:
Hier vermittelt einen umfassenden Überblick über die für eine große Anzahl von Medien verwendbaren Werkstoffe die DECHEMA Werkstofftabelle. Sie ist in dem "Technischen Handbuch Pumpen", VEB-Verlag Technik, Berlin, abgedruckt. Enthalten sind neben metallischen Werkstoffen auch Hartgummi, Hartporzellan, Steinzeug und in einer besonderen Liste Epoxydharze. Behandelt werden rund 230 Fördermedien in der allgemeinen Tabelle und rund 150 in der Tabelle der Epoxydharze.

Als allgemeiner Anhalt kann dienen:
Für normale Zwecke: GG, GS, St, Bz-Guß (Druck beachten)
Für Säuren und Laugen: CrNi-Stahl, CrNiMo-Stahl (gießbar)
U.U. Auskleidung: Blei, Keramik, Hartstein, Thermisilit

Thermisilit, eine kochsäurefeste Fe, Si-Verbindung (14 % Si) ist nach dem Guß nur noch durch Schleifen zu bearbeiten. Feinguß wird daher angestrebt (z.B. gegossene Schlitze für Befestigungsschrauben statt gebohrter Löcher vorsehen).

Grauguß muß bei HD-Pumpen nachträglich gedichtet werden, z.B. durch Tränken in harzenden oder aushärtenden Flüssigkeiten. Als Wandstärken sollte man bei GG wählen:

$$s = \frac{D}{50} + 10 \quad \text{stehend gegossen}$$
$$s = \frac{D}{40} + 12 \quad \text{liegend gegossen}$$
$$\sigma_{zul} = 15 \ldots 20 \frac{N}{mm^2}$$

Und bei GS:

$$s = \frac{D}{70} + 14 \quad \text{stehend gegossen}$$
$$s = \frac{D}{60} + 16 \quad \text{liegend gegossen}$$
$$\sigma_{zul} = 35 \ldots 55 \frac{N}{mm^2}$$

D ist der Innendurchmesser des Zylinders.
Die Angabe der Gießart ist notwendig, da beim stehend gegossenen Werkstück die Festigkeit unten größer ist als oben.

Bild 4.48 zeigt ein Umlaufventil zum Füllen des Saugraumes. Wegen der u.U. schwierigen Bearbeitbarkeit, z.B. bei Thermisilit, müssen auch hierfür die Bohrungen mit eingegossen werden.

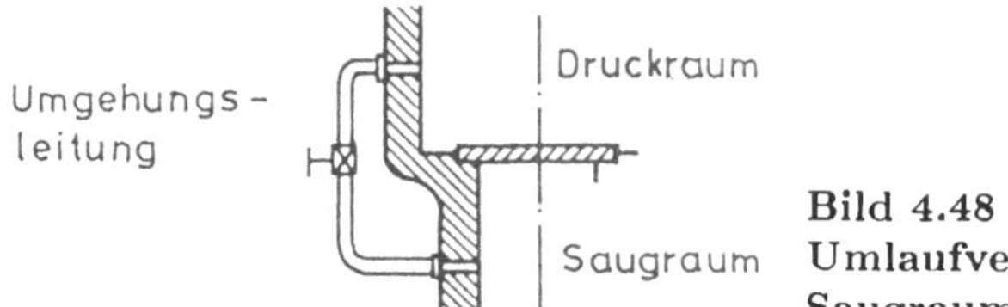

Bild 4.48
Umlaufventil zum Füllen des Saugraumes

Für Höchstdruck-Preßpumpen (3000 bis 4000*bar*) werden "gebaute" Zylinder verwendet. Der Pumpenzylinder wird in mehrere ineinander geschrumpfte Hohlzylinder aufgeteilt (Bild 4.49). Damit wird in den inneren Zylindern eine Druckvorspannung erzeugt, so daß unter Belastung keine schädliche Zugspannung entsteht.

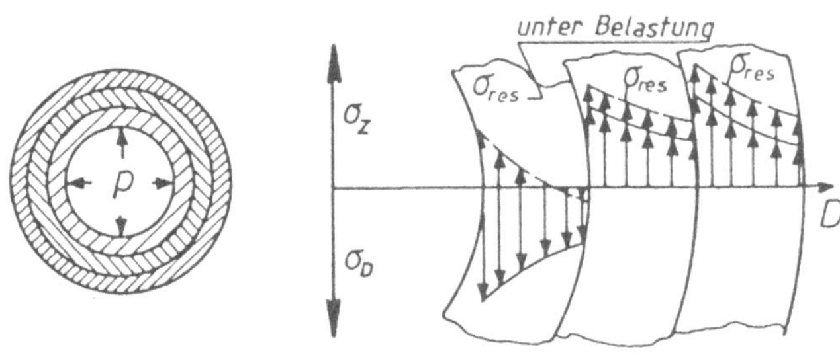

Bild 4.49
"Gebauter" Zylinder: ineinander geschrumpfte Hohlzylinder
σ_{res} = resultierende Spannung bei Betreibsinnendruck

5 Konstruktiver Gesamtaufbau

Die Darstellung bezieht sich auf Maschinen mit oszillierenden Kolben und soll sich an dem Schema der Aufbausystematik (s. Tabelle S. 8) orientieren. Danach werden u.a. die Hauptgruppen druckgesteuerter Ein- und Auslaß (Ventile) und weggesteuerter Ein- und Auslaß unterschieden.

5.1 Druckgesteuerte Ventilpumpen

5.1.1 Radialkolbenpumpen der Ölhydraulik

Radialkolbenpumpen sind Sternmaschinen, die eine gute Möglichkeit zur Fertigung einer Baureihe mit **einem** Gehäuse bieten. Es sind je nach gefordertem Durchsatz entweder 3, 5 oder 7 Kolben eingebaut. Das ist kostengünstiger als gesonderte 3-, 5- oder 7-Zylinderpumpen.

$$\begin{aligned} \text{Dauerbetrieb} &: \quad p = 250 - 350 bar \\ \text{kurzzeitig} &: \quad p = \text{bis } 550 bar \end{aligned}$$

Für den Betrieb sind selbstschmierende Flüssigkeiten erforderlich. Die Pumpe hat nur kleine umlaufende Massen. Die Kolbendurchmesser sind geometrisch gestuft (Normzahen).

Auch Doppelstern möglich. Drehzahlen von 1500 bis $2500 min^{-1}$. Man unterscheidet innen- und außentätige Radialpumpen. Bei druckgesteuerten Maschinen meist innentätige Ausführung.

Achtung: Bei kleinen Fördermengen ("Haltedruckpumpen") ist auf die Abfuhr der Reibungswärme zu achten.

Da das Gehäuse feststeht, gibt es die Möglichkeit, z.B. eine 7-Zylinderpumpe wie folgt zu schalten: 3 Zylinder Kreislauf I, 4 Zylinder Kreislauf II. Bild 5.1 zeigt als Ausführungsbeispiel eine Radialkolbenpumpe, bei der keine Verstellung vorgesehen ist. Der Innenantrieb erfolgt mittels festem Exzenter [19].

Es gibt die Möglichkeit einer Hubverstellung einer ventilgesteuerten Radialmaschinen mittels verstellbaren Doppelexzenters. Haben beide Exzenter gleiche Exzentrizität, so ist bei entsprechender Einstellung eine Nullförderung möglich.

Bild 5.2 zeigt das äußere Bauvolumen bezogen auf das Verdränger- bzw. Hubvolumen aufgetragen. Radialkolbenmaschinen sind danach größer als die Axialmaschinen, die nachfolgend behandelt werden [20].

Bild 5.3 gibt das Gesamtgewicht bezogen auf das Verdränger- bzw. Hubvolumen

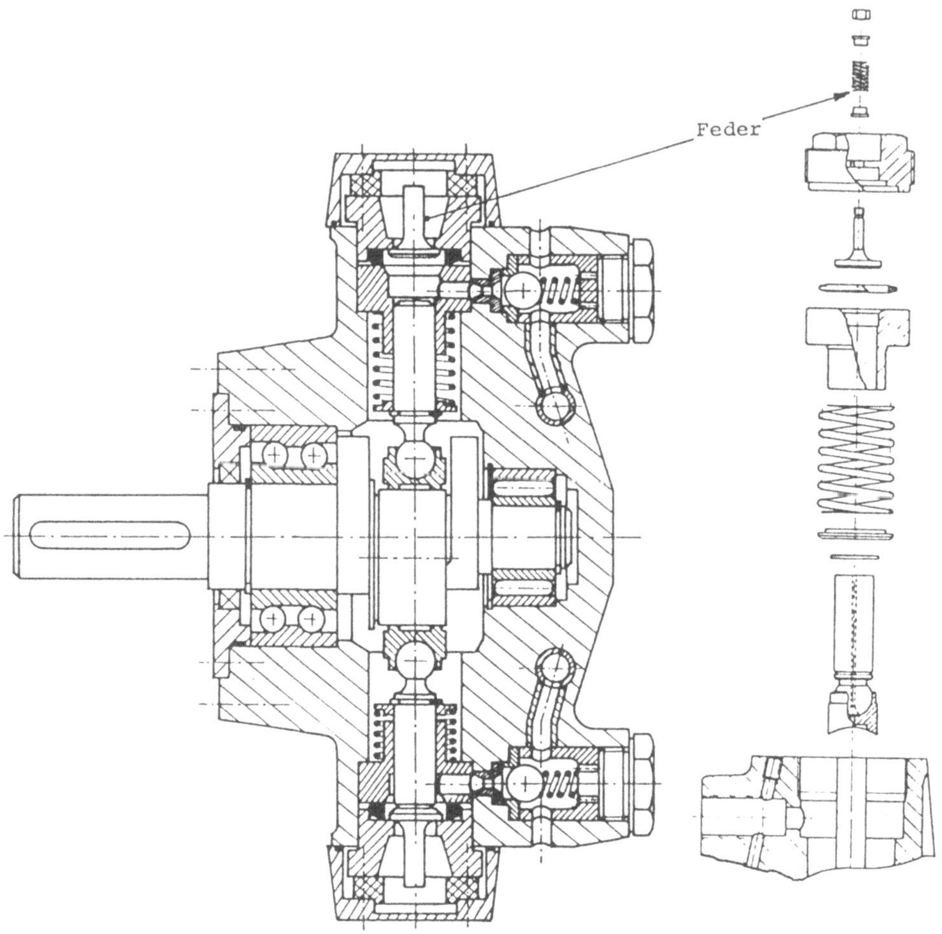

Bild 5.1 links: Längsschnitt durch eine Radialkolbenpumpe mit hydrostatischen Kolbenabstützungen auf dem Exzenter und eingegossenen Druckkanälen
rechts: Aufbau eines Kolbenaggregates: Unten Pumpenkörper angedeutet, in den die Einzelteile eingebaut werden.

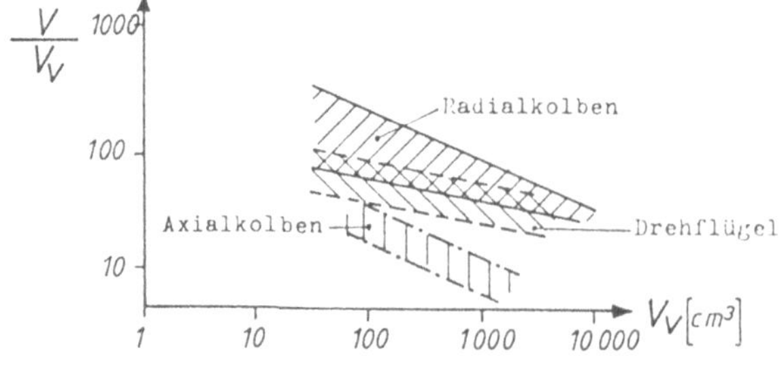

Bild 5.2 Größenvergleich Axial- und Radialkolbenmaschine (V: Bauvolumen, V_V: Verdrängervolumen)

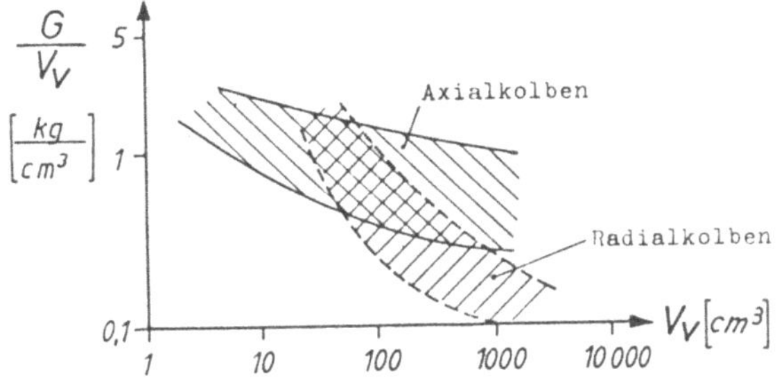

Bild 5.3
Gewichtsvergleich Axial- und Radialkolbenmaschine

über dem Hubvolumen wieder. Es zeigt, daß hier Radialkolbeneinheiten erst bei großen Fördermengen im Hubraumgewicht Vorteile gegenüber den nachfolgend zu behandelnden Axialmaschinen bieten.

Zum Abgreifen absoluter Werte sind die Bilder 5.2 und 5.3 ungeeignet. Sie dienen nur zur groben Vergleichsorientierung. Für den Bereich bis $V_H = 50cm^3/U$ siehe auch [20].

5.1.2 Axialkolbenpumpen der Ölhydraulik (druckgesteuert)

Bei dieser Pumpenart ist das Gehäuse raumfest. Dieses feste Gehäuse ermöglicht den Anbau starrer Leitungen. Der Förderstrom ist wieder nur in einer Richtung möglich.

Anordnung des Triebwerkes mit umlaufender Schrägscheibe

1. Mit Taumelscheibe:
Bei dieser Art gleitet ein ruhender Druckring (Taumelscheibe) auf einer Schrägscheibe (Bild 5.4).

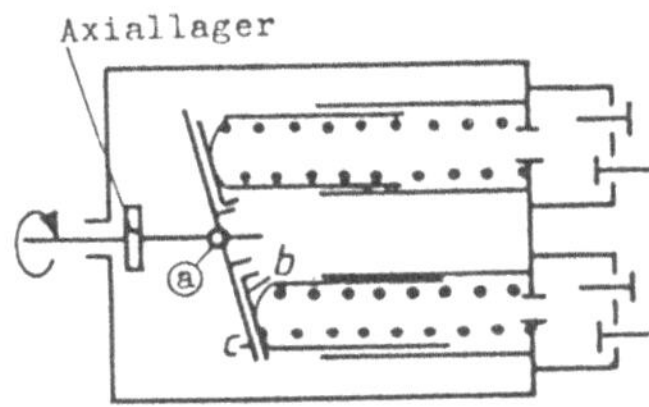

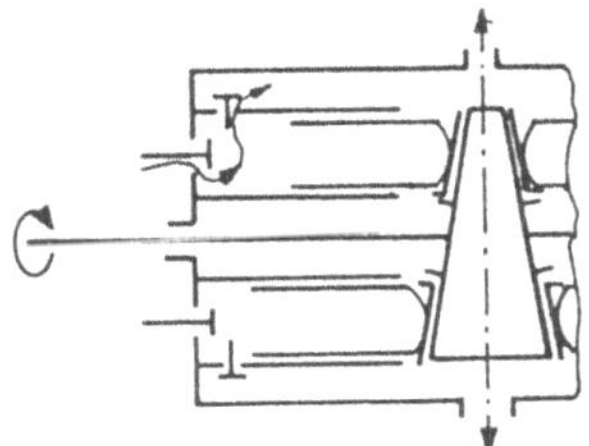

Bild 5.4
Axialkolbenpumpe mit Taumelscheibe, oben Bauart mit Axialschubausgleich
a: Schwenkpunkt bei Schwenkbarkeit
b: Taumelscheibe
c: Schrägscheibe

2. Ohne Taumelscheibe:
Diese Bauart zeichnet sich dadurch aus, daß sich die Kolben über druckölgeschmierte Gleitschuhe (Slipper) direkt auf einer Gleitscheibe abstützen. Die Taumelscheibe entfällt dabei (Bild 5.5).

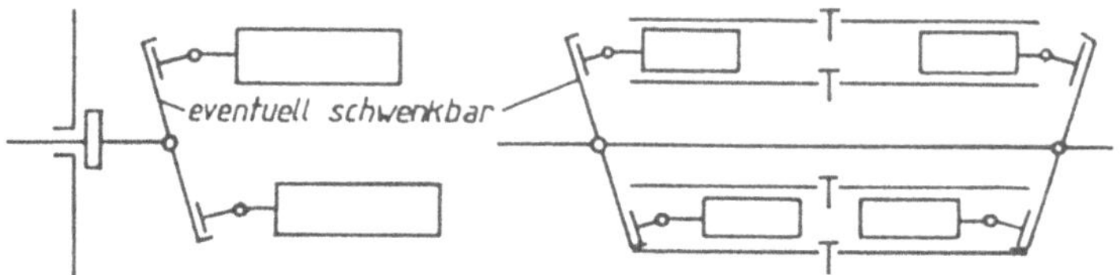

Bild 5.5 Axialkolbenpumpe ohne Taumelscheibe, rechts mit Axialschubausgleich

3. Taumelscheibe mit Pleuelstangen
Bei der Bauart in Bild 5.6 rotiert die Taumelscheibe nicht.

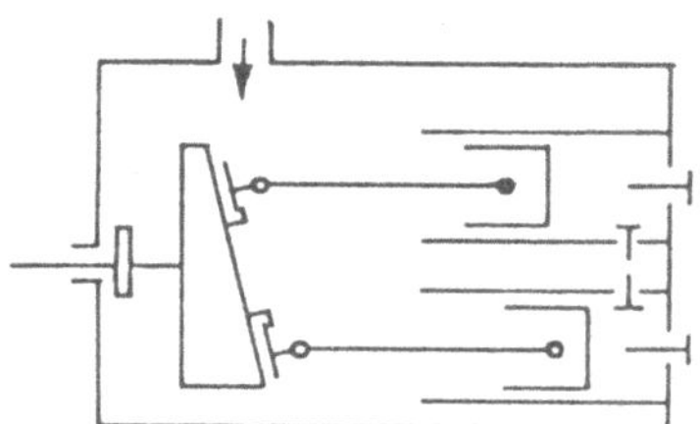

Bild 5.6 Axialkolbenpumpe mit Taumelscheibe und Pleuelstange

Zusammenfassung zu Kap. 5.1.1 und 5.1.2:

1. Die Förderung erfolgt immer in der gleichen Richtung, Umsteuerung ist nur außerhalb der Pumpe möglich.
2. Diese Maschinen sind nicht als Motor verwendbar. In Getrieben werden sie nur als Hochdruckpumpen eingesetzt (dabei günstiger als weggesteuerte Pumpen).
3. Der Zylinderkörper ist stets ruhend. Einzelne Gruppen von Zylindern können daher getrennt zusammengefaßt werden, so daß man in einer Pumpe mehrere Teilpumpen zusammenbauen kann.

5.1.3 Kurbellose Pumpen (druckgesteuert)

(Siehe dazu auch die Tabelle auf S. 8)

Antrieb: Dampf oder Druckluft

Allgemeines: Für den Antrieb und für die Pumpe wird eine gemeinsame Kolbenstange verwendet. Es gibt Simplex- und Duplexpumpen, Pumpen (1 oder 2 Zylinder) in liegender oder stehender Ausführung mit einfacher oder zweifacher Dampfexpansion (Verbundantrieb). Die Pumpe besteht aus wenigen, einfachen Teilen. Ein weiterer Vorteil ist eine gute Regelbarkeit bei gutem Wirkungsgrad (z.B. Hubzahl von $3 \dots 66 min^{-1}$). Durch den explosionssicheren Antrieb (keine Funkenbildung) ergibt sich die Anwendung als Kesselspeisepumpe in der chem. und Erdölindustrie. Geringer Platzbedarf z.B. in stehender Ausführung.
Die Arbeitsmaschine zwingt der Kraftmaschine die Charakteristik auf, da der Druck des Fördermediums über den vollen Hub konstant ist. Bei Luftantrieb besteht Vereisungsgefahr.

Anwendung:

1. Wo eine gute Regelbarkeit verlangt wird
2. Wo Abdampf oder Preßluft zur Verfügung steht
3. Bei Explosionsgefahr (Schiff, Ölindustrie, chemische Industrie)

Leistungen:

1. Beispiel: Baureihe von Fa. Wagner

$$\text{Hub } s \quad : \quad 80 \dots 260 mm$$
$$\text{Doppelhübe} \quad : \quad 68\ (100)\ min^{-1}$$
$$\text{Fördermenge } Q \quad : \quad 2,1 \dots 52 \frac{m^3}{h}$$

$$\left.\begin{array}{ll} \text{Dampfdruck} & p_d = 24 bar \\ \text{Förderdruck} & p_p = 30 bar \end{array}\right\} \quad \begin{array}{l} D_d = 80 \dots 260 mm \\ D_p = 50 \dots 170 mm \end{array}$$

$$\left.\begin{array}{l} p_d = 48 bar \\ p_p = 60 bar \end{array}\right\} \quad \begin{array}{l} D_d = 80 \dots 240 mm \\ D_p = 50 \dots 160 mm \end{array}$$

2. Beispiel: Tolkienverbundpumpe (HD- und ND Dampfzylinder)

Fördermenge $35 \cdot 10^3 kg/h$, $60 bar$, 110^oC

Beim Duplex-Dampfteil (Bild 5.7) betätigt eine Kolbenstange jeweils den Dampf- oder Luftschieber des anderen Zylinders. Die Maschine läuft so in jeder Stellung an.

Das gleiche gewährleistet die Schirrmacher-Steuerung bei Simplexpumpen (auch Bild 5.7).

Der sehr wirtschaftliche Verbundantrieb von Tolkien ermöglicht die Steuerung des Dampfes ohne Gestänge bei einem Zweifach-Expansionsantrieb im HD-Zylinder mittels eines Steuerschiebers, der über Dampfsteuerleitungen automatisch betätigt wird (auch Bild 5.7).

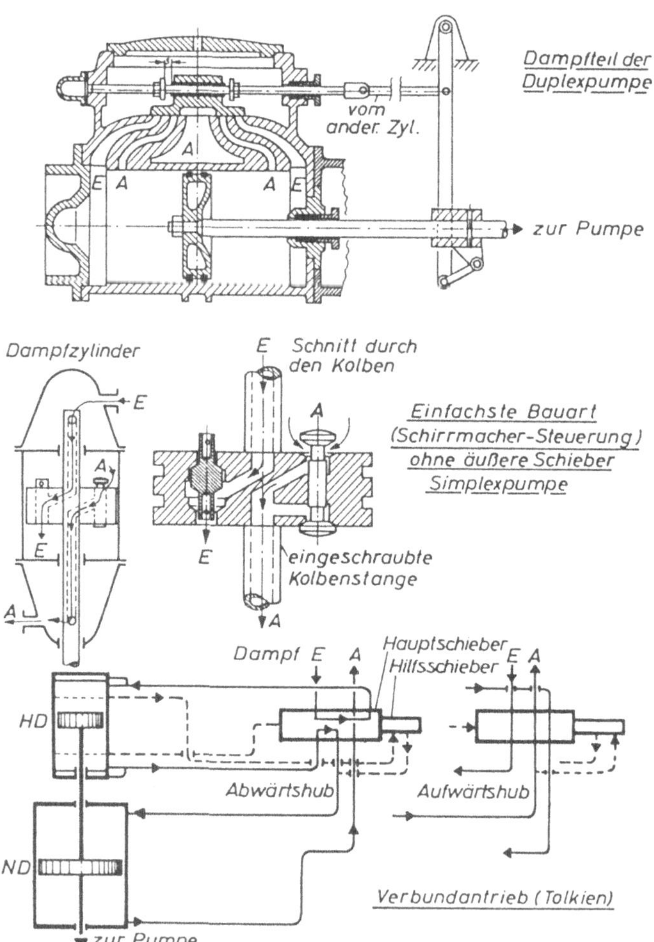

Bild 5.7 Kurbellose Pumpen

5.1.4 Membranpumpen

Auch die Membranpumpen gehören zu den druckgesteuerten Pumpen (s. Bild 1.8 und 1.9). Hier sollen nur noch kurze Ergänzungen angeführt werden.

Bei den von einem Kurbeltrieb **zwangsbewegten Membranen** sind u.a. noch Straßenbau- und Jauchepumpen zu nennen.

Bei den **Membranpumpen** mit Trennung von Antrieb und Fördermittel **über Ölpolster** und Membran stehen Säurepumpen im Vordergrund. Dabei wird der Leckölersatz über einen Fühler an der Membran gesteuert. Die Membran ist dabei unterteilt, so daß ein Alarmsystem entsteht, das die Pumpe bei Schäden stillsetzt (Bild 5.8).

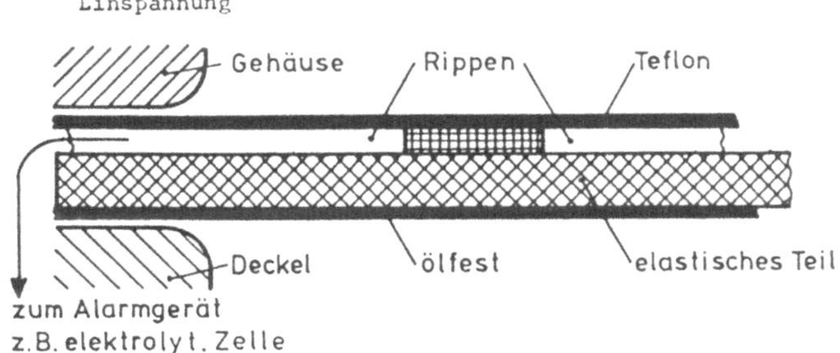

Bild 5.8 Schnitt durch Membran

5.2 Weggesteuerte Hubkolbenpumpe

5.2.1 Allgemeines über Wegsteuerung

Bei weggesteuerten Pumpen ist die erreichbare Saughöhe größer, weil der Öffnungs- und Strömungsverlust ΔH_3 geringer ist (keine Ventile).

Die Drehzahl ist auch größer, da kein Ventilschlag auftreten kann. Die Kavitationsgrenze wird heraufgesetzt. Dadurch kann bei gleicher Leistung ein kleineres Bauvolumen erreicht werden.

Die Zwangssteuerung des Ein- und Auslasses ermöglicht die Förderung zäher und breiiger Medien mit geringerem Verlust als bei Ventilen. Da der Öffnungsbeginn und das Öffnungsende genau festliegen, ergeben sich gute Dosiermöglichkeiten.

Grundsätzlich ermöglicht Wegsteuerung den Betrieb als Motor und Pumpe.

Als Nachteil ist die erforderliche genaue Fertigung zu nennen (s. S. 129).

Merke:
Was im Pumpenbetrieb bei konstanter Drehzahl als Förderstromschwankung in

Erscheinung tritt, wird im Motorbetrieb mit konstantem Druck als Ungleichförmigkeitsgrad, d.h. Schwankungen der Winkelgeschwindigkeit, merkbar. Maßgebenden Einfluß hat die Zylinderzahl.

Bild 5.9 zeigt als einfaches Konstruktionsbeispiel einen schwingenden Kurbelschleifenantrieb. Mit dem Ablauf der Bewegung wird der Ein- und Auslaß gesteuert.

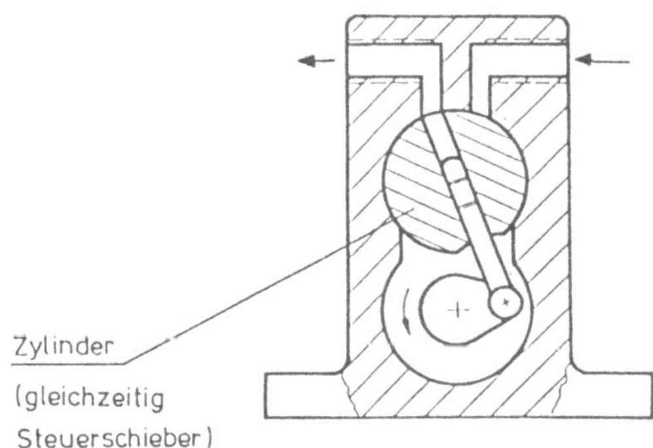

Bild 5.9 Schwingender Kurbelschleifentrieb

Kantenüberdeckung:
Bei dünnflüssigen Medien, wie z.B. Hydrauliköl, ist eine positive Überdeckung zur Abdichtung nötig. Die Herstellungsgenauigkeit ist hier sehr hoch ($\pm 2 \mu m$).

Da die Querschnitte beim Öffnen beliebig gestaltet werden können, sind die Pumpen sowohl für breiige als auch für leicht gasende Medien geeignet.

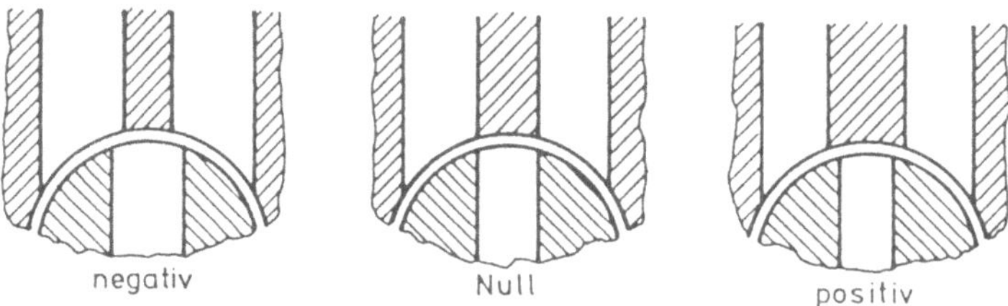

Bild 5.10 Kantenüberdeckung:
negativ: niemals Abschluß des Zylinders (geeignet bei breiigen Medien)
positiv: während eines Teils des Hubes ist der Zylinder abgeschlossen. Probleme mit Über- und Unterdruckspitzen

Folgen der positiven Überdeckung:

1. Späteres Öffnen (nach Totpunkt), vorzeitiges Schließen (vor Totpunkt), siehe Bild 5.11

2. Dadurch

   (a) Vorkompression (evtl. von Vorteil bei hohem Gegendruck), Quetschen der im Arbeitsraum eingeschlossenen Flüssigkeit vor OT im Druckhub

(b) Vorexpansion im Saughub

(c) Damit Anstieg der Geschwindigkeiten am Anfang und am Ende des Hubes

(d) Hohe Druckspitzen bzw. hohe Unterdruckspitzen, wenn Restraum des Zylinders wie meistens klein ist.

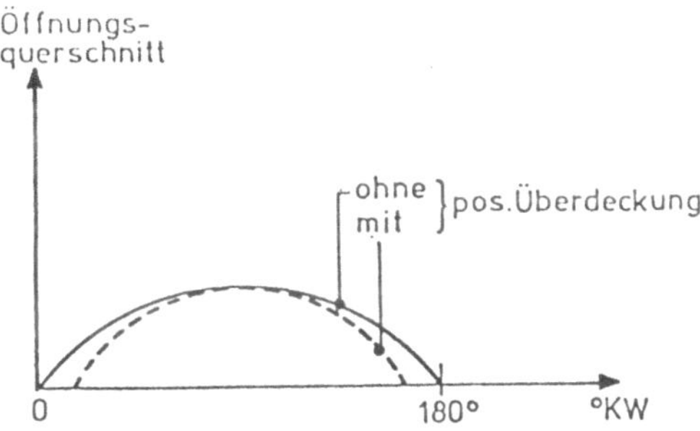

Bild 5.11
Öffnungsquerschnitt bei positiver Überdeckung

Unerwünschte weitere Folgen sind:

1. Wechselkräfte mit erhöhten Spitzenwerten (Beanspruchungen)

2. Gasausscheidung, Kavitation, Geräusch

Beispiel für weggesteuerten Einlaß und druckgesteuerten Auslaß: BOSCH-Schrägkanteneinspritzpumpe. Hier tritt vor dem Öffnen im Saughub Kavitation ein.

Abhilfen: Entlastung durch sog. Kerbenkanäle, die eine vorzeitige kleine Verbindung zwischen dem Zylinder und dem Saug- bzw. Druckkanal herstellen. Bei größeren Maschinen kann dies auch durch gebohrte Kanäle mit Ausgleichsventilen bzw. Schiebern geschehen. Der Liefergrad sinkt dabei nur geringfügig.

Bild 5.12 zeigt den Druckverlauf im Zylinder mit 2 und 4 derartigen Hilfskerben bei der Druckumsteuerung einer Axialmaschine mit einer Kerbenanordnung [21]. In dem darauf folgenden Bild 5.13 ist die Anordnung der Steuerniere bei einer Versuchsmaschine dargestellt [22].

Bei Zahnradpumpen tritt eine ähnliche Quetschwirkung beim Eintauchen der Zähne in die Zahnlücken des Gegenrades auf. Hier hilft man sich mit flachen Entlastungsnuten in den Stirnwänden der Pumpengehäuse, die vom Quetschraum in den Druckraum führen.

Wie auf S. 153 gezeigt wird, gelingt es z.B. bei Axialmaschinen mit Hilfe der "Dämpfungskerben" das Geräusch der Maschine wesentlich zu senken. Bei umsteuerbaren Maschinen ist das Problem schwieriger zu beherrschen, weil die Lage der Kerben dann für **beide** Drehrichtungen sehr genau stimmen muß.

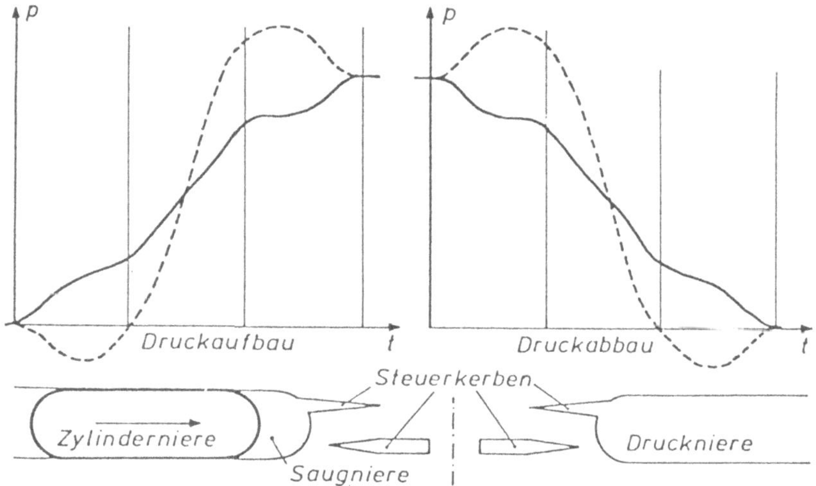

Bild 5.12 Umsteuerungssystem mit Kerben, nach Niklaus

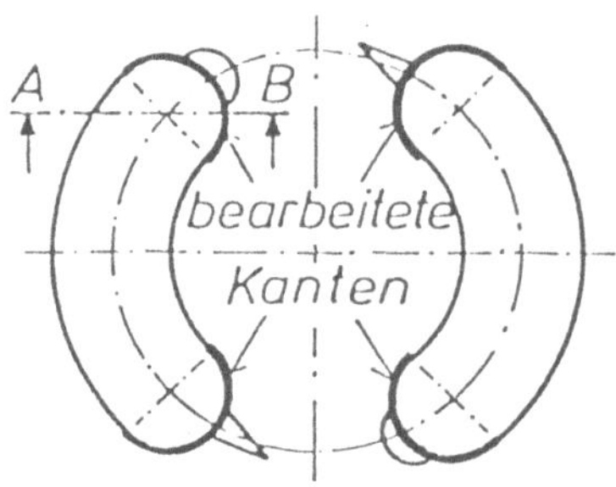

Bild 5.13
Steuerniere mit Kerben bei einer Versuchsmaschine

5.2.2 Schiebergesteuerte Hubkolbenpumpen

Ihrer Bedeutung entsprechend soll hier nur ein Einteilungsschema nach der Art der Bewegung des Steuerorgans angegeben werden.

1. Arbeitszylinder ist gleichzeitig Steuerschieber. Er oszilliert, dabei ist möglich:
   (a) Reine Hubbewegung
   (b) Dreh-Hubbewegung
2. Arbeitskolben ist der Steuerschieber, Beispiel: Einspritzpumpe auf Saugseite
3. Drehende Steuerwelle steuert Zylinder einzeln oder gruppenweise (Bild 5.16)
4. Steuerkolben oder -schieber für jeden Zylinder einzeln durch Exzenter oder Nocken betätigt (Tabelle auf S. 8: Schiebergest. Reihenkolbenpumpe)

5.2.3 Weggesteuerte Radialkolbenmaschinen

Bei diesen Maschinen verwendet man im allgemeinen Öl etwas höherer Viskosität, da keine Ventilverluste auftreten. Als Beispiel verwendete Hydrauliköle:

$$\begin{array}{rlll} & 4,5^oE^{50^\circ} & 3,5^oE^{50^\circ} & 6^oE^{50^\circ} \\ & 33cSt & 25cSt & 45cSt \quad \left(cSt \hat{=} \frac{mm^2}{s}\right) \\ \text{normale Raumtemperatur} & & -10^oC & 30^oC \end{array}$$

Die allgemein zu verwendenden Öle werden außerdem auf S. 169ff behandelt.

Umlaufender Zylinderstern (Bauart Thoma, Bild 5.14)

Diese Maschinen werden innen beaufschlagt, die Kolben werden von außen betätigt. Die Saug- und Druckleitungen münden in einem feststehenden zentralen Steuerzapfen. Um diesen Zapfen bewegen sich die Zylinder in Sternanordnung.

Diese Bauweise hat geringeren Raumbedarf, aber ein etwas größeres Trägheitsmoment als die Ausführungen mit feststehendem Zylinder. Durch Verschiebung der Exzenterbahn kann die Exzentrizität und damit der Hub (Förderstrom) der Pumpe kontinuierlich im Betrieb verstellt werden (siehe S. 8: Weggesteuerte Radialkolbenpumpe und Bild 3.8). Die Lagerung der Exzentertrommel ist senkrecht zur Bildebene verschieblich und damit wird Umsteuerbarkeit ermöglicht (Bild 3.6). Die Exzentertrommel kann sich mitdrehen. Dadurch werden Reibungsverluste vermindert. Wenn es sich um eine konzentrische Nockenbahn handelt, steht diese fest. Die Führung der Kolben in den Zylindern muß lang genug sein, weil sie gleichzeitig die "Stößelführung" bildet. Kompakte Ausführung auch als Motor gut brauchbar.

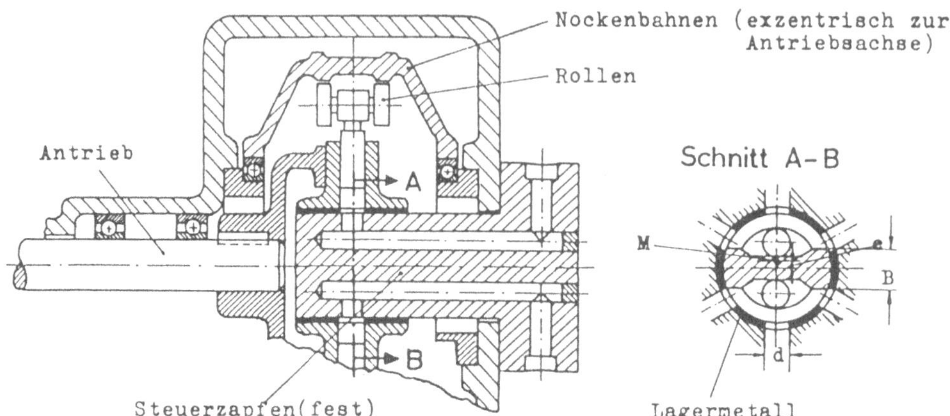

Bild 5.14 Umlaufender Zylinderstern
Positive Überdeckung ausgeführt
Stegbreite B = d + (0,2 ... 0,6) mm
M = Mittelachse des Nockenkörpers
Kolbenhub s = 2e

Bei Nullförderung mit hohem Druck (Druckhaltung) muß die Betriebszeit wegen der unzureichenden Wärmeabfuhr vom Steuerzapfen beschränkt werden. Abhilfe: Ölumlauf mittels Hilfspumpe.

Kompakter Radialkolbenmotor in Nockenringbauweise
(umlaufender Zylinderstern)

Die Kolben stützen sich über gleitgelagerten Rollen auf dem Nockenring ab. Bild 5.15 zeigt eine neuere Konstruktion, die sich für schwere Baureihen eignet [46]. Sie ist vornehmlich für geschlossene Kreisläufe, besonders für direkten Radantrieb (Radmotor, Flanschmotor, Wellenmotor) vorgesehen. Beispiel: Vier Baugrößen von 470 bis 1750 cm^3 Verdrängervolumen mit Drehzahlen von 235 bis 150 min^{-1} und spezifischem Drehmoment von 6,73 bis 36,21 Nm/bar. Mit Hilfe einer Kombination von Ring-, Radial- und Axialkanälen können die Maschinen auf 50% Volumen umgeschaltet werden. Bild 5.15 zeigt eine Ausführung mit Spülventil zur Kühlung.

Ruhender Zylinderstern

Meist für Motoren verwendet. Trägheitsmoment **klein**, daher kleine Umsteuerzeit. Schieber einzeln oder gemeinsam als Drehschieber angeordnet.
Nachteil: Lange Ölwege (schädlicher Raum groß), daher Drehzahl beschränkt.
Stört nicht bei langsamlaufenden Motoren. Allgemein ist hohe Zylinderzahl im Motorbetrieb nötig, wenn Ungleichförmigkeitsgrad gering sein soll (s.a. S. 103).

1. Beispiel:
Hier wird eine 1-Zylinderausführung mit ruhendem Zylinder ("1-Zylinder-Stern") von DÜSTERLOH als Flanschmotor gezeigt (Bild 5.16). Der Sternmotor ermöglicht

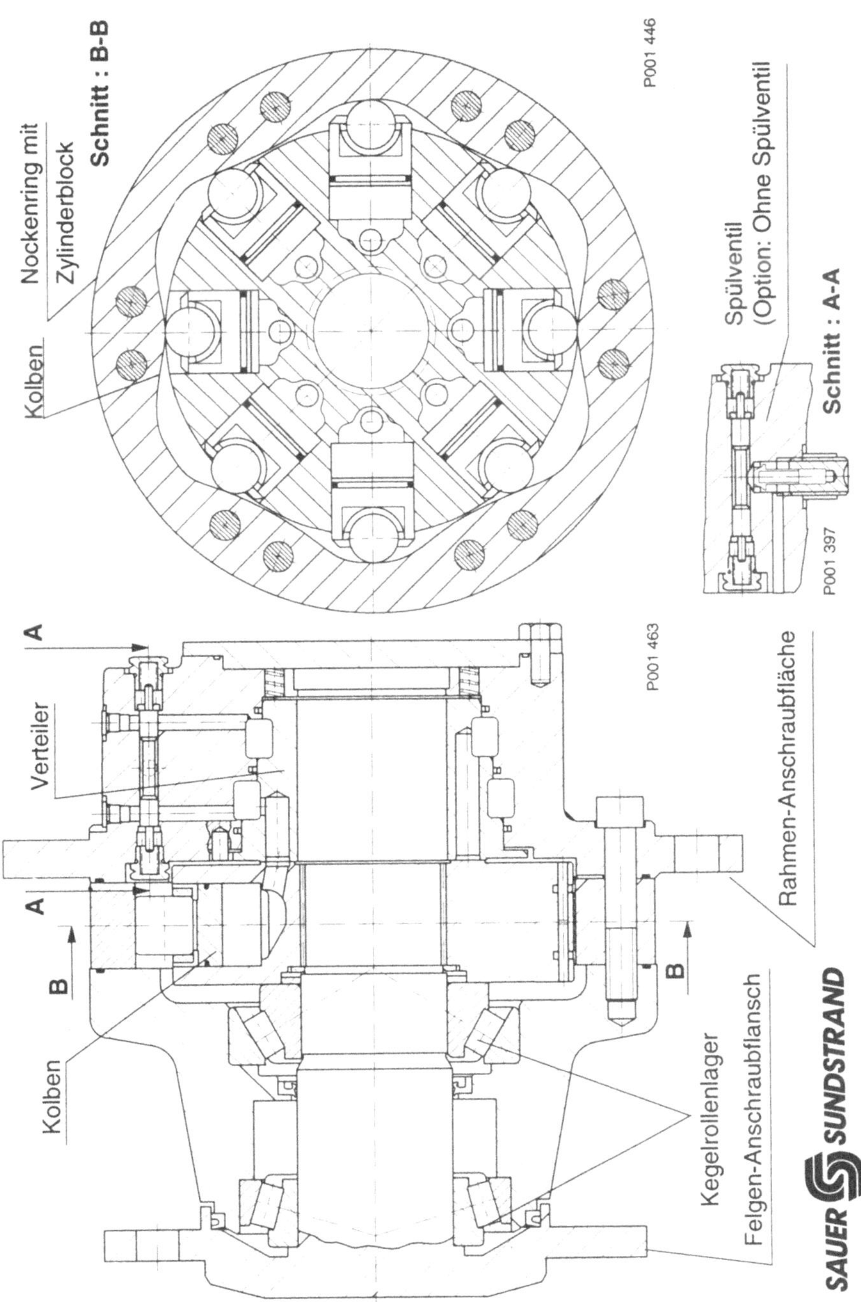

Bild 5.15 Radialkolbenkonstantmotor mit Spülventil

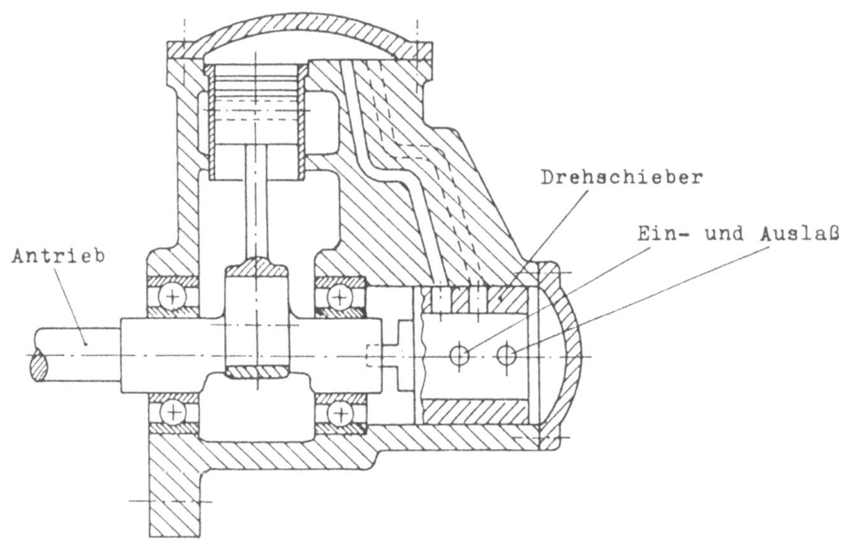

Bild 5.16 Einzylinderausführung mit ruhendem Zylinder

einen sehr weiten Drehzahlbereich.

2. Beispiel: Pumpe und Motor CINCINNATI MILLING CO. (ohne Bild). Bei dieser Konstruktion laufen die Kolben auf einer Nockenwelle. Steuerung über ein System von Nuten und Schlitzen, wobei jeder Kolben mit Ringnut und Ölstrom für den folgenden Zylinder steuert.

$$M = 58\frac{Nm}{bar}$$
$$V_h = 360\frac{cm^3}{\text{Umdrehung}}$$
$$p = 35bar \quad (\text{max. } 70bar)$$
$$n_{nenn} = 5,8s^{-1}$$
$$n_{min} = 1\frac{\text{Umdrehung}}{40Tage}$$

Umsteuerzeit von $1,7s^{-1}$ voraus auf $1,7s^{-1}$ zurück: $0,0015s$.

Marktübersicht Radialkolbenmotoren

In Fachzeitschriften der Ölhydraulik werden in zweckmäßigen Zeitabständen Marktübersichten veröffentlicht, die auch einen guten Überblick über konstruktive Daten ermöglichen [24]. Sie unterliegen jedoch ständigen Änderungen bzw. Entwicklungen. Im Anhang S. 189f befindet sich eine solche Übersicht aus der Zeitschrift "Fluid-Markt", die jedoch nur eine Momentaufnahme darstellt. Der Leser möge sich im konkreten Fall jeweils anhand der aktuellen Daten ([2] und Verlag "Moderne Industrie") orientieren.

5.2.4 Weggesteuerte Axialkolbenpumpen und -motoren der Ölhydraulik

Allgemeines und Einteilungssystematik nach Stieß [2]:

Dieses ist die in der Ölhydraulik am meisten angewandte Bauart als:

- Pumpen
- Motoren
- Sekundär- und Primärteil von Getrieben

Vorteile:

- Sehr gedrungene Bauweise
- Dieselbe Einheit als Pumpe oder Motor verwendbar
- Gute Regelbarkeit
- geringes Leistungsgewicht G/P
- weiter Drehzahlbereich $n = 6,5 \ldots 100 s^{-1}$
- Wirkungsgrad $\eta_{ges} > 0,9$
- Trägheitsmoment klein: gut für schnelle Umsteuervorgänge

Einteilungssystematik (nach der Triebwerksausführung):

Z		Zylindertrommel rotiert (gleichzeitig Steuerorgan) Steuerspiegel eben oder sphärisch, ruht, Ölfluß axial oder schräg, seltener radial
Z_d		direkter Antrieb, ruhende Schrägscheibe, gleichachsig
	Z_{di}	Antrieb von innen
	Z_{da}	Antrieb von außen
Z_t		gebrochenachsig, Triebflansch und Schwenkgehäuse Zylindertrommel rotiert um geneigte Achse und wird angetrieben (System Thoma)
	Z_{tp}	angetrieben durch Pleuel
	Z_{tk}	angetrieben durch Kardanwelle

S		Schrägscheibe und Steuerorgan rotieren gleichachsig
S_i		Antrieb innen, zentrale Welle
S_a		Antrieb außen

Z-Maschine (Zylindertrommel rotiert, s.a. S. 126):

- Z_{di}: Ruhende Schrägscheibe gut im Gehäuse zu betten (Wiege- bzw. Schwenkzapfen)
- Z_{da}: Der von außen übergreifende Antrieb erfordert eine komplizierte Konstruktion. Ölführung durch Hohlwelle. Auch Außenantrieb über ein Ritzel auf Zahnkranz der Zylindertrommel ist ausgeführt worden (größere Einheiten).
- Z_t: Diese Maschinen haben die gleichen Vorteile wie sie allgemein bei rotierenden Trommeln vorhanden sind. Die Triebwerksteile sind rotationssymmetrisch und auf der Drehbank herstellbar.
  Bei den Z_{tp}-Maschinen erfolgt die Mitnahme der Trommeln durch seitliche Anlage der Pleuelstange am Kolbeninnenrad. Hierdurch kann es bei Überdrehzahl und/oder Schwingungen zu einer Aufweitung der Kolben kommen mit der Gefahr von Kolbenklemmen.
  Der Antrieb großer Maschinen erfolgt über eine Kardanwelle. Hierbei ist auf die Anbringung von Anschlägen zu achten.

Vorteile:

1. Leitungen am ruhenden Spiegel anschließbar
2. Axialkräfte des Triebwerkes am ruhenden Teil aufnehmbar (Axial- und Radiallager)
3. Hubverstellung am ruhenden Teil

Diese Maschinen sind grundsätzlich umsteuerbar. Verzichtet man auf diese Umsteuerbarkeit, kann man die Pumpe unter den Ölspiegel des Behälters bei offenem System legen und damit den Saugverlust mindern.

Das Schwenken der umlaufenden Trommel macht Ölführung durch Schwenkachse nötig (Strömungsverluste und evtl. Kräfte). Eine andere Lösung ist die der Schwenkschlittenkonstruktion (Bild 5.18).

S-Maschinen (Schrägscheibe und Steuerorgan rotieren gleichachsig):

Nachteile: Erhöhter Konstruktionsaufwand für Hubverstellung
Doppeldichtung nötig: Ein- und Auslaß am Zylinder,
Saug- und Druckleitung am Steuerteil.

Anwendung: Langsamläufermotoren mit geringem Trägheitsmoment. Strömungsverluste unwichtig, hydrostatische Getriebe mit Leistungsteilung für Fahrzeug (s.a. "ATZ", Jg. 62, Heft 9, S. 227-231).

S_{if} und S_{it}:
Anordnung wie bei Z-Pumpen. Bei radialdurchströmtem Steuerorgan Drucklager beachten.

Auf den beiden folgenden Seiten sind Z- und S-Maschinen als Prinzipskizzen dargestellt.

Z Zylindertrommel rotiert						
	Z_d gleichachsig, direkt				Z_t gebrochenachsig, Triebflansch	
Antriebsart	Z_{di} Antrieb innen d. zentr. Welle		Z_{da} Antrieb von außen übergreifend		Z_{tp} Pleuel	Z_{tk} Kardanwelle
Wellenlage	Z_{dif} Flüssigkeitsseite	Z_{dit} Triebwerksseite	Z_{daf} Flüssigkeitsseite	Z_{dat} Triebwerksseite		
	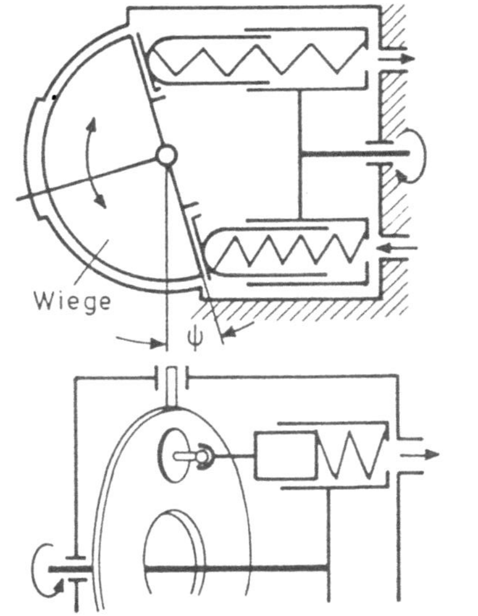 Wiege ψ		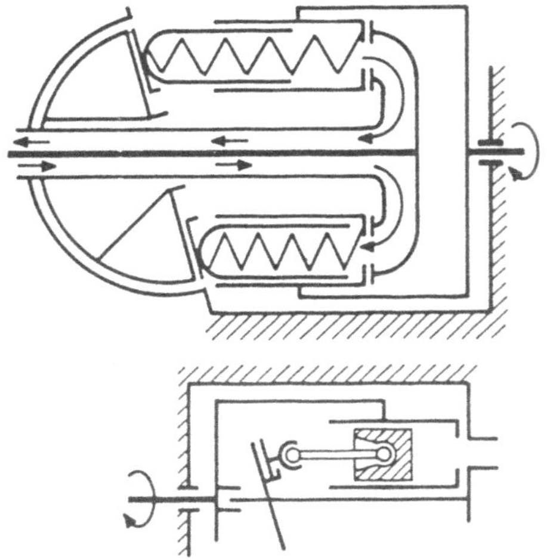		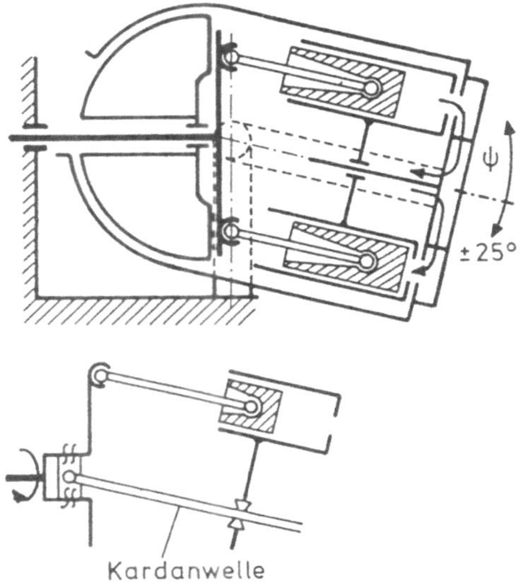 ψ ±25° Kardanwelle	

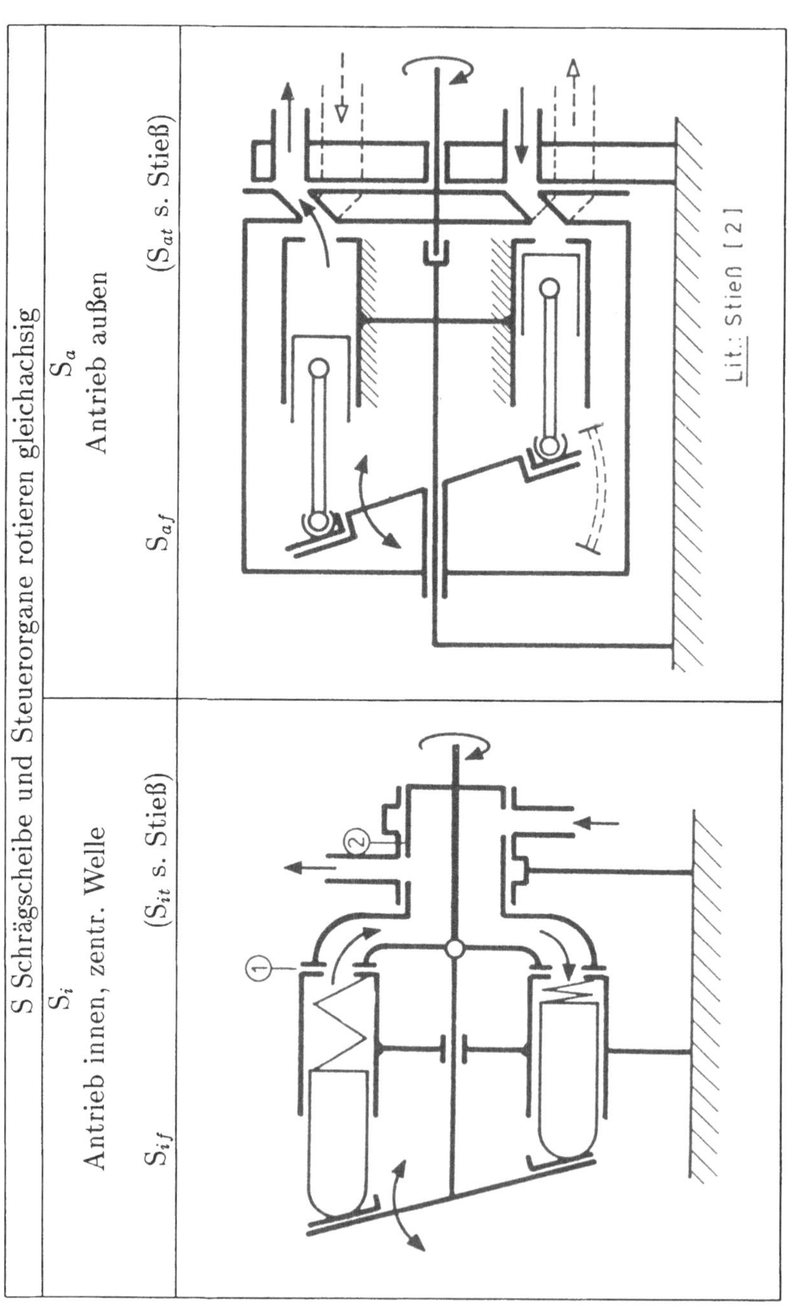
S Schrägscheibe und Steuerorgane rotieren gleichachsig
S_i
Antrieb innen, zentr. Welle
S_{if}
(S_{it} s. Stieß)
S_a
Antrieb außen
S_{af}
(S_{at} s. Stieß)
1
2
Lit.: Stieß [2]

Beispiele für weggesteuerte Axialmaschinen

Als Beispiel für eine interessante Bauart, die in die Gruppe Z_d einzuordnen ist, jedoch mit niedrigen Drücken arbeitet, sei das Getriebe Williams-Oil-O-Matic erwähnt (Bild 5.17):

Vollsymmetrisch rotierende Trommel mit sieben Zylindern, beidseitig beaufschlagt, mit Wegsteuerung am Trommelumfang (eine radiale Bohrung je Zylinder, Nieren innen am Umfang des äußeren Gehäuses)

In den Zylindern befinden sich als Kolben je zwei Kugeln, die durch Federn auseinandergedrückt werden. Antrieb auf beiden Seiten der Trommel durch Nockenkränze mit je zwei Hüben. Die Kränze sind gegeneinander auf Nullförderung verstellbar.

Bei jeder Trommelumdrehung zwei Hübe pro Kugel und Zylinder ($s < d/2$). Daher Hubvolumen pro Zylinder und Umdrehung: $q = 2 \cdot 2 \cdot s \cdot \frac{d^2 \cdot \pi}{4}$.

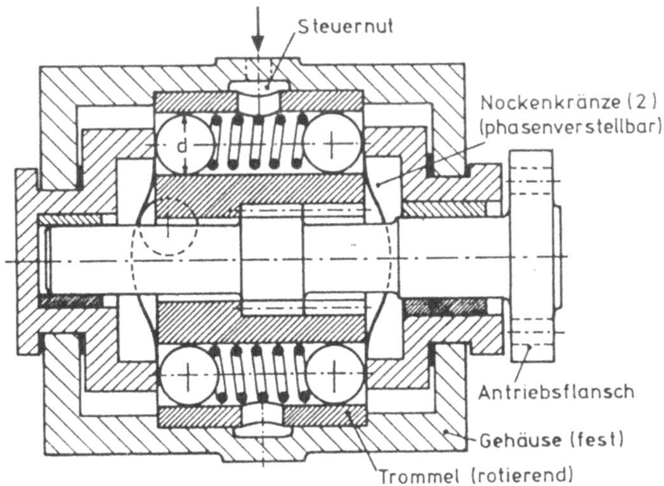

Bild 5.17
Oil-O-Matic Pumpe
p = 14 bar
P = 0,5 kW
n = 10 s^{-1}

Bild 5.18 zeigt eine gebrochenachsige Maschine mit Triebflansch Z'_{tp}. Ausführung mit Schwenkschlitten, metallischer Abdichtung [25]. Der Steuerspiegel, hier nicht sichtbar, muß sich einstellen können und muß geschmiert werden.

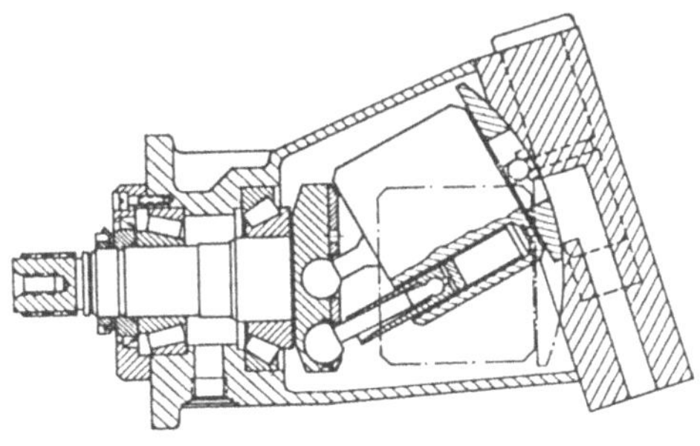

Bild 5.18
Gebrochenachsige Maschine mit Triebflansch Z_{tp}

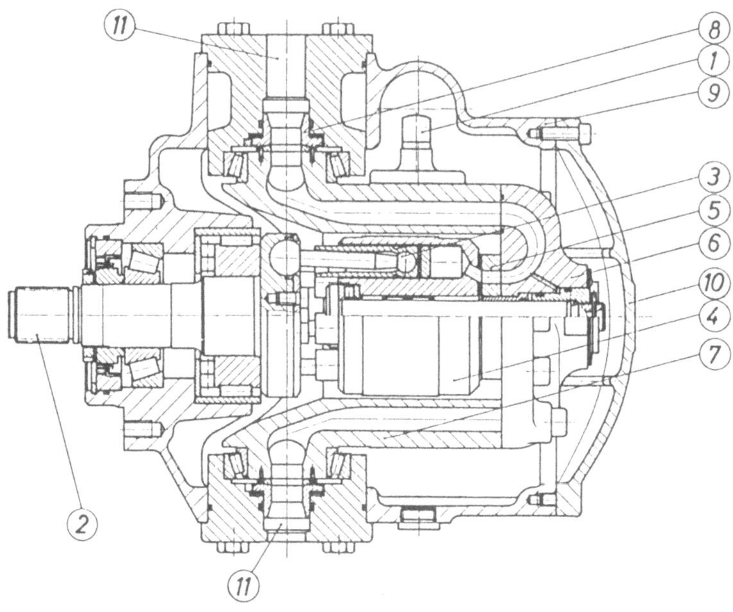

Bild 5.19 Verstellmotor Z_{tp}

1	Stellzapfen	7	Schwenkgehäuse
2	Triebwelle	8	Öldrehdurchführung
3	Kolben-Pleuel	9	Mantelgehäuse
4	Zylindertrommel	10	Deckel
5	Steuerplatte	11	Druckanschlüsse
6	Steuerplattenaufnahme		

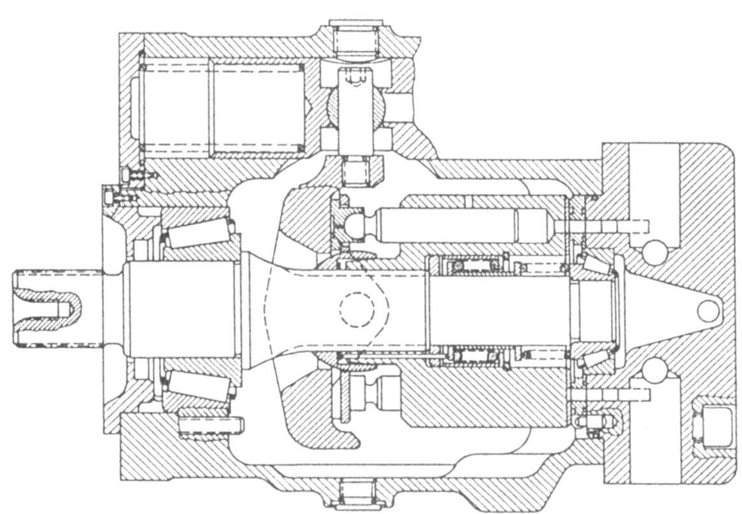

Bild 5.20 Schrägscheibenmaschine Z_{dit}

Einen Verstellmotor Z_{tp} mit Schwenkachse zeigt Bild 5.19. Der Verstellwinkel reicht von 5° bis 28°. Unterhalb von 5° tritt Selbsthemmung auf. Ölführung durch hohle Schwenkachse. Hydraulische Hilfskraft an Trommelachse. Schließlich ist noch in Bild 5.20 eine Schrägscheibenmaschine Z_{dit} dargestellt.

Bild 5.21 zeigt ebenfalls einen gebrochenachsigen Verstellmotor neuerer Konstruktion. Eine Besonderheit sind die Ausführung der Kolben (s.a. S. 74f und Bild 5.24) und die vorgespannte Synchronisierwelle zwischen Antriebswelle und Zylindertrommel. Beispiel: BR 51 SAUER SUNDSTRAND [47] mit $V_h = 60$ bis 250 cm^3, $V_{h\ max}/V_{h\ min} = 5$ (Schwenkwinkel $6 \ldots 32^o$).

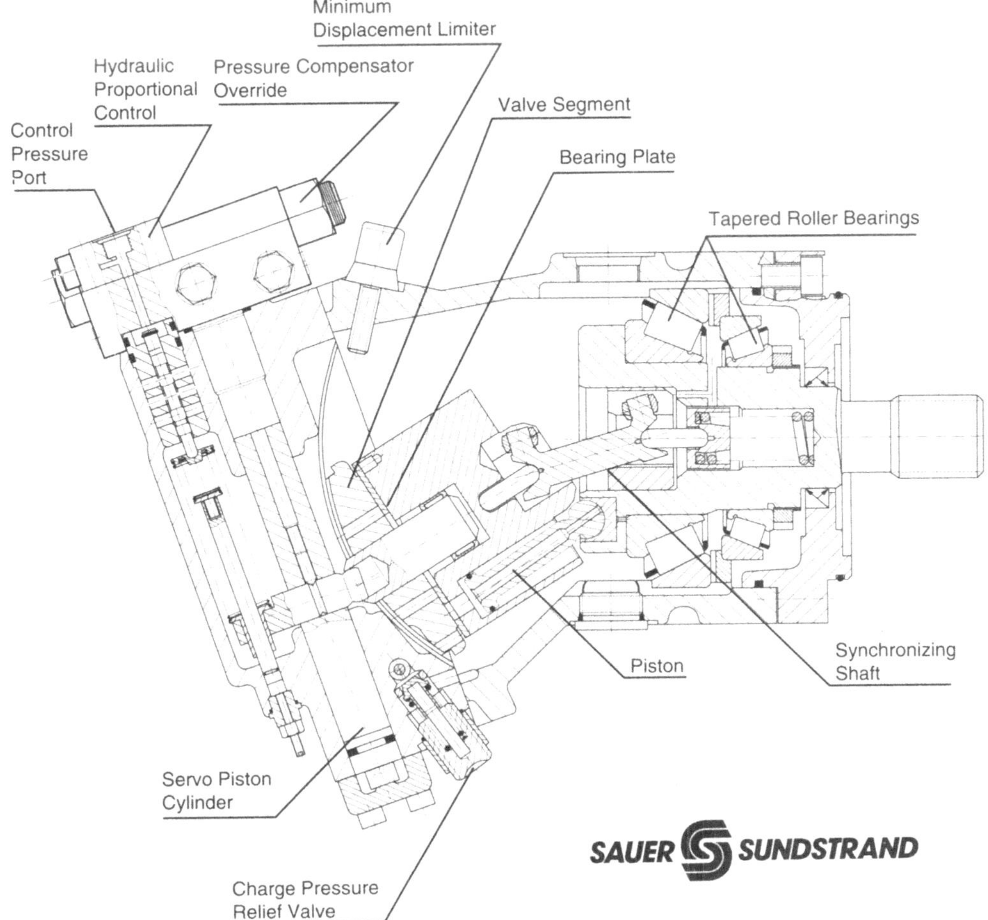

Bild 5.21 Verstellmotor mit hydraulischer Proportionalverstellung (HS)

Bild 5.23 zeigt das Schema eines hydrostatischen Getriebes mit geschlossenem Kreislauf, bestehend aus Schwenkscheibenpumpe und Schrägscheibenmotor. Die Pumpen

(480 *bar*) werden z.B. mit $V_h = 30 \dots 250 cm^3$, $n = 4200 \dots 2300 min^{-1}$ und spezifischem Drehmoment $0,48 \dots 3,97 Nm/bar$ geliefert (BR 90 von SAUER SUNDSTRAND [48]).

Bild 5.24 zeigt die Schwenkscheibenverstellung des im oberen Bildteil im Teilschnitt dargestellten Verstellmotors, die über Servokolben erfolgt.

Vergleich von Schrägscheiben- (Z_d) und Schrägachsenmaschinen (Z_t)

Vorteil Schrägachse:

1. Kleineres Totvolumen, besseres Ansaugen, höheres n, offener Kreislauf geeignet
2. Besseres Anfahren
3. Größeres Durchsatzverhältnis: Größt-/Kleinsteinheit (bei Schrägscheibe beschränkt 250 cm^3/U maximal)

Vorteil Schrägscheibe:

1. Lagerung kleiner, kleinere Lagerkräfte (Vektorbild beachten) Lebensdauer der Lager viermal größer als bei Schrägachse
2. Für höhere Dauerdrücke geeignet
3. Kurze Schwenkzeiten, Reversieren besser (Θ kleiner)
4. Freies Wellenende für Zusatzantriebe
5. Unempfindlich gegen Drehschwingungen
6. δ klein
7. Geringes Bauvolumen, kompakter, komplettes Programm

Fazit: Schrägscheibe mehr Zukunft, wenn Lebensdauer L_h wichtig, bei hohem p und bei Schwingungsanregung.

Sonstiges:
40° Schwenkwinkel neu, $\frac{n_{offen}}{n_{geschl}} \sim 0,5$
Gleitlagerung bei HF 100μ-Filter

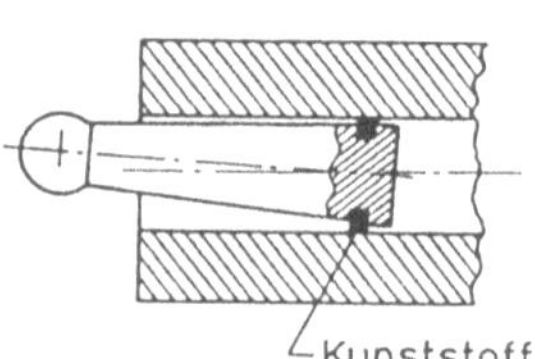

Bild 5.22

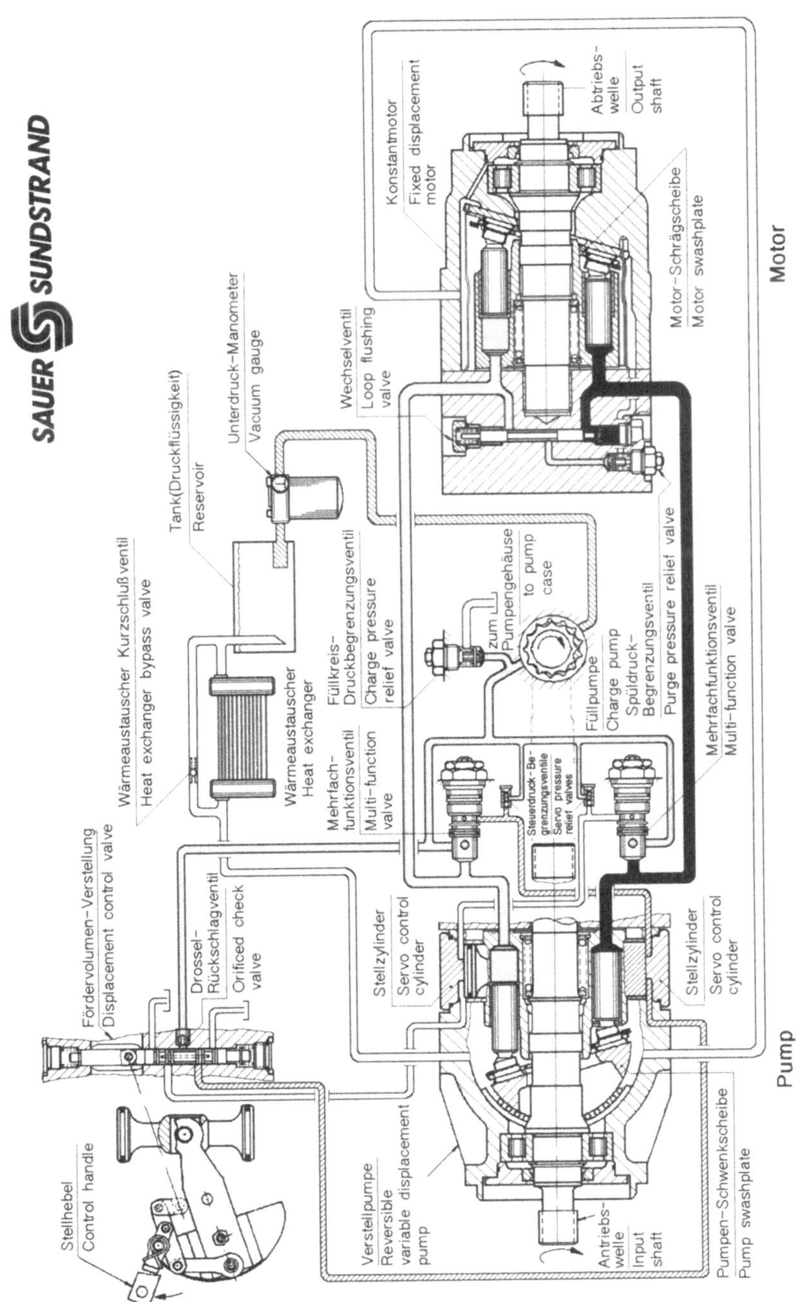

Bild 5.23 Hydrostatisches Getriebe mit geschlossenem Kreislauf

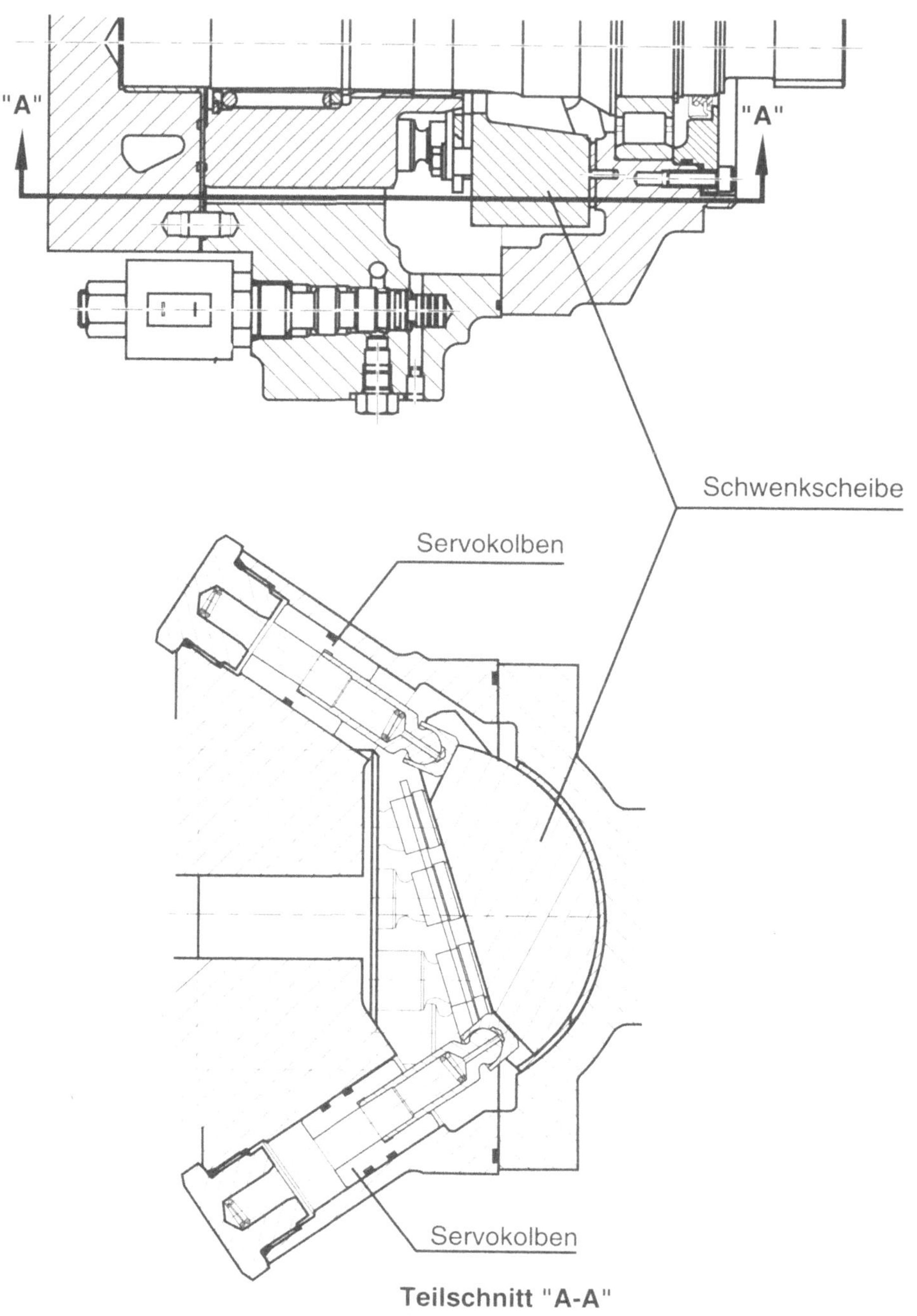

Bild 5.24 Schwenkscheibenverstellung über Servokolben

Zur Problematik der Drehschwingungen in Schrägachsenmaschinen

Wie auch die vorstehend indirekt genannten Nachteile zeigen, entstehen bei Schrägachsenmaschinen u.U. Drehschwingungsprobleme, wobei die Zylindertrommel relativ zum Triebflansch schwingt. Diese Probleme treten bei Schrägscheibenmaschinen nicht auf, da die Trommel dort direkt mit der Antriebswelle verbunden ist (siehe als Beispiel Bild 5.20). Bei der erstgenannten Maschine hingegen dreht die Trommel gebrochenachsig zur Antriebswelle, so daß eine zusätzliche Drehübertragung benötigt wird. Hierbei haben im wesentlichen drei Bauarten Bedeutung erlangt (Bild 5.25). Da über den Antrieb der Trommel im Gegensatz zu den Schrägscheibeneinheiten nicht das Drehmoment geleitet wird [44], können die links im Bild gezeigten kleinen Glenkwellen verwendet werden, die theoretisch nur durch das Reibmoment belastet werden. Sie ermöglichen die Veränderung des Schwenkwinkels zur Hubvolumenverstellung. Bei plötzlichem Lastwechsel besteht jedoch die Gefahr der Überlastung, da dann zusätzlich relativ große Trägheitskräfte auftreten. Wesentlich torsionssteifer ist die in der Mitte gezeigte Kegelradverzahnung, die aber naturgemäß auf Konstanteinheiten beschränkt ist. Bei der am häufigsten angewandten Stangenmitnahme (rechts im Bild) wird die Trommel direkt durch die Pleuelstangen angetrieben. Diese Bauart ist sowohl torsionssteif als auch verstellbar hinsichtlich des Schwenkwinkels. Nachteilig ist jedoch einerseits ein prinzipbedingtes Winkelspiel zwischen Trommel und Triebflansch und andererseits eine nicht gleichförmige Drehübertragung. Hierdurch entstehen zunächst Probleme bei extern erregten Drehschwingungen. Zum anderen induziert die nicht homokinetische Drehübertragung intern Drehschwingungen. In kritischen Drehzahlbereichen entstehen Ratterschwingungen, bei denen die Trommel innerhalb des Winkelspiels gegenüber dem Triebflansch schwingt. Besonders gefährdet sind Verstellmaschinen, da sich die Kinematik der Stangenmitnahme beim Rückschwenken der Trommel verändert und im Bereich mittlerer Schwenkwinkel am ungünstigsten ist. Wegen der großen Variationsbreite bereiten hierbei die sog. Großwinkelmaschinen ($\alpha = 40^o$ mit Kegelkolben) die meisten Probleme. So werden die stangengetriebenen Maschinen

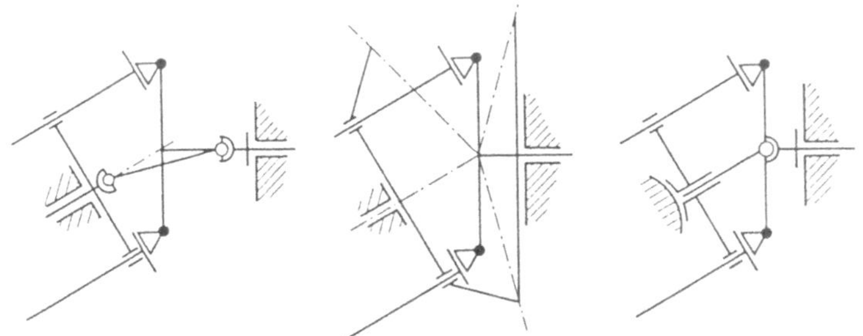

Bild 5.25 Trommelantrieb in Schrägscheibenmaschinen [43]
links: Drehgelenk (System Thoma)
mitte: Kegelradverzahnung (System Volvo)
rechts: Stangenmitnahme (System Molly)

bei maximalen Schwenkwinkeln von $\alpha = 40^o$ nicht als Verstellmaschinen gebaut, um das Problem der Drehschwingungen zu vermeiden (für einen Schwenkwinkel kann die Kinematik optimiert werden).

Neben der Drehzahl und dem Schwenkwinkel besitzt auch der Betriebsdruck einen großen Einfluß auf die Drehschwingungen. Durch verschiedene Anregungsarten und nichtlineare Effekte entsteht ein komplexer Mechanismus, der breitbandig zu resonanten Drehschwingungen führen kann. Trotz dieser Probleme ist jedoch die vollständige Substitution der Stangenmitnahme aus den oben genannten Gründen schwierig. Es ist daher sinnvoll, auf der Basis dieses Prinzips Verbesserungsmöglichkeiten zu untersuchen. Wesentliche Vorteile bringt eine Erhöhung der Zylinderzahl, die jedoch ungerade sein muß (Mitnahme wird gleichförmiger, vgl. Bild 5.26).

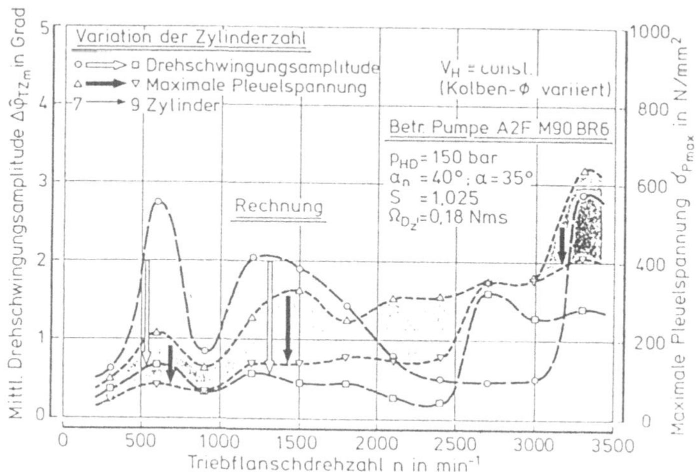

Bild 5.26 Minderung der Drehschwingungen durch Zylinderzahlerhöhung [45]

Man erkennt, daß die Drehschwingungsamplituden hierdurch wesentlich gesenkt werden können. Eine weitere Amplitudenreduzierung ist durch den Einsatz von sehr kompakt bauenden Reibschwingungsdämpfern zu erreichen.

Auch für Axialpumpen und -motoren befindet sich im Anhang auf S. 191 eine Marktübersicht aus der Zeitschrift "Fluid-Markt" von 1975.

5.2.5 Lagerung der Zylindertrommel bei weggesteuerten Axialmaschinen

Hier werden nur zwei wichtige unterschiedliche Ausführungen gezeigt. Die Lagerung muß gewährleisten, daß im Stillstand und im Betrieb mit allen vorkommenden Drücken die entstehenden Kräfte in radialer und axialer Richtung aufgenommen werden können. Trommel und Steuerspiegel müssen dabei mit genügender Kraft aufeinander gepreßt werden, so daß einerseits ein ausreichender Ölfilm zwischen beiden vorhanden ist und die entstehende Reibungswärme gerade abgeführt werden kann, andererseits aber die Trommel nicht "wegschwimmt" bzw. infolge der einseitig angreifenden Druckkräfte abklappt. Die Radiallager werden durch Gleit- oder Nadellager, die Axialkräfte durch Axiallager zwischen Trommel und Achse aufgenommen. Wie in den Bildern gezeigt, kann die Achse im Gehäuse fliegend gelagert

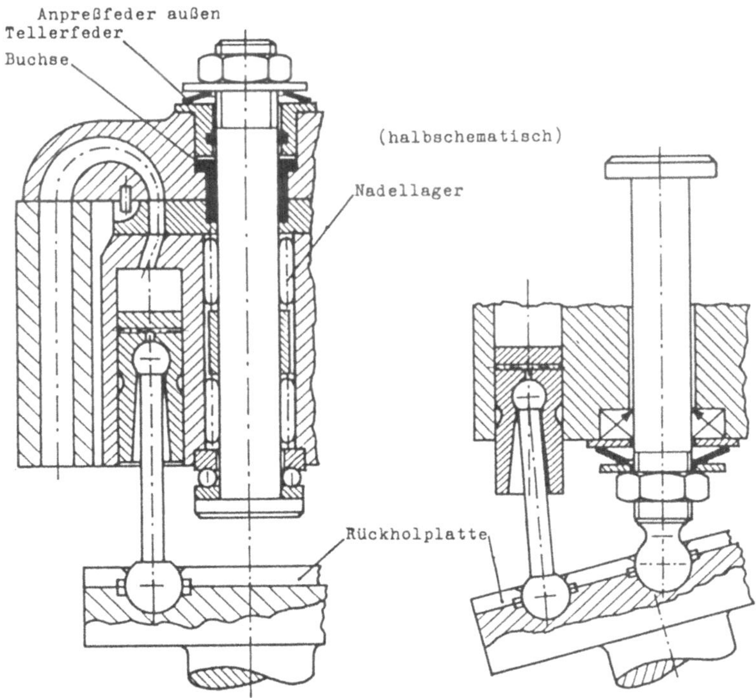

Bild 5.27 links: Achse fliegend gelagert (Anpreßfeder außen) rechts: Beiderseitig gelagert (Anpreßfeder innen, auch in der linken Bildhälfte möglich)

sein oder zusätzlich eine zentrische kugelige Lagerung im Triebzapfen aufweisen. Außerdem gibt es die Möglichkeit, die Trommel außen zu lagern. Die nötige Stillstandsanpressung kann z.B. durch eine Tellerfeder zwischen Achse und Gehäuse oder Achse und Trommel erreicht werden.

Je nach nötiger Zusatzkraft im Betrieb kann eine hydraulische, der Höhe des Arbeitsdrucks proportionale Hilfskraft erzeugt werden, wie Bild 5.28 zeigt. Der Hilfsdruck wird vom Druckkanal "abgegriffen".

Wie an anderer Stelle bereits angedeutet, wird oft eine gewisse Nachgiebigkeit in der Führung der Trommel und des Steuerspiegels u.a. durch Zwischen- oder Führungsstücke, wie Zwischenplatten, Muffen oder Hülsen angestrebt, um zu erreichen, daß sich beide Teile besser aneinander anpassen.

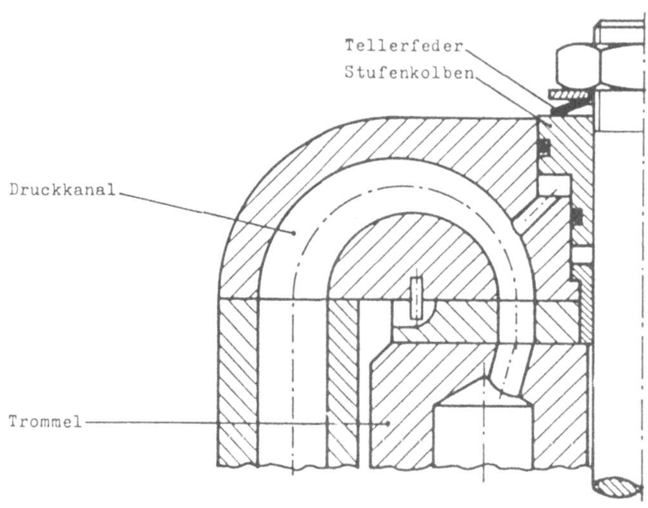

Bild 5.28
Anpressung des Zylinders auf den Steuerspiegel (Trommel will kippen) Axialkraft = f(Arbeitsdruck)

5.2.6 Steuerspiegel

Die Berührungsfläche zwischen Zylindertrommel und Steuerspiegel kann eben ausgeführt werden (siehe Bild 5.27) oder sphärisch mit der Zusatzwirkung einer Selbstzentrierung sein (Bild 5.29). In letzterem Fall können die Zylinderachsen auch entsprechend zur Treibachse geneigt sein. Damit wird der Steuerspiegeldurchmesser klein. Zu Verbesserung des Kräftegleichgewichtes am Steuerspiegel und ebenfalls zur Verminderung der Umfangsgleitgeschwindigkeit werden auch die Ölbohrungen zwischen den Zylindern und der Steuerfläche geneigt ausgeführt, wie es Bild 5.30 erkennen läßt. Die Berührungsflächen an Trommel und Spiegel sind abgesetzt und werden nötigenfalls mit kleinen flachen Schmierölversorgungs"gräben" versehen, die von den Druckkanälen aus beschickt werden.

Abhilfen bei Überdeckungsfehlern (siehe auch Bild 5.11 und S. 104)

Steuerspiegel wird etwas verdreht, je nach Schwenkwinkel. Das ganze Gehäuse wird etwas verdreht.
Bohrung vom Steg zur Saug- bzw. Druckseite über kleine Ventile, Ausgleichskerben im Spiegel.
Leichte Neigung der Schwenkachse gegen Steuerspiegelebene. Dann ändert sich auch Drehphase der Trommel, je nach Schwenkwinkel.

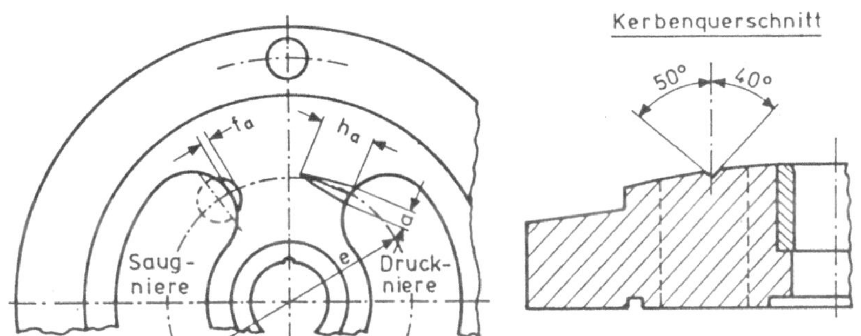

Bild 5.29 links: Ausschnitt aus einem sphärischen Steuerspiegel, Draufsicht auf Gleitfläche [22]
rechts: Schnitt durch den sphärisch gewölbten Steuerspiegel

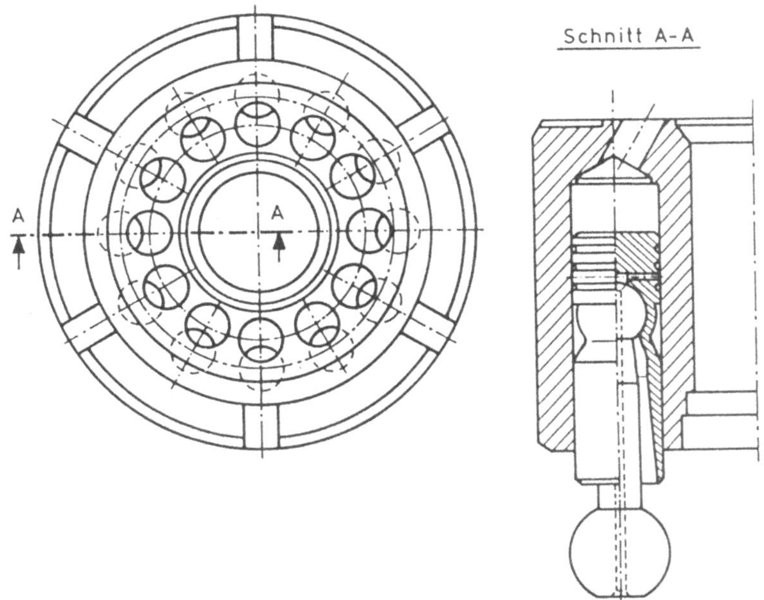

Bild 5.30 links: Zylindertrommel mit ebenem Spiegel und geneigten Kanälen, Blick auf die Gleitfläche
rechts: Querschnitt durch Trommel und Kolben, geneigter Kanal

Kräfte am Steuerspiegel

Eine vereinfachte Untersuchung der der Ölkräfte am Steuerspiegel läßt erkennen, ob und in welchem Maße Hilfskräfte aufgebracht werden müssen und ob eine Veränderung der Lage der Kanäle vom Zylinder zum Spiegel erfolgreich ist. Zur Rechnung sind folgende Annahmen nötig (siehe dazu die Hilfsdarstellungen in Bild 5.31):

$$\frac{S'}{D_k} = c$$

$$c = f(p, \text{Werkstoffestigkeit, s. S. 137})$$

$$1,2d_k = \text{Abstand der Niere (Annahme)}$$

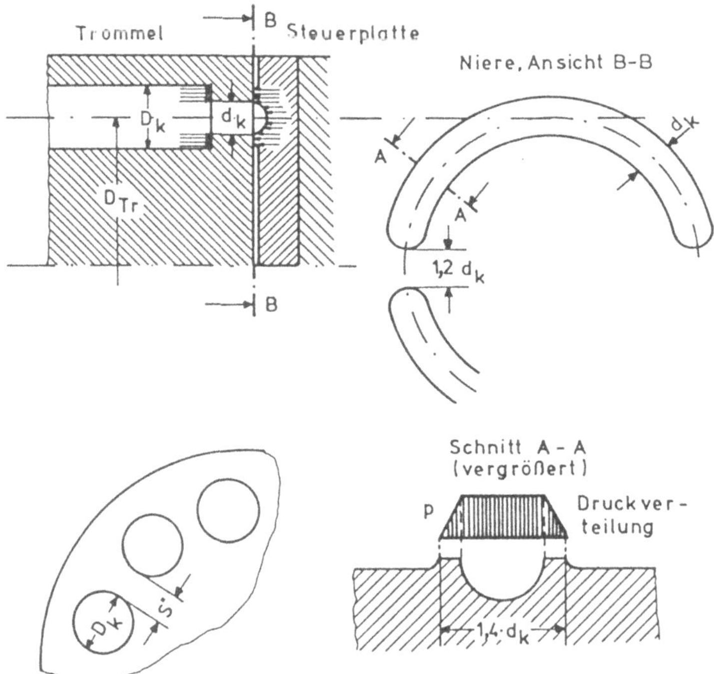

Bild 5.31 Hilfsdarstellungen zur Berechnung der Kräfte am Steuerspiegel

Umfang der Trommel:

$$\pi \cdot D_{Tr} = (c+1) \cdot D_k \cdot z_k \qquad z_k = \text{Zahl der Zylinder}$$

Annahmen:

$$d_k = \frac{1}{2} D_k \quad \text{und} \quad c = 0,5$$

Umfangslänge der Druckniere:

$$\frac{\pi}{2} \cdot D_{Tr} - 1,2d_k$$

Beispiel: 3 Zylinder stehen im Druckbereich, die übrigen sind $\sim$ drucklos.

$$\begin{aligned} z_k &= 7 \\ D_k &= 25 \\ F &= 3 \cdot p \cdot \frac{\pi}{4} \cdot (D_k^2 - d_k^2) \\ &= \frac{3}{4} \cdot \pi \cdot p \left(D_k^2 - \frac{1}{4} D_k^2 \right) \\ F &= 1,76 \cdot p \cdot D_k^2 \end{aligned}$$

Kolbenreibkraft wird vernachlässigt (+ bei Verdichtungshub)
Frage: Wird der Steuerspiegel vom Öldruck von der Trommel abgedrückt, d.h. ist $F_g > F$? (siehe Bild 5.32)

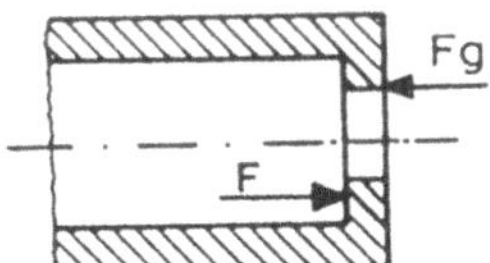

Bild 5.32
Kräfte am Steuerspiegel

2 Varianten:

1. Kanal mittig (Bild 5.33)

$$A_{Niere} = \left(\frac{\pi}{2} D_{Tr} - 1,2d_k \right) \cdot d_k$$

2. Kanal zur Mitte versetzt (Bild 5.33)

$$A_{Niere} = \left[\frac{\pi}{2} \left(D_{Tr} - \frac{d_k}{2} \right) - 1,2d_k \right] \cdot d_k$$

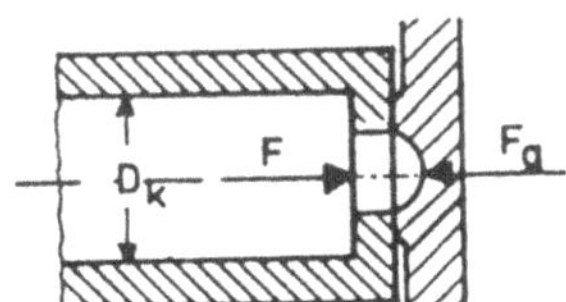

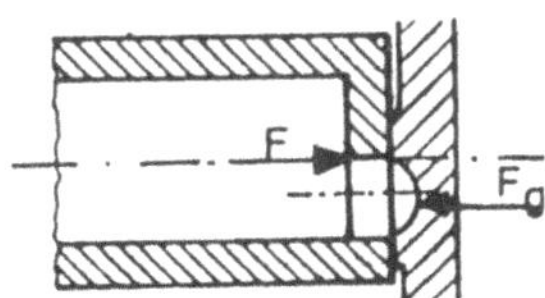

Bild 5.33 links: Kanal mittig, rechts: Kanal zur Mitte versetzt

Die Rechnung ist nur eine Näherung bezüglich der wahren Druckverteilung, genauere Rechnung in [36], S. 47ff.

1. Annahme (siehe auch Bild 5.34):

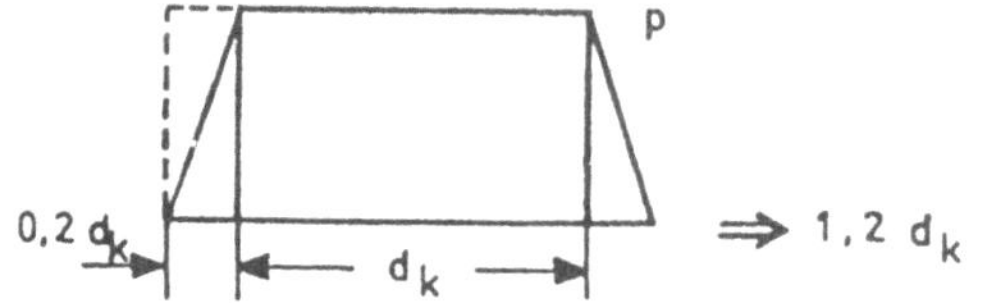

Bild 5.34
Wirksame Breite der Druckflächen

$$F_g = p \cdot \overbrace{\underbrace{1,2 \cdot 0,5 \cdot D_k}_{d_k}}^{\text{mittl. Druckbreite}} \cdot \overbrace{(\underbrace{\frac{\pi}{2}\frac{1,5}{\pi} \cdot D_k \cdot z_k}_{D_{Tr}} - 1,2\frac{D_k}{2})}^{\text{Nierenlänge}}$$

$$- \underbrace{p \cdot d_k^2 \cdot \frac{\pi}{4} \cdot \frac{z_k - 1}{2}}_{\text{Gegendruck durch offene Bohrung}}$$

$$F_g = p \cdot D_k^2 \cdot 2,2$$

Der Steuerspiegel hebt ab, da $F_g > F$!

2. Annahme:

$$F_g = p \cdot D_k^2 \cdot 1,726$$

Der Steuerspiegel hält gerade, da $F_g < F$!

Bild 5.35 zeigt eine hydraulische Abhilfe für Variante 1.

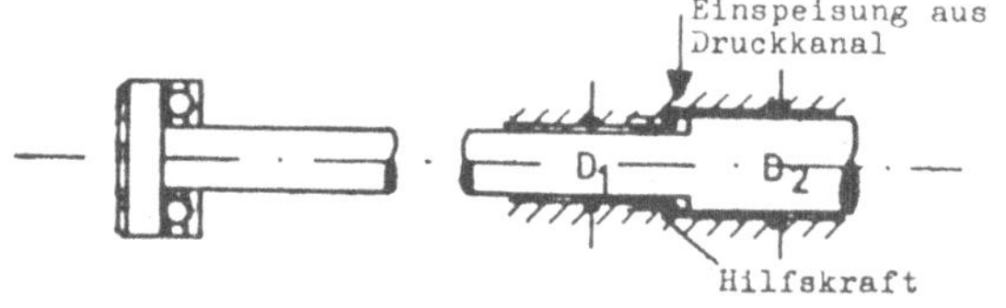

Bild 5.35
Hydraulische Abhilfe für Variante 1,
$D_1 = 0,8D_k$

Wie groß muß D_2 für eine volle Entlastung sein? 1. Variante (s. Bild 5.36):

$$\begin{aligned} F_g - F_1 &= p \cdot D_k^2(2,2 - 1,76) \\ &= \frac{\pi}{4}(D_k^2 - D_1^2) \cdot p \\ D_2^2 &= 0,44 \cdot D_k^2 \cdot \frac{4}{\pi} + (0,8D_k)^2 \\ D_2 &= 1,1D_1 \end{aligned}$$

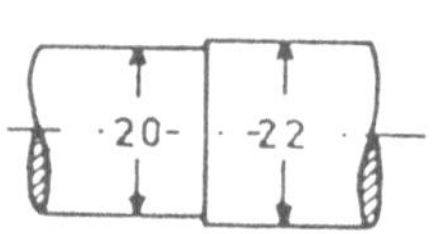

Bild 5.36

5.2.7 Beispiel für Fertigungstoleranzen

Das Schema in Bild 5.37 gilt für eine Konstantpumpe oder einen Konstantmotor. Die Angaben gelten für eine Maschine mit

$$
\begin{aligned}
P_{max} &= 170kW \\
V_h &= 140\frac{cm^3}{\text{Umdrehung}} \\
p &= 320bar \\
D_k &= 25
\end{aligned}
$$

5.2.8 Übersicht über die behandelten Bauarten

Hubkolbenmaschinen

- 5.1 Druckgesteuerte Ventilpumpen
  - 5.1.1 Radialkolbenpumpen
  - 5.1.2 Axialkolbenpumpen
    - * Schräg- und Taumelscheibe
    - * Ohne Taumelscheibe mit Slipper
    - * Mit Taumelscheibe und Pleuel
  - 5.1.3 Kurbellose Pumpen
  - 5.1.4 Membranpumpen
- 5.2 Weggesteuerte Hubkolbenpumpen
  - 5.2.2 Schieber-Hubkolbenpumpen
  - 5.2.3 Radialkolbenmaschinen
    - * Umlaufender Zylinderstern
    - * Ruhender Zylinderstern
  - 5.2.4 Axialkolbenmaschinen
    - * "Z" Zylindertrommel rotiert
    - * "S" Schrägscheibe und Steuerorgan rotieren gleich

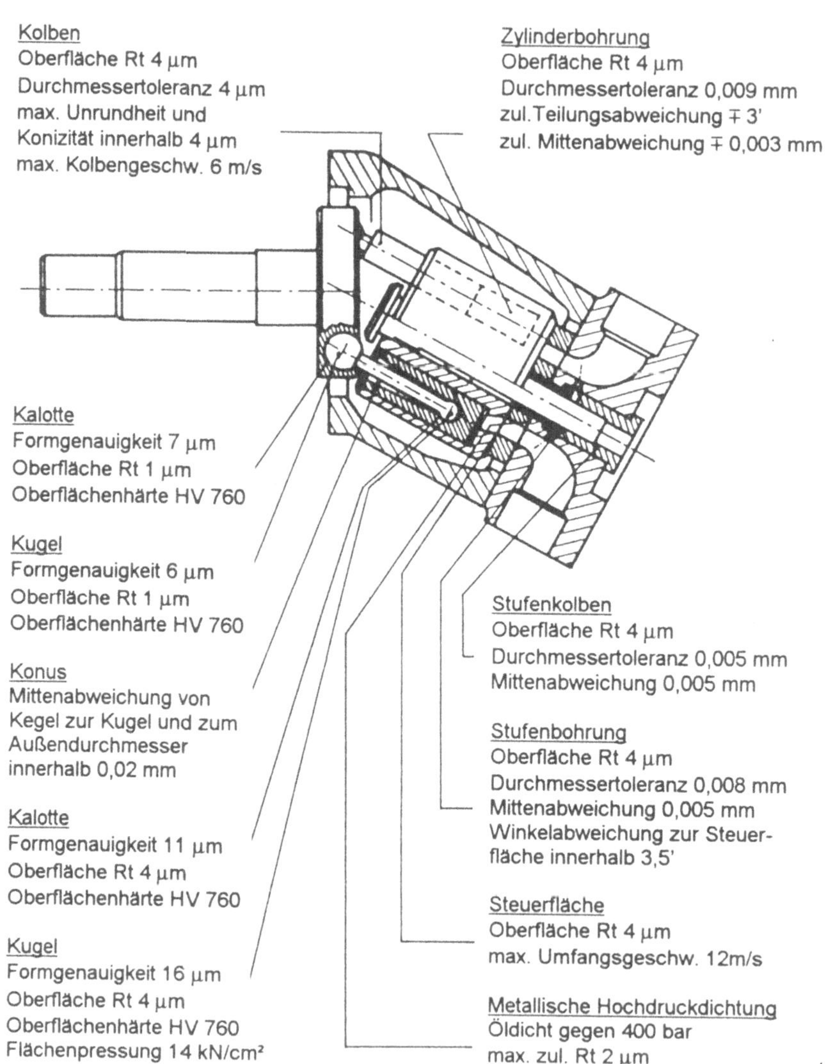

Bild 5.37 Beispiel für Fertigungstoleranzen einer Konstantpumpe oder eines Konstantmotors

6 Kinetik der Axialmaschinen

Die Ausführungen gelten für ebene Kurven bzw. Scheiben.

6.1 Schrägscheibe

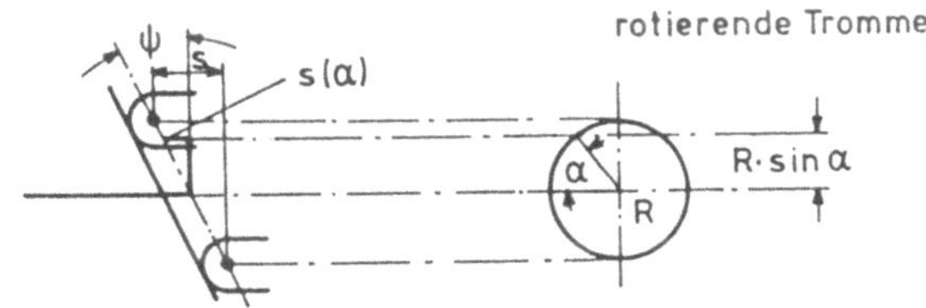

Bild 6.1
Schrägscheibe

Ausgang von der Mittelstellung:

$$
\begin{aligned}
s &= 2R \cdot \tan\psi \\
s(\alpha) &= R \cdot \tan\psi \cdot \sin\alpha = \frac{s}{2} \cdot \sin\alpha \\
V(\alpha) &= \frac{V_h}{2}\,(1 + \sin\alpha)
\end{aligned}
$$

6.2 Gebrochenachsiger Antrieb

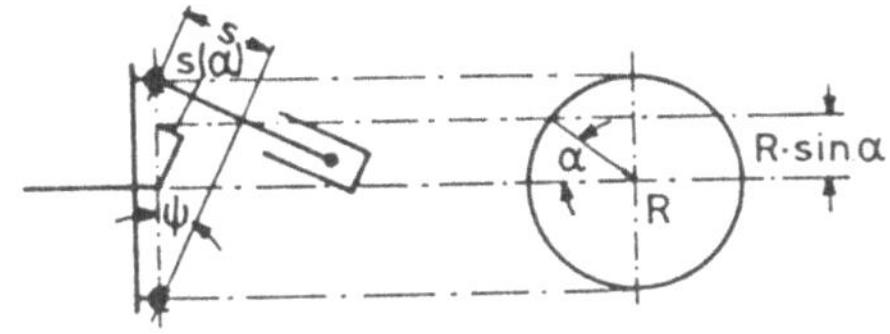

Bild 6.2
Gebrochenachsiger Antrieb,
Zylinder rotiert mit

Der Schwenkwinkel des Pleuels beträgt $2,5\ldots3^\circ$, das Pleuelstangenverhältnis ist etwa 1/40, damit wird die Annahme getroffen: Die Pleuelstange ist unendlich lang.

$$
\begin{aligned}
s &= 2R \cdot \sin\psi \\
s(\alpha) &= R \cdot \sin\psi \cdot \sin\alpha = \frac{s}{2} \cdot \sin\alpha \\
V(\alpha) &= \frac{V_h}{2}\,(1 + \sin\alpha)
\end{aligned}
$$

6.3 Taumelscheibe

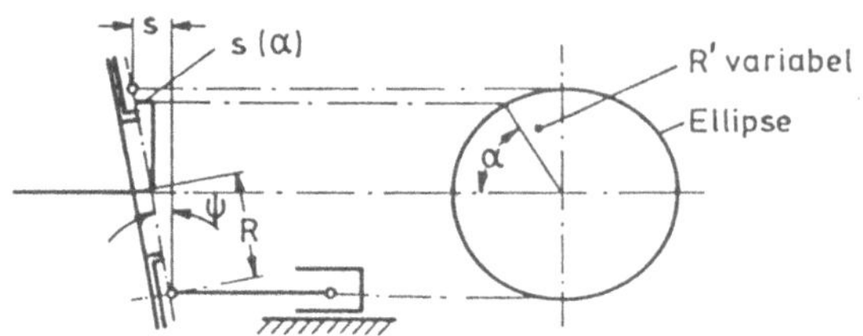

Bild 6.3
Taumelscheibe, R liegt schräg

$$s = 2R \cdot \sin\psi$$

Ohne Ableitung:

$$s(\alpha) = \frac{R\sin\psi}{\sqrt{1+\cos^2\psi\cdot\cot^2\alpha}}$$

$$V(\alpha) = \frac{V_h}{2}\left(1+\frac{1}{\sqrt{1+\cos^2\psi\cdot\cot^2\alpha}}\right)$$

7 Übertragbare Leistung

7.1 Drehmoment und Leistung als Funktion von Konstruktionsparametern

Die übertragbare Leistung wird am Beispiel der Schrägscheibenmaschine gezeigt. Hierzu in etwas anderer Form noch einmal der Bewegungsablauf vom Totpunkt aus (Bild 7.1).

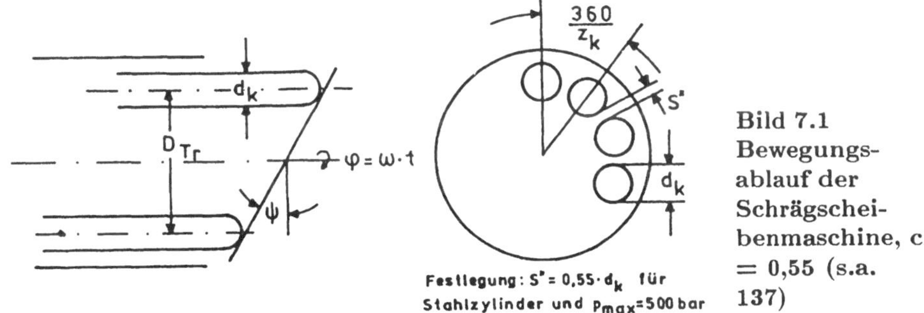

Bild 7.1 Bewegungsablauf der Schrägscheibenmaschine, c = 0,55 (s.a. 137)

Trommelumfang (in einer Näherung, da aus Geraden zusammengesetzt):

$$\pi \cdot D_{Tr} = z_k \cdot d_k + z_k \cdot 0,55 \cdot d_k$$

z_k : Zylinderzahl

$$D_{Tr} = \frac{1,55}{\pi} \cdot z_k \cdot d_k$$

Der Hub h von der **Anfangsstellung** $\varphi = 0$ aus:

$$h = \frac{D_{Tr}}{2} \cdot \tan\psi\,(1 - \cos\varphi)$$

$$h_{max} = D_{Tr} \cdot tan\psi$$

$$\left|\dot{h}\right|_{max} = \frac{D_{Tr}}{2} \cdot \omega \cdot \tan\psi$$

$$\left|\ddot{h}\right|_{max} = a_{max} = \frac{D_{Tr}}{2} \cdot \omega^2 \cdot \tan\psi$$

Damit ist das Verdrängervolumen (Gesamthubvolumen) pro Umdrehung:

$$V_h = h_{max} \cdot A_k \cdot z_k = D_{Tr} \cdot \tan\psi \cdot d_k^2 \cdot \frac{\pi}{4} \cdot z_k$$

Für die Leistung ergibt sich:

$$P = f(M,n) = M \cdot \omega \cdot 10^{-3} = M \cdot 2\pi \cdot n \cdot 10^{-3} \; [kW]$$

$$M \; [Nm] \quad , \quad n \; [s^{-1}]$$

$$P = f(p,Q) = \Delta p \cdot Q \cdot 10^{-3} = \Delta p \cdot V_h \cdot n \cdot 10^{-3} \; [kW]$$

$\Delta p \; : \; \left[\frac{N}{m^2}\right]$ wirksame Druckdifferenz, oft auch $\Delta p = p$

$V_h \; : \; [m^3]$

Anmerkung: setzt man dagegen Δp in *bar* und V_h in dm^3 ein, so ergibt sich:

$$P = \frac{\Delta p \cdot V_h \cdot n}{10} \; [kW]$$

Aus

$$M \cdot 2\pi \cdot n = \Delta p \cdot V_h \cdot n$$

ergibt sich:

$$M = \frac{\Delta p \cdot V_h}{2\pi} \qquad \text{s.a. S. 52}$$

Setzt man nun den Ausdruck für V_h der Schrägscheibenmaschine hier ein, so erhält man

$$M = \Delta p \cdot D_{Tr} \cdot tan\psi \cdot d_k^2 \cdot z_k \cdot \frac{1}{8} \quad [Nm]$$

Nun wird die Umfangsgeschwindigkeit u auf dem Durchmesser D_{Tr} als Grenzwert als gegebene Konstante eingeführt.

$$u = \pi \cdot D_{Tr} \cdot n = \text{const.}$$

Damit ergibt sich:

$$D_{Tr} \cdot n = const.$$

Aus der Berechnung der Kräfte am Steuerspiegel auf S. 127 egibt sich in Näherung:

$$D_{Tr} = \frac{c+1}{\pi} \cdot z_k \cdot d_k$$

Damit wird:

$$M = \underbrace{\Delta p}_{\substack{\text{Betriebs}\\ \text{größe}}} \cdot \underbrace{\tan\psi}_{\substack{\text{Steuer-}\\ \text{größe}}} \cdot z_k^2 \cdot d_k^3 \cdot \underbrace{\frac{c+1}{\pi}}_{\substack{\text{werkstoff u.}\\ \text{druckabhgg. Größe}}} \cdot \frac{1}{8} \quad [Nm]$$

$$d_k \; [m] \quad , \quad \Delta p \left[\frac{N}{m^2}\right]$$

Und wegen

$$P = M \cdot n \cdot 2\pi \cdot 10^{-3} = M \cdot \frac{u}{\pi \cdot D_{Tr}} \cdot 2\pi \cdot 10^{-3}$$

Merke:

$$P \sim M \cdot n$$

Und M von oben eingesetzt ergibt

$$P = \underbrace{\Delta p}_{\text{Betriebs größe}} \cdot \underbrace{\tan\psi}_{\text{Steuer- größe}} \cdot \underbrace{u}_{\text{Grenzwert}} \cdot z_k \cdot d_k^2 \cdot \frac{1}{4} \cdot 10^{-3} \quad [kW]$$

Aus den gefundenen Beziehungen M und $P = f$(Betriebs- und Konstruktionsgröße) lassen sich nachfolgende Nomogramme aufstellen, die für Studien und erste Auslegungen von Nutzen sind (Bild 7.2 und 7.3).

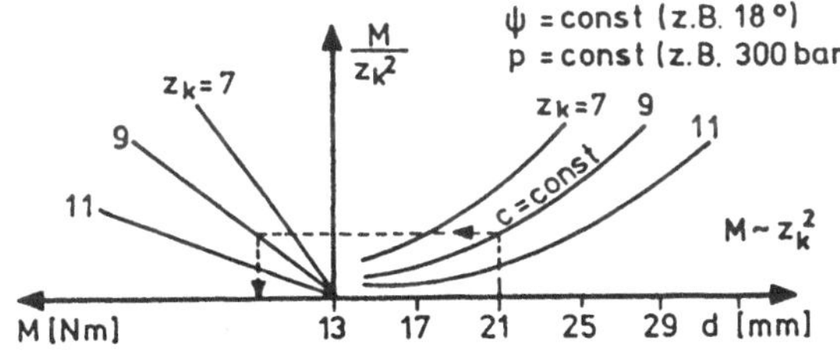

Bild 7.2 Nomogramm für M am Beispiel der Schrägscheibenmaschine

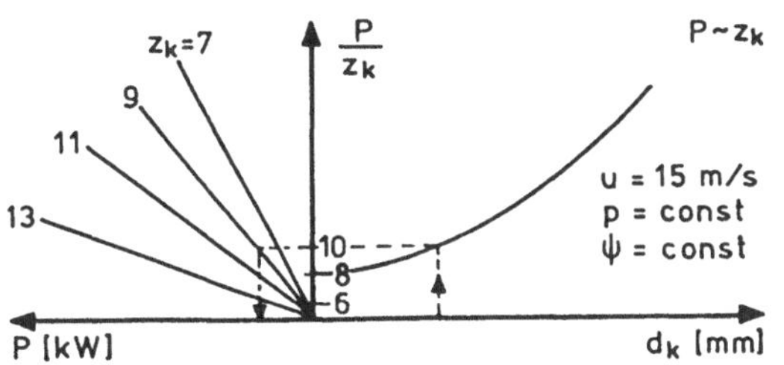

Bild 7.3 Nomogramm für P am Beispiel der Schrägscheibenmaschine

7.2 Grenzen der Leistungssteigerung

Beispiel: Schrägscheibenmaschine

1. Steigerung des Druckes p:

Grenzen:

Festigkeit der Zylindertrommel und der Bauteile, Gewicht
p z.Zt $\approx 500 bar$

2. Steigerung der Drehzahl:

Grenzen:

Fliehkräfte an Kolben, Pleuel, Gleitschuhen,

Kolbengeschwindigkeit, Massenkräfte, Strömungsverluste, Reibung in Kanälen

Umfangsgeschwindigkeit u am Steuerspiegel, Steuerzeiten, Dämpfungskerben, Druckgradienten, Reibung (z.Zt. $u \approx 15 m/s$)

3. Steigerung der Kolbenzahl (p = const., u = const.)

Wenn p und u = const., ist auch M = const.

3.1: z_k erhöhen bei d_k = const., $P \sim z_k$ (s. S. 135)
bedeutet: mehrere Einheiten parallel anordnen.

3.2: z_k erhöhen bei $V_{h\ ges}$ = const., dabei sind M und u konstant.

$$\frac{P_2}{P_1} = \frac{z_{k2}}{z_{k1}} \cdot \frac{d_{k2}^2}{d_{k1}^2} \qquad \text{s. S. 135} \tag{7.1}$$

Aus M = const. folgt:

$$C_1^x \cdot z_{k1}^2 \cdot d_{k1}^3 = C_2^x \cdot z_{k2}^2 \cdot d_{k2}^3 \tag{7.2}$$

Daraus:

$$d_{k2}^3 = d_{k1}^3 \cdot \frac{C_1^x}{C_2^x} \cdot \frac{z_{k1}^2}{z_{k2}^2} \qquad \text{mit } C^x = 1 + c$$

$$d_{k2} = d_{k1} \cdot \left(\frac{C_1^x}{C_2^x}\right)^{1/3} \cdot \left(\frac{z_{k1}}{z_{k2}}\right)^{2/3}$$

In 7.1 eingesetzt:

$$\frac{P_2}{P_1} = \frac{z_{k2}}{z_{k1}} \cdot \left(\frac{C_1^x}{C_2^x}\right)^{2/3} \cdot \left(\frac{z_{k1}}{z_{k2}}\right)^{4/3}$$

$$\frac{P_2}{P_1} = \left(\frac{C_2^x}{C_1^x}\right)^{-2/3} \cdot \left(\frac{z_{k2}}{z_{k1}}\right)^{-1/3}$$

Die Leistung kann also nur konstant gehalten werden, wenn der C^x-Wert verkleinert würde. Dieses aber erfordert eine höhere Werkstoffestigkeit.
Zahlenbeispiel:

$$C_1^x = C_2^x$$

$$z_{k2} = 9$$

$$z_{k1} = 7$$

$$\frac{P_1}{P_2} = 1 \cdot \left(\frac{9}{7}\right)^{-1/3} = 1{,}285^{-1/3} = 0{,}919$$

Die Leistung sinkt also um rund 8%, wenn C^x konstant bleibt. Wie muß C_2^x/C_1^x festgelegt werden, damit mindestens $P_2 = P_1$ bleibt:

$$\left(\frac{C_2^x}{C_1^x}\right)^{-2/3} = \frac{1}{0,919} = 1,087 \quad \text{daraus} \quad C_2^x = 0,882\, C_1^x$$

Bemerkungen zum c-Wert

Genauer wird mit der Spannung σ im Steg gerechnet [39]. Sie ist dem Druck p proportional und muß unter der Dauerwechselfestigkeit für schwellende Zugbeanspruchung bleiben. Beim Übergang von 7 auf 9 Zylinder im obigen Beispiel steigt σ/p prozentual grob genähert, wie der werkstoff- und druckabhängige Konstruktionswert $c = C - 1$ gesenkt wird.
Beispiel: Die Zahlenwerte

$$z = 9 \ , \ d_k = 25mm \ , \ c = 0,58$$

ergeben:

$$\frac{\sigma}{p} \approx 2,8$$

8 Steuern und Regeln

8.1 Beispiele [10]

8.1.1 Steuern

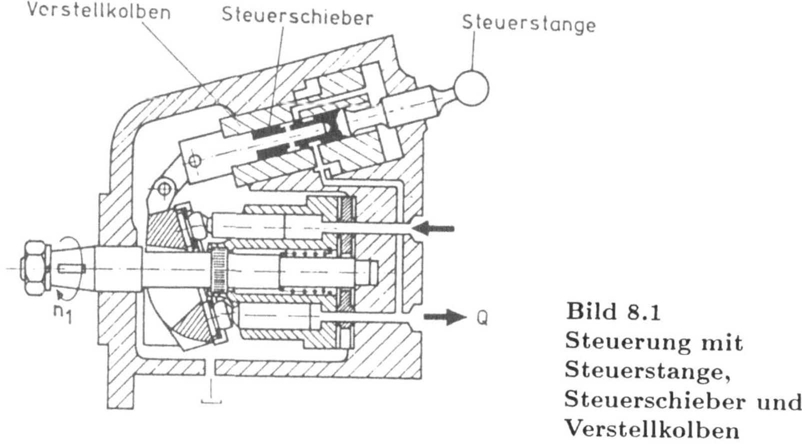

Bild 8.1 Steuerung mit Steuerstange, Steuerschieber und Verstellkolben

Eingangsgröße, z.B. Weg s der Steuerstange, beeinflußt Ausgangsgröße (z.B. Q einer Verstellpumpe) aufgrund einer geräteeigentümlichen Gesetzmäßigkeit. Jeder Stellung s entspricht ein Q (bei n_1 = const. und η_{vol} = const.: $Q = n_1 \cdot \eta_{vol} \cdot V_h$). Die Steuerstange bewegt einen Steuerschieber. Dieser bewegt sich in einem Servokolben (Kraftverstärkungskolben), welcher die Schrägscheibe schwenkt.

Wenn Q trotzdem konstant bleiben soll, wenn n und/oder η_{Vol} sich ändern, ist Regelung nötig.

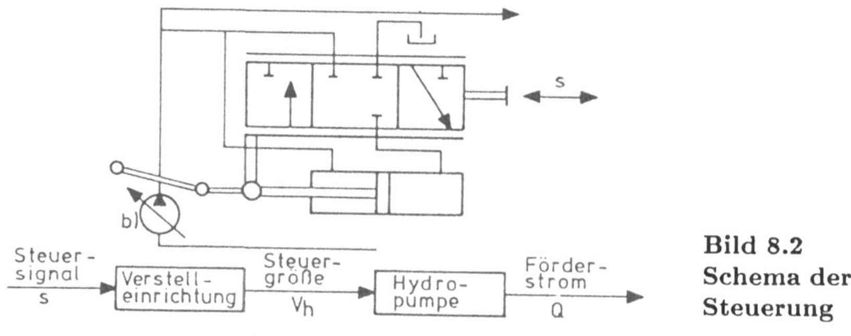

Bild 8.2 Schema der Steuerung

8.1.2 Regeln

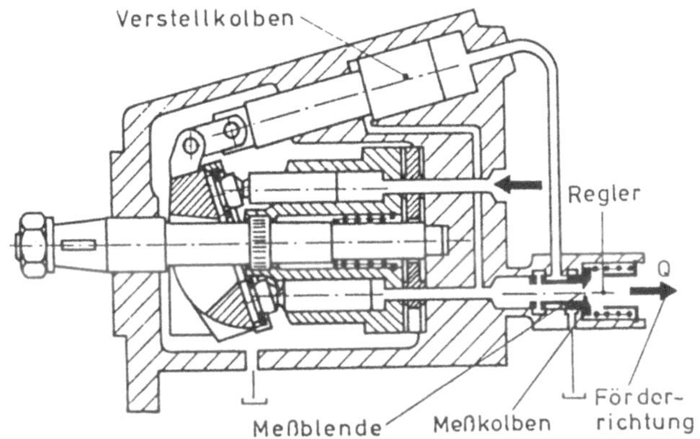

Bild 8.3 Regelung mit Verstellkolben, Meßblende, Meßkolben und Regler

Regelgröße, z.B. Q, wird ständig gemessen, mit Sollwert verglichen und selbsttätig aufrecht erhalten. Bild 8.4 zeigt das Schema der Regelung.

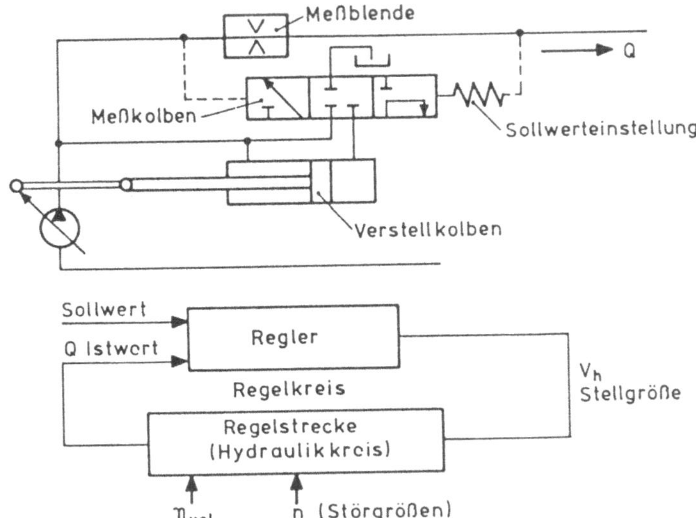

Bild 8.4 Schema der Regelung

Im Bild 8.5 ist die Anordnung der Meßblende vergrößert dargestellt. Der Steuerkolben kann drei Stellungen einnehmen:

1. p_2 sinkt (weil Q steigt):
   Steuerkolben nach rechts, Öl fließt aus A ab, Menge sinkt.
2. Mittelstellung, Steuerkolben steht

3. p_2 steigt:
Steuerkolben nach links, Öl fließt in A ein, Menge steigt

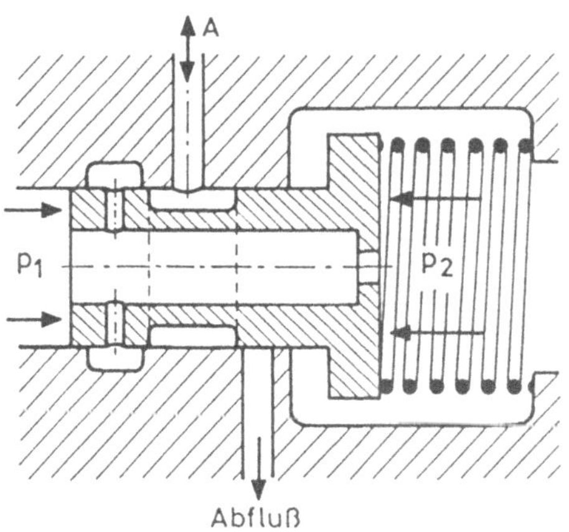

Bild 8.5
Anordnung der Meßblende

8.2 Kennlinien von Reglern der Ölhydraulik

In den Bildern 8.6, 8.7 und 8.8 sind Kennlinien bei Leistungsregelung, bei Druckregelung und bei Mengenregelung dargestellt.

Die folgende Tabelle zeigt, welche Größen bei den verschiedenen Regelungsarten konstant und welche variabel sind.

Regler	Konstante Größe	Variable Größe
Leistung	$P \quad (= n \cdot M)$	p , V_h
Druck	p	V_h , P (n , M)
Menge	Q	n , V_h , p (M , P)

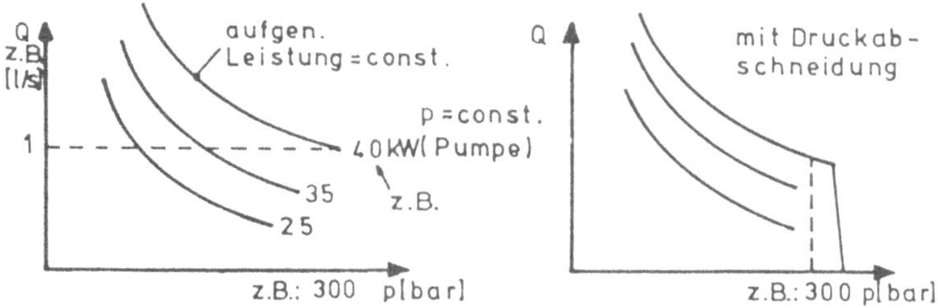

Bild 8.6 Kennlinie eines Leistungsreglers

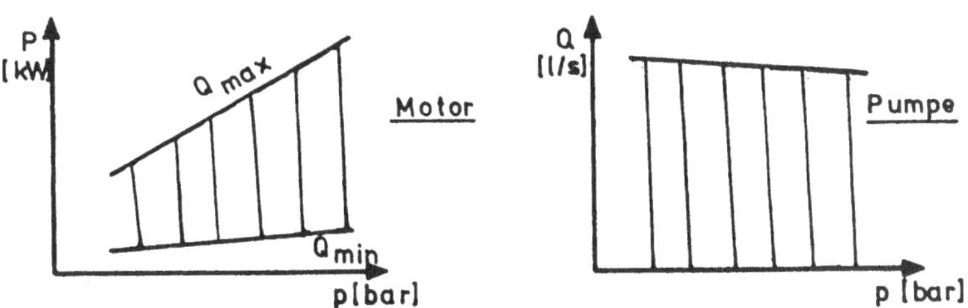

Bild 8.7 Kennlinie eines Druckreglers

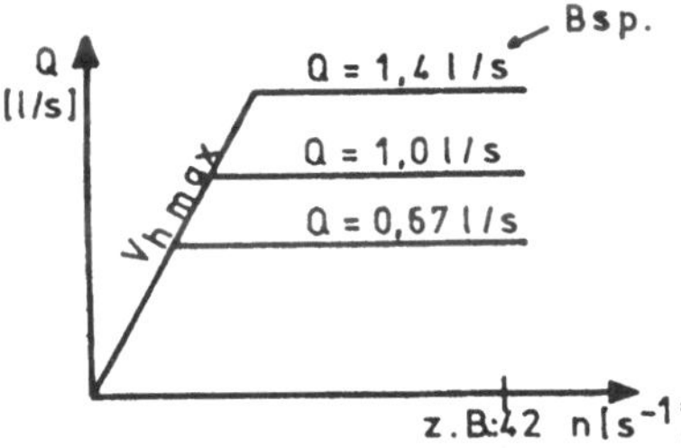

Bild 8.8
Kennlinie eines Mengenreglers

8.3 Beispiele für Steuer- und Regelgeräte

Verstelleinrichtungen (Steuerungen) für Axialkolbenpumpen

Die Kennlinie einer Verstelleinrichtung zeigt Bild 8.9.

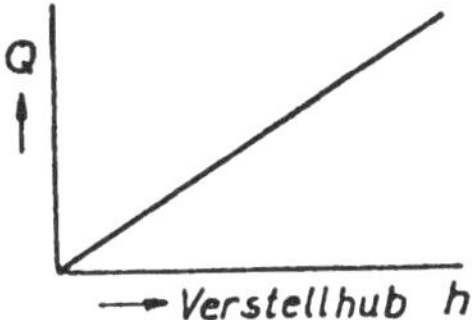

Bild 8.9
Kennlinie einer Verstelleinrichtung

In Bild 8.10 ist eine Handverstellung und eine Verstellung mit einem Folgekolben dargestellt.
Bei der Handverstellung wird durch Verdrehen des Handrades H der Kolbenhub und damit Q verändert.
Der Folgekolben stellt eine Verstellung, z.B. von Hand, mit Servowirkung dar.

Neben der hydraulischen Verstellung (Bild 8.11) mit Steuerung über ein Ventil, ist auch eine Verstellung mit einem Elektromotor möglich.
Das Steuerventil (links im Bild 8.11) ist ein 4/3 Ventil mit Sperrmittelstellung. Es kann von Hand, z.B. pneumatisch, oder auch elektromagnetisch betätigt werden.
4/3 bedeutet: 4 Anschlüsse, 3 Stellungen.

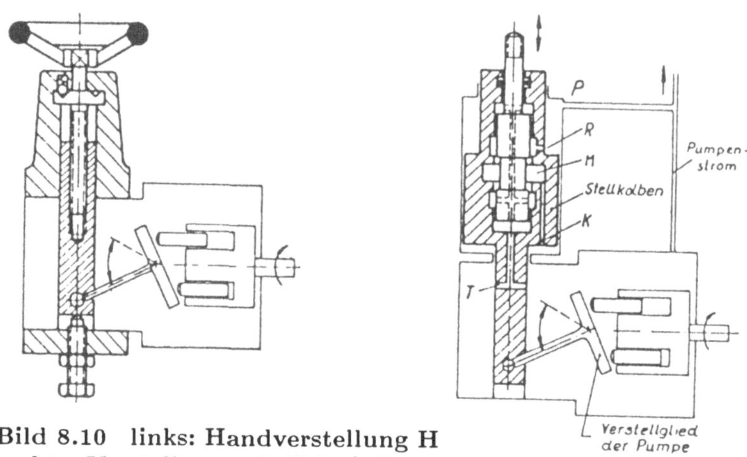

**Bild 8.10 links: Handverstellung H
rechts: Verstellung mit Folgekolben F**

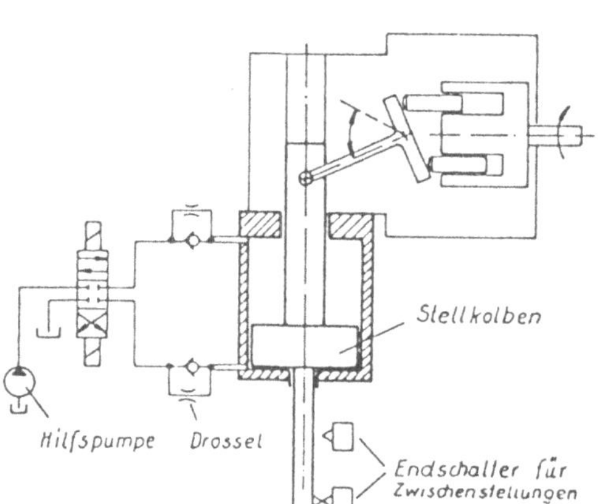

**Bild 8.11
Hydraulische Verstellung S**

Nullhubregler

Der Nullhubregler soll beim Erreichen eines Höchstdruckes die Fördermenge auf annähernd Null zurückstellen, z.B. schnelles Ausfahren eines Pressenstempels und anschließend langsames Pressen mit Höchstdruck.

Nullhubregler (Bild 8.12): Wenn Bohrung A freigegeben wird, ist die Kraft in "O-Richtung" stark vergrößert, Q nimmt ab.

BVK-Nullhub- und Druckregler (Bild 8.13): Q nimmt sehr schnell ab (Punkt 2), wenn der Schieber, angehoben durch den Druck p, den Weg zur Kolbenunterseite des Verstellzylinders freigibt.

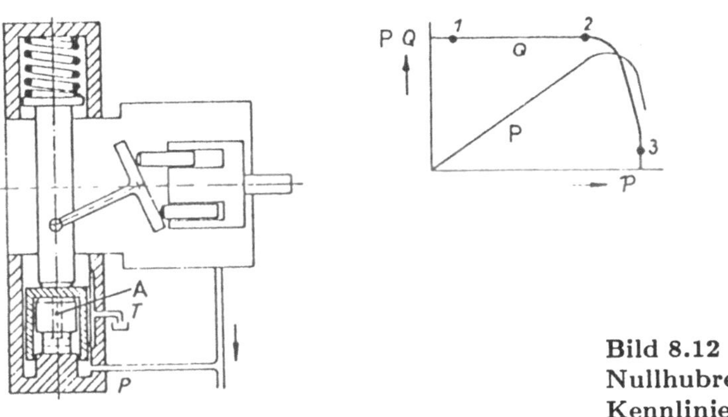

Bild 8.12
Nullhubregler mit Kennlinie

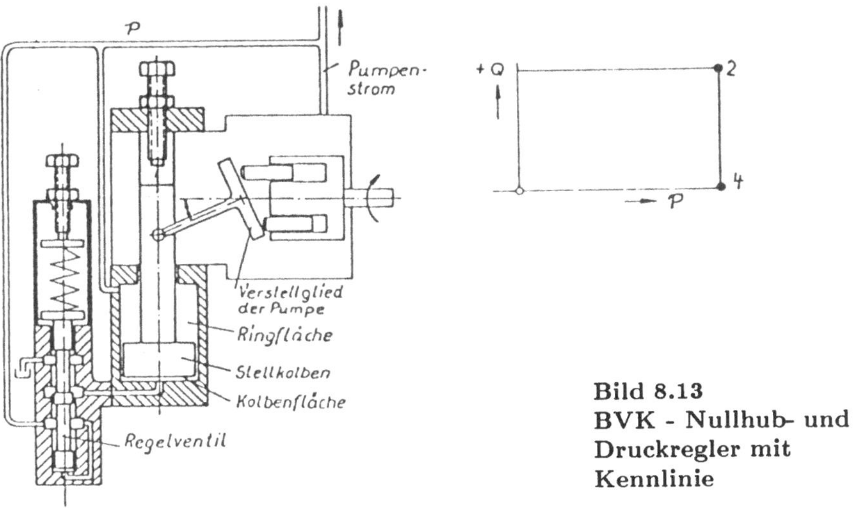

Bild 8.13
BVK - Nullhub- und Druckregler mit Kennlinie

Leistungsregler (s. auch S. 135)

Bei konstanter Antriebsdrehzahl der Pumpe wird V_H abhängig vom Druck so geregelt, daß $Q \cdot p = P = \text{const.}$ ist.

Bild 8.14 zeigt einen Leistungsregler mit zwei Federn in veralteter Bauart. Nachteil: Einbuchtung in der Leistungslinie.

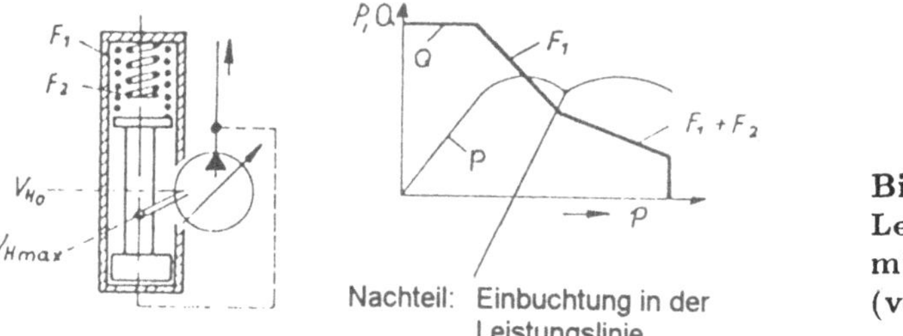

Bild 8.14 Leistungsregler mit zwei Federn (veraltete Bauart)

Eine hydraulische Leistungsregelung zeigt Bild 8.15.

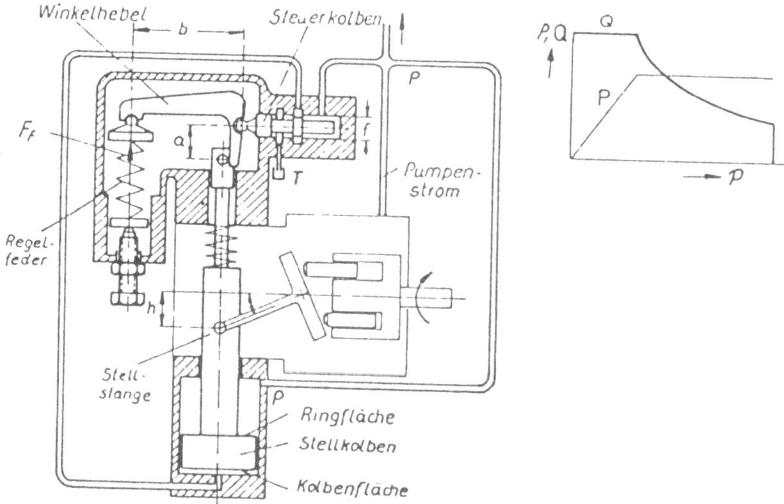

Bild 8.15 Hydraulische Leistungsregelung, rechts: Diagramm des idealen Leistungsreglers

Gleichgewicht am Hebel:

$$b \cdot F_F = a(p \cdot f) \qquad f\ :\ \text{Fläche}$$

$$a \cdot p = \frac{b \cdot F_F}{f} = \text{const.}$$

$$a = h \sim V_h \quad \rightarrow \quad p \cdot V_H = \text{const.}$$

Mit n = const. wird:

$$p \cdot n \cdot V_H = p \cdot Q = \text{const.}$$

Kombinierter Leistungs- und Nullhubregler

Da der Leistungsregler allein den Nachteil hat, daß beim Fahren eines Zylinders gegen eine Endlage und Verharren in dieser Stellung die volle Pumpenleistung durch das Druckbegrenzungsventil verlorengeht, sieht man zusätzlich eine Nullhubregelung vor. Damit wird der Förderstrom minimal und es geht weniger Energie verloren. Die Pumpe hält selbsttätig den Druck ohne Leistung aufrecht.

Bild 8.16 zeigt ein Schema für Leistungs- und Nullhubregelung. Die zugehörige Kennlinie ist in Bild 8.17 dargestellt. Bei Leistungsregelung zeigt der Regler eine Funktion im Bereich A - B, bei Nullhubregelung im Bereich B - C.

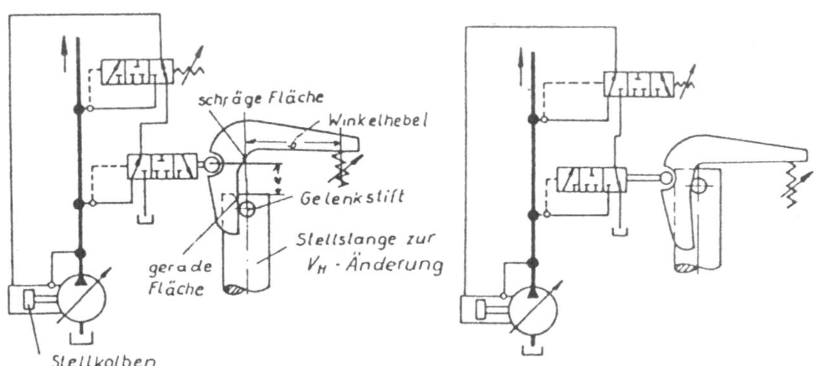

Bild 8.16 Kombinierter Leistungs- und Nullhubregler, links: als Leistungsregler, rechts: als Nullhubregler

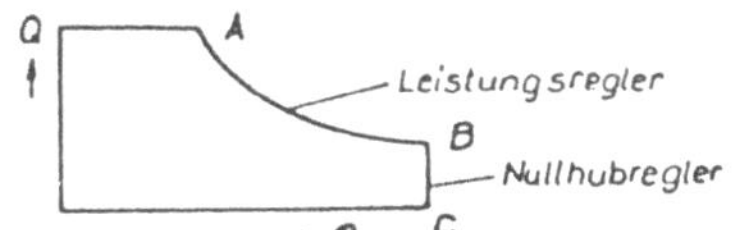

Bild 8.17 Kennlinie des kombinierten Leistungs- und Nullhubreglers

Stromregler (Mengenregler) (siehe auch S. 139)

Der Stromregler soll bei Änderung der Pumpendrehzahl das Hubvolumen so verstellen, daß der Förderstrom konstant bleibt (Bild 8.18).

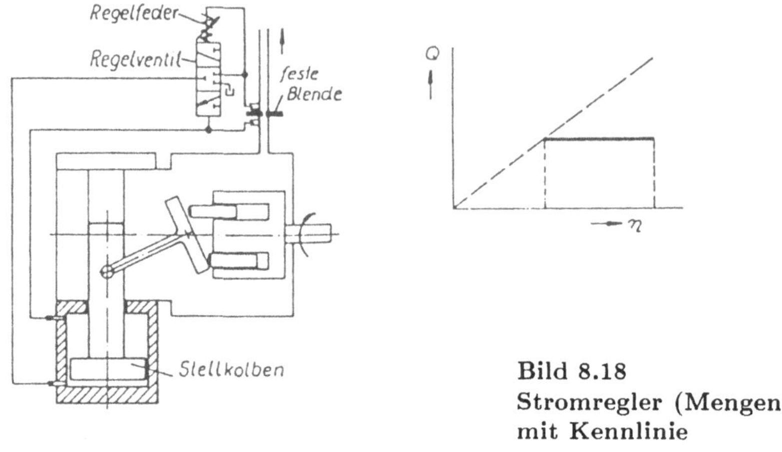

Bild 8.18
Stromregler (Mengenregler) mit Kennlinie

Leistungsregelung von Motor und Pumpe (Bild 8.19)

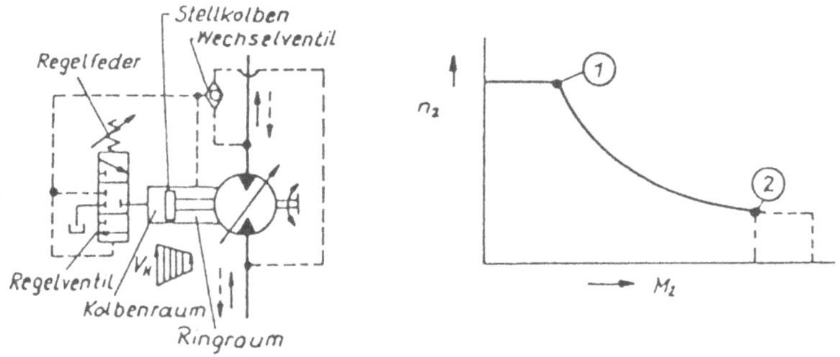

Bild 8.19 Schema und Diagramm des Motor-Leistungs-Reglers

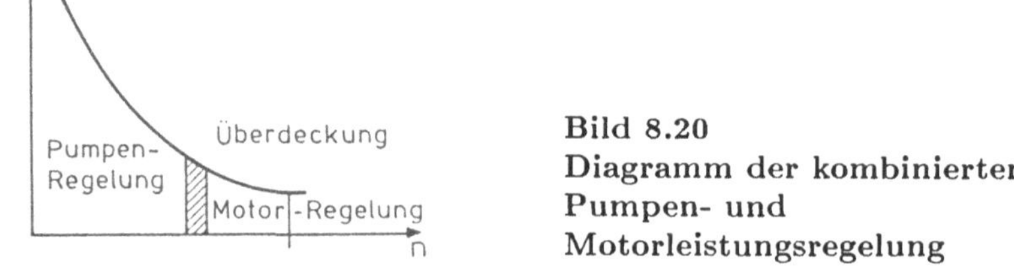

Bild 8.20
Diagramm der kombinierten Pumpen- und Motorleistungsregelung

Verschiedene Arten der Leistungsregelung von Motor und Pumpe zeigt Bild 8.21.

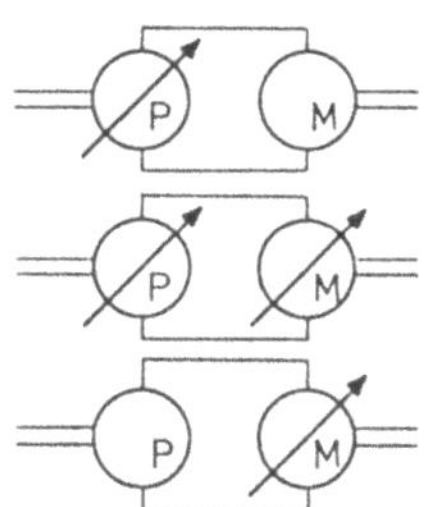

Bild 8.21
Nur Verstellung der Pumpe: Primärverstellung

Übergangsbereich: Verbundstellung

nur Verstellung des Motors: Sekundärverstellung

8.4 Beispiel einer Regelung eines umsteuerbaren Kraftfahrzeuges [28]

Vom Fahrzeugsystem aus sollen aus Sicherheitsgründen keine Hilfsantriebe gespeist werden, sondern nur direkt von der Verbrennungskraftmaschine. Keine Kupplung und kein Differentialgetriebe nötig (Bild 8.22).

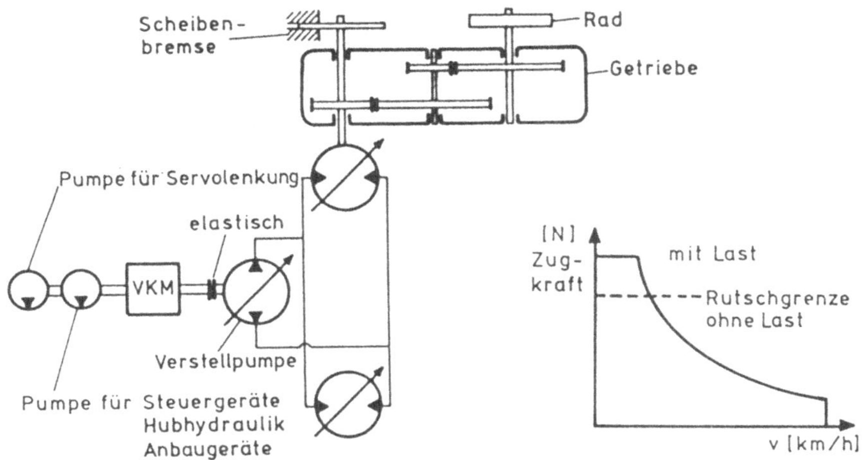

Bild 8.22 Regelung eines umsteuerbaren Kraftfahrzeuges und die zugehörige Triebkrafthyperbel

So wird eine Triebkrafthyperbel (P = const.) erzeugt. Es kann stoßfrei kontinuierlich von Stop voraus bis zur vollen Geschwindigkeit gefahren werden und desgleichen auch zurück. Die VKM läuft dabei mit optimaler Drehzahl.
Bei Talfahrt ist auch hydraulischer Bremsbetrieb möglich (zwischen den beiden Pumpenleitungen wird ein Überdruckventil als Begrenzer eingebaut).
Zuerst wird automatisch von $V_{h\ min}$ die Pumpe verstellt, die Motoren stehen auf $V_{h\ max}$, dann mit Überdeckung der Motoren, dann nur noch die Motoren. Bei letzteren wird V_h für zunehmendes v verkleinert.

8.5 Beispiele für Kombination von Bauarten

Bild 8.23 zeigt eine zweistufige Hochdruck-Rotationspumpe mit selbsttätiger Umsteuerung von ND aud HD durch Umschaltschieber.

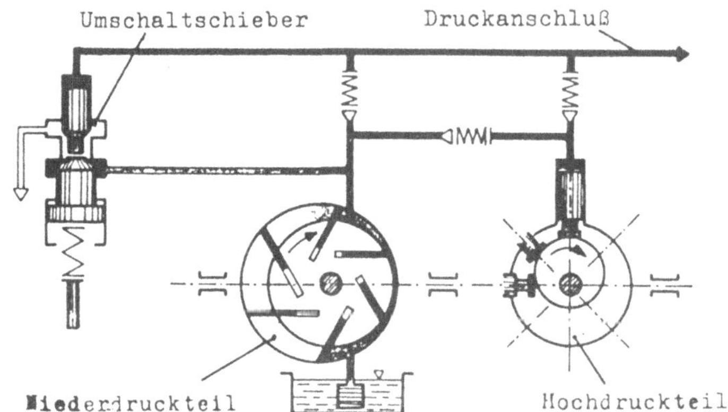

Bild 8.23 Zweistufige Hochdruck-Rotationspumpe

Bild 8.24 zeigt eine Hochdruckpumpe mit drei trägheitslos schaltenden Druckstufen bei günstiger Ausnutzung der Motorleistung.

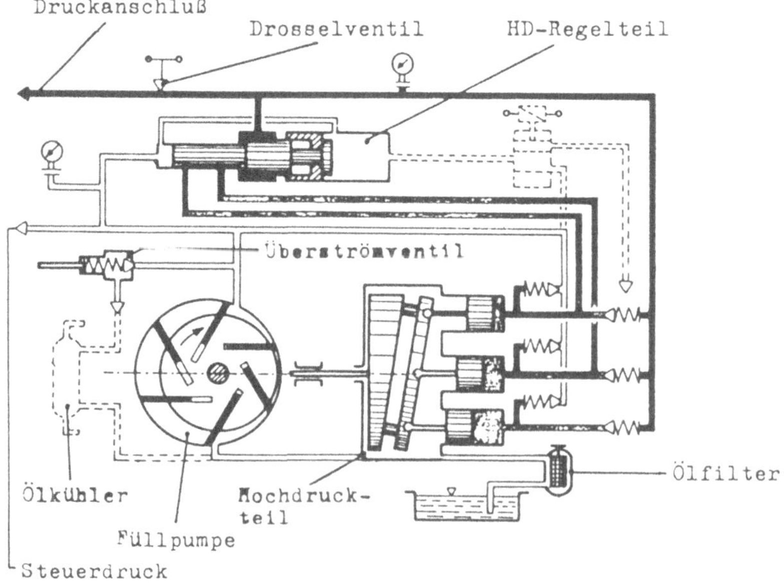

Bild 8.24 Hochdruckpumpe mit drei trägheitslos schaltenden Druckstufen

9 Geräuschemission von Axialkolbenpumpen

Das Anwendungsgebiet von Axialkolbenmaschinen ist in der zurückliegenden Zeit stetig erweitert worden. Dabei hat sich durch weitere Leistungssteigerung die ohnehin kritische Lage hinsichtlich der Geräuschemission weiter verschärft [42].

9.1 Entstehung der geräuschdominanten Anregungsfunktion

Es soll zunächst, soweit dieses zum Verständnis erforderlich ist, das Arbeitsspiel einer Axialkolbenpumpe noch einmal erläutert werden.

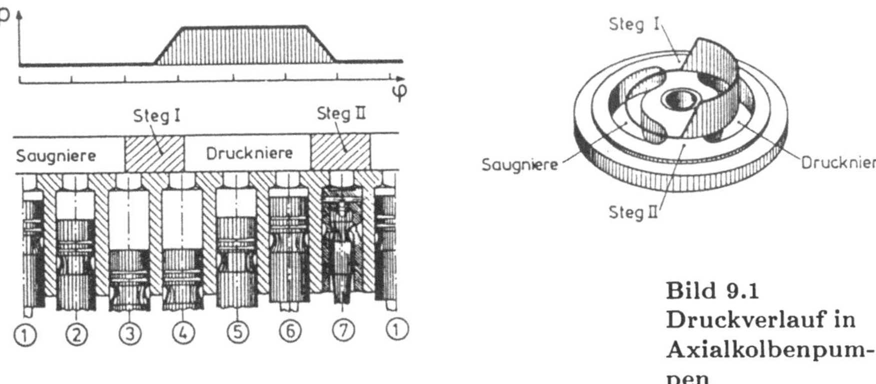

Bild 9.1 Druckverlauf in Axialkolbenpumpen

Bild 9.1 zeigt im linken Teil den prinzipiellen Druckverlauf in der Pumpe. Darunter ist die Abwicklung der Zylindertrommel dargestellt. Mit den entsprechenden Positionen der Kolben erkennt man die Bereiche

1. Ansaugen - Saugniere
2. Komprimieren - Steg I
3. Ausschieben - Druckniere
4. Expandieren - Steg II

Die Funktion des Steuerspiegels wird aus dem rechten Teil des Bildes deutlich. Dort ist der vereinfachte Druckverlauf auf den Spiegel projiziert worden.
Dieser periodisch wiederkehrende Vorgang erzeugt eine dynamische Kraftanregung der Maschinenstruktur, deren Entstehung im Bild 9.2 veranschaulicht werden soll.

Um die kinematisch bedingte Förderstrompulsation gering zu halten, werden im allgemeinen ungerade Kolbenzahlen verwendet. Bild 9.2 zeigt am Beispiel der häufig verwendeten Pumpe mit 7 Zylindern die Herleitung der resultierenden Gesamtkraft.

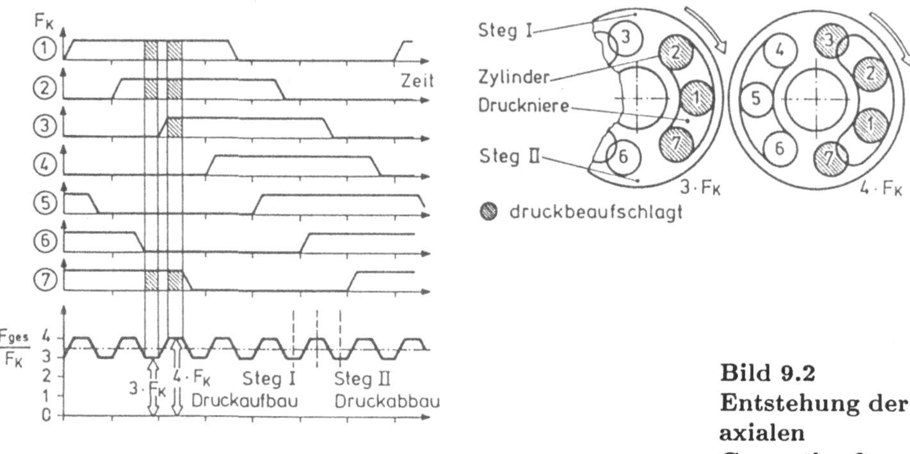

Bild 9.2
Entstehung der axialen Gesamtkraft

Im linken Teil des Bildes sind schematisch die Kolbenkraftverläufe der einzelnen Zylinder entsprechend ihrer Phasenlage dargestellt. Die Kolbenkraft entsteht durch das Einwirken des Druckes auf die Kolbenfläche. Addiert man die Kräfte zu einer resultierenden Gesamtkraft, so erkennt man neben einem statischen auch einen dynamischen Anteil. Der dynamische Anteil entsteht dadurch, daß im Wechsel 3 bzw. 4 Kolben vom Hochdruck beaufschlagt sind. Dieses ist die Folge ungerader Kolbenzahlen, wie der rechte Teil des Bildes deutlich macht.
Die Kontur der Kraftanregung ist nahezu ausschließlich von der Umsteuerung der Zylinder geprägt. Wenn man den Kraftverlauf im Bereich der eingezeichneten Hilfslinien verfolgt, so ist ersichtlich, daß der Anstieg von 3 auf 4 Kolbenkräfte aus der Umsteuerung des Zylinders 3 von Nieder- auf Hochdruck resultiert. In der Praxis macht man sich diesen Effekt bei der Messung der Gesamtkraft zunutze. Hierbei wird dann der Druckverlauf über den Stegen ermittelt und die entsprechenden Abschnitte aus den Verläufen zeitlich richtig zusammengesetzt. Durch Multiplikation mit der Kolbenfläche kann dann der Druck in die gewünschte Kraftgröße überführt werden.
Untersuchungen haben gezeigt, daß im wesentlichen die axiale Kraftanregung der Struktur die Geräuschemission der Axialkolbenpumpe bestimmt. Pulsation auf der Druckseite bewirkt dagegen eine Schallabstrahlung im nachgeschalteten Hydrauliksystem.

9.2 Geräuschübertragungsmechanismus

Die Kraftanregung ist für die Geräuschemission dieser Systeme von dominanter Bedeutung. Durch Körperschall wird die Kraft $F(f)$ durch die Struktur an die Oberfläche der Maschine geleitet, Bild 9.3. Hier versetzt die mit der Schnelle von $v(f)$ schwingende Oberfläche angrenzende Luftmoleküle in Schwingungen, die sich als Änderung des Luftdruckes bemerkbar machen und einen Geräuscheindruck beim Menschen verursachen.

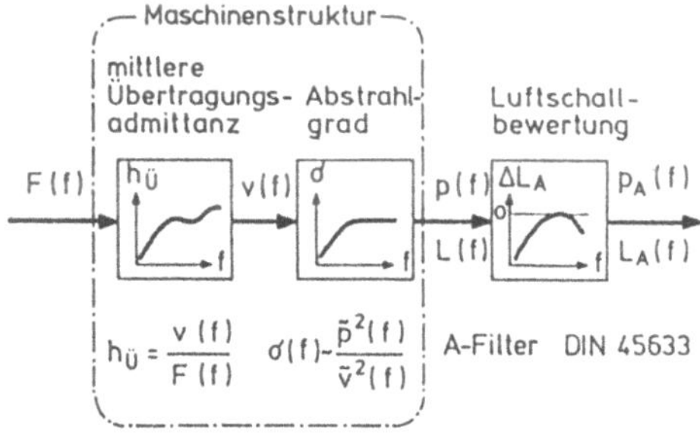

Bild 9.3
Übertragungsverhalten

Alle Übertragungsvorgänge sind frequenzabhängig, d.h. diskrete Frequenzen werden individuell übertragen (Übertragungsadmittanz, Abstrahlegrad) und ebenso vom Menschen als unterschiedlich laut empfunden (A-Bewertung). Primäre Geräuschminderung, d.h. der Eingriff an der Quelle der Entstehung, muß folglich darauf abzielen, dieser Frequenzabhängigkeit Rechnung zu tragen. Da für gängige Pumpengrößen Übertragungsmaxima im Bereich von 1 bis 2 kHz liegen und auch das menschliche Ohr in diesem Bereich am empfindlichsten reagiert, sollten diese Frequenzen in der Anregung vermieden bzw. gemindert werden.

9.3 Leistungseinfluß auf die Geräuschemission

Abhängig von der Pumpengröße ergibt sich natürlicherweise eine unterschiedliche Geräuschemission. Grundlegende Untersuchungen zu diesem Thema werden von Heyne [22] durchgeführt. Bild 9.4 zeigt den A-bewerteten Schalldruckpegel einer Pumpenbaureihe, die nach dem Ähnlichkeitsgesetz ausgelegt worden sind: $L = 1,25$ entspricht $V_{H1}/V_{H2} = 2$ (siehe auch Kap. 3.7)
Wie man sieht, entsteht durch die größere Kolbenfläche bei größeren Pumpen (die Zahlen an der Kurve entsprechen dem Hubvolumen in $cm^3/Umdr.$) eine stärkere Kraftanregung, welche eine Erhöhung des Schalldruckpegels zur Folge hat. Die akustische Ähnlichkeit dieser Baureihe ergibt bei konstanter Drehzahl bei einem Vergrößerungsfaktor von $L = 1,25$ einen Differenzschallpegel von ca. $6dB(A)$.

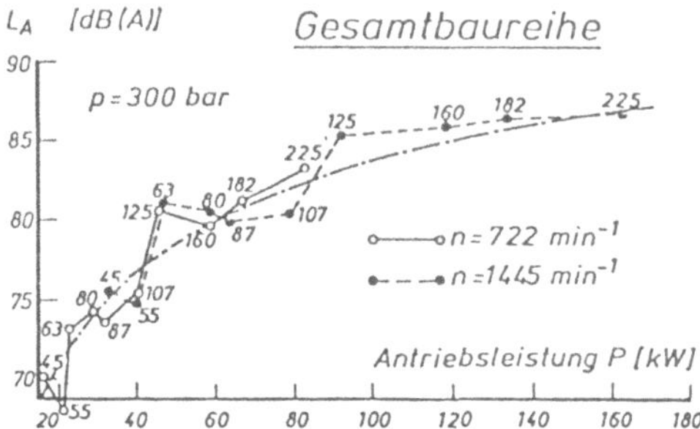

Bild 9.4
Luftschallpegel als Funktion der Antriebsleistung

9.4 Einfluß des Flüssigkeitstyps auf die Geräuschemission

Der Einfluß des Mediums auf die Geräusche von Axialkolbenpumpen ist in einem geänderten Umsteuervorgang zu suchen. Bild 9.5 zeigt den Umsteuervorgang einer Pumpe im Betrieb mit verschiedenen Flüssigkeiten (siehe auch S. 171) [42].

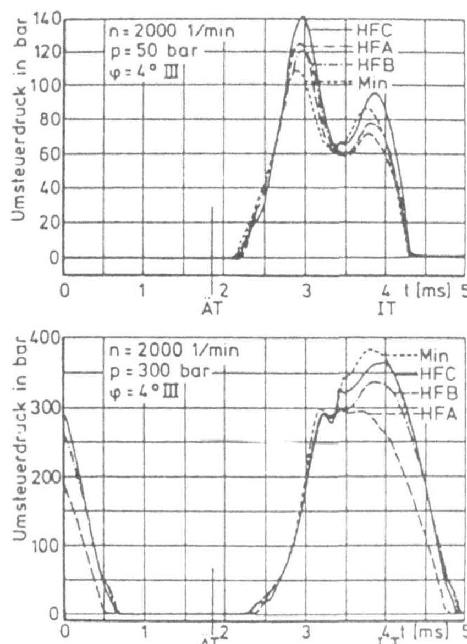

Bild 9.5
Druckumsteuerfunktion verschiedener Flüssigkeiten

Die unterschiedlichen Verläufe werden im wesentlichen durch den Kompressionsmodul und die Viskosität des verwendeten Mediums bestimmt und sind bei der Optimierung des Umsteuersystems in Hinblick auf die Geräuschemission zu berücksichtigen.

9.5 Möglichkeiten der primären Geräuschminderung

9.5.1 Frequenzgang

Bekanntermaßen läßt sich jede periodische Funktion in Sinus- und Cosinusanteile zerlegen (Fourierreihe). Dabei treten die Grundfrequenz sowie ganzzahlige Vielfache der Grundfrequenz auf.
In Bild 9.6 sind beispielhaft einige idealisierte Funktionen skizziert sowie die Amplituden ihrer Fourierentwicklung. Die Amplitude der Grundfrequenz ist bei allen Funktionen konstant. Die Grundfrequenz liegt im Bereich, der den hier untersuchten Maschinen entspricht (Grundfrequenz = Zylinderzahl x Drehzahl).

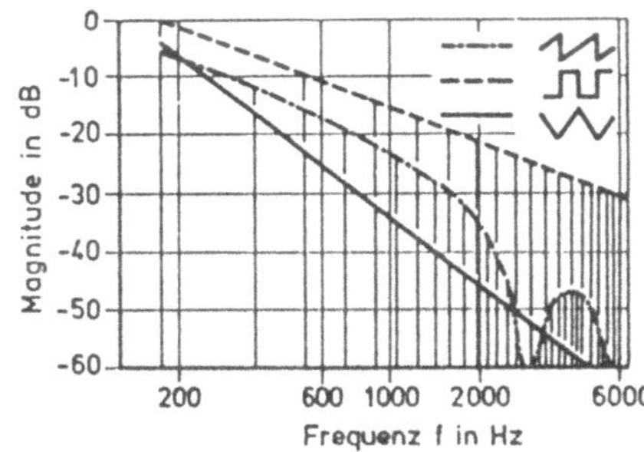

Bild 9.6
Akustische Übertragungsfunktion

Die Grundfrequenz sowie deren Amplitude werden bei realen Systemen durch den Lastpunkt bestimmt (Drehzahl, Belastungsdruck) und sind damit vorgegeben. An der Hüllkurve erkennt man den Amplitudenverlauf über der Frequenz. Wie man sieht, sind die Forderungen nach geringen Amplituden im Bereich höherer Frequenzen von Kurven mit kleinen An- und Abstiegsgradienten am besten erfüllt. Ungünstig sind offensichtlich hohe Gradienten, woraus sich für die primäre Geräuschminderung folgern läßt, daß die Anregungsfunktion möglichst "weich" gestaltet werden muß. Druckverläufe mit steilem Anstieg und steilem Abfall sind zu vermeiden.

9.5.2 Einsatz von Steuerkerben

Die Möglichkeiten einer Geräuschminderung werden implizit in Kap. 3.8 genannt. Der Druckanstieg $dp/d\varphi$ wird unter anderem durch das in die Zylinder strömende Medium bestimmt. Gestaltet man den Öffnungsverlauf $A(\varphi)$ möglichst stetig, wird der Druckverlauf geräuschmindernd beeinflußt.
Dieses Vorgehen ist in weite Bereiche der technischen Akustik übertragbar (z.B. Geräuschminderung am 2-Takt-Motor) und findet in der Ölhydraulik Anwendung durch den Einsatz der sog. Steuerkerben, die heute den Stand der Technik darstellen (siehe auch S. 124). Bild 9.7 zeigt die Wirkung der Kerben auf die Kraftanregung. Steuerspiegel I bewirkt geringere Druckgradienten bei der Umsteuerung, weshalb

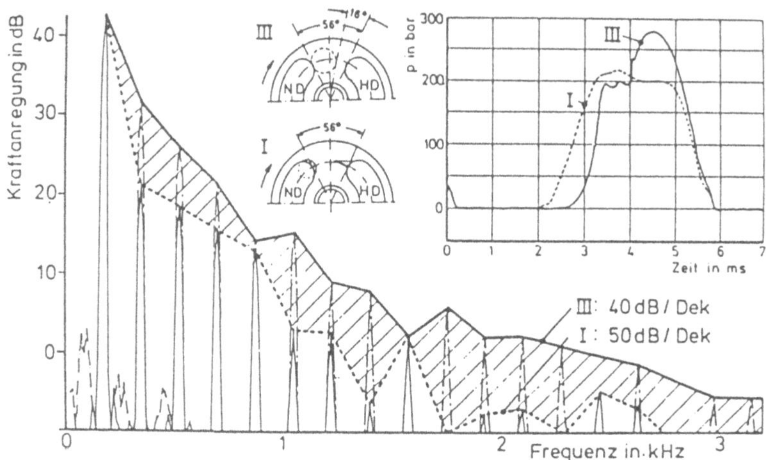

Bild 9.7 Geräuschminderung durch Steuerkerben

der Pegel der höherharmonischen Frequenzen deutlich reduziert werden. Der Schalleistungspegel reduziert sich dabei um ca. $8db(A)$.
Die Dreieckskerbe bewirkt ein Rückströmen des Mediums aus der HD-Niere in den Zylinder, wodurch eine stetige Kompression erreicht wird. Bei diesen Vorgängen besteht jedoch die Gefahr der Strömungskavitation in den Kerben, Bild 9.8. Ab einer bestimmten Druckdifferenz p erhöht sich der Durchfluß Q nicht weiter. Gleichzeitig ist der Druck in der Düse (Querschnittsverengung) bis auf den Dampfdruck abgefallen. Es treten dann Dampfblasen aus der Flüssigkeit aus, die u.U. in der Nähe angrenzender Bauteile implodieren und hier zu einer Kavitationserosion führen.

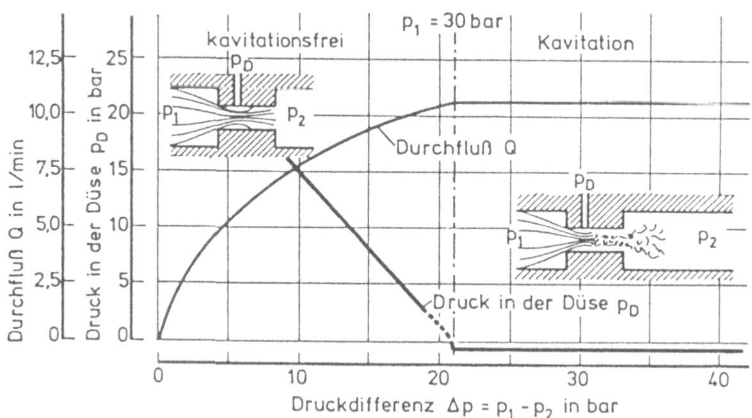

Bild 9.8 Kavitation am Strömungswiderstand

Bei diesem Vorgang spielt das verwendete Medium eine wichtige Rolle. Besonders beim Einsatz wasserhaltiger Druckflüssigkeiten (HFA, Kap. 11.2.3) ist die Anwendung von Steuerkerben wegen der Kavitationsgefahr problematisch. Hier muß auf Steuerkerben verzichtet werden. Man führt dann die Überdeckung so aus, daß der Druck im Zylinder das gleiche Niveau hat, wie die Steuerniere, in die er eintritt.

9.5.3 Geräuschminderung durch angepaßte Steuerzeiten

Es ist leicht vorstellbar, daß hierbei ein starres System nur für **einen** Druck und **eine** Drehzahl optimale Ergebnisse liefern kann. Für eine Anpassung im gesamten Kennfeld müssen variable Systeme eingesetzt werden. Diese haben sich wegen ihrer (relativen) Komplexität bisher noch nicht in der Praxis durchsetzen können. Mögliche Lösungen werden jedoch untersucht, bzw. wurden entwickelt und sollen hier vorgestellt werden.

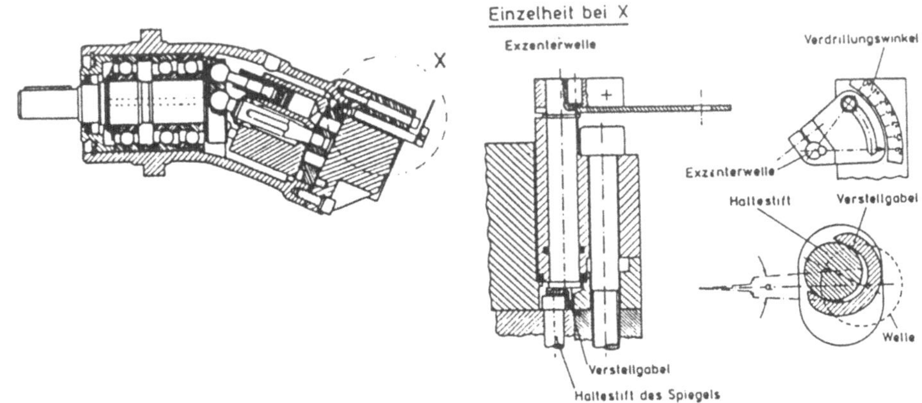

Bild 9.9 Mechanik zur variablen Verdrillung des Steuerspiegels [42]

Als sehr wirkungsvolles Mittel ist zunächst die Steuerspiegelverdrillung zu nennen, die in Bild 9.9 gezeigt wird. Hierbei wird der gesamte Spiegel um die Mittelachse gedreht und damit die Steuerzeiten im Ganzen (EÖ, ES, AÖ, AS) verschoben. Die erreichbare Reduzierung der Kraftanregung liegt im Bereich derer, die durch Spiegel mit Steuerkerben möglich ist. Die für Laborzwecke hergestellte Verstelleinrichtung in Bild 9.9 läßt sich automatisieren und bietet bezüglich der Geräuschminderung sehr gute Werte, wie Bild 9.10 zeigt.
Nachteilig ist der relativ hohe Aufwand, der für eine Geräuschreduzierung in Kauf genommen werden muß. Bis jetzt sind solche Systeme in der Praxis noch nicht angenommen worden. Man muß jedoch die weitere Entwicklung abwarten, da die gesetzgeberische Maßgabe vermutlich den Einsatz aufwendiger Maßnahmen unumgänglich machen.
Besonders aufwendige Konstruktionen müssen bei Verstellpumpen eingesetzt werden, wie es Bild 9.11 zeigt. Bei der Verschwenkung der Zylindertrommel läßt sich

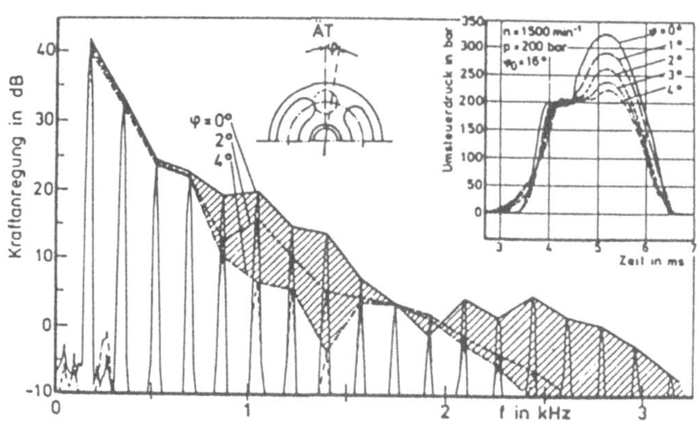

Bild 9.10 Geräuschminderung durch Spiegelverdrillung

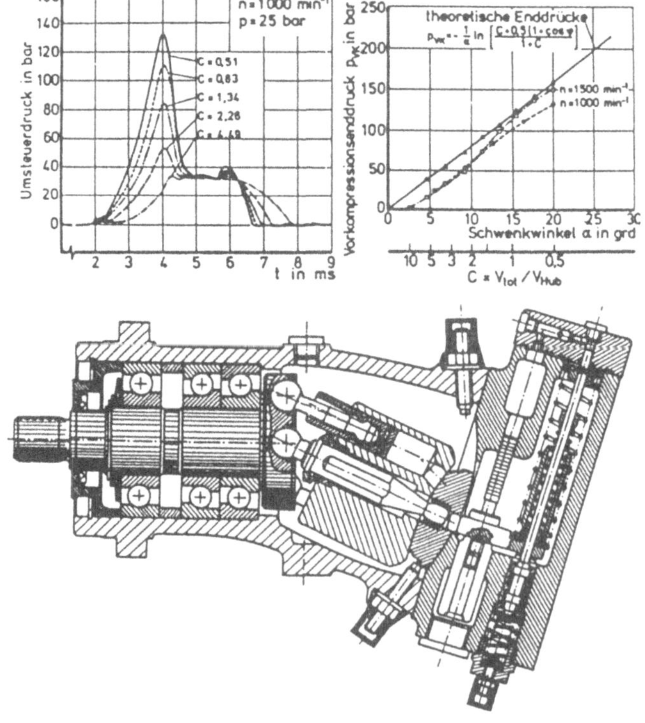

Bild 9.11 Vorkompression bei Schwenkwinkeländerung

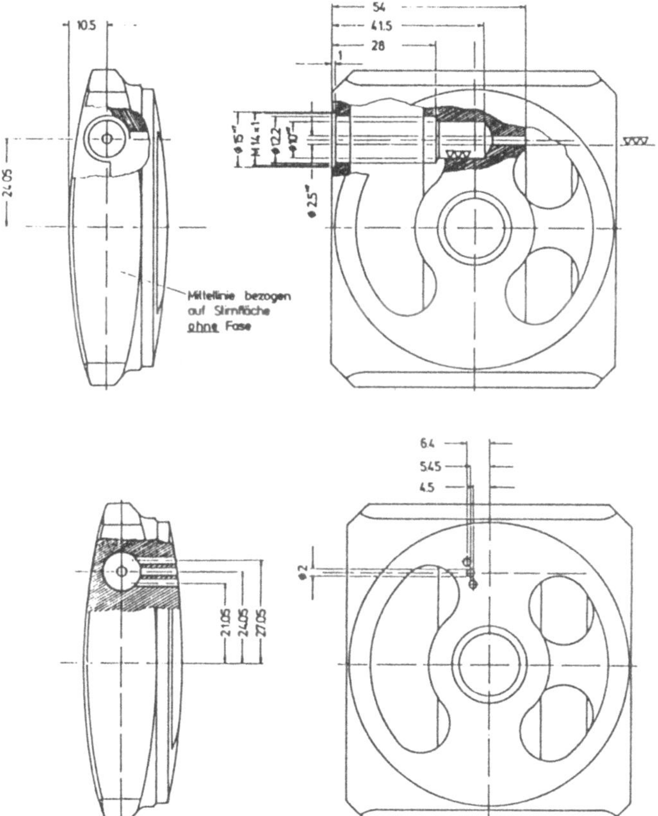

Bild 9.12 Variable Steuerzeiten durch veränderlich abgesteuerte Bohrungen im Spiegel

die Verdrillung des Steuerspiegels nur mit hohem Aufwand realisieren. Der obere Teil des Bildes zeigt außerdem, daß zu den geräuschrelevanten Parametern Druck und Drehzahl noch der Einfluß des Schwenkwinkels hinzukommt. Für ein derart komplexes System werden derzeit noch handhabbare Lösungen gesucht.

Ein denkbarer Vorschlag ist das Einbringen von Bohrungen in den Spiegel, wie Bild 9.12 beispielhaft zeigt.

Hier im Beispiel sind die Bohrungen mit der Niederdruckseite verbunden. Durch das Öffnen und Schließen der Bohrungen wird die Steuerzeit ES verändert. Bild 9.13 zeigt eine Mechanik, bei der ein im Bild links oben zu sehender Steuerschieber kennfeldabhängig so verstellt wird, daß die Steuerbohrungen geräuschoptimiert abgesteuert werden. Der Schieber wird durch einen Stempel in axialer Richtung verschoben (Druckanpassung) und über einen Stellhebel um die Mittelachse gedreht. Die Drehung des Schiebers dient zur Schwenkwinkelanpassung, wie der untere Teil des Bildes zeigt.

Die mit einer solchen Konstruktion erreichbare Geräuschreduzierung läßt sich an-

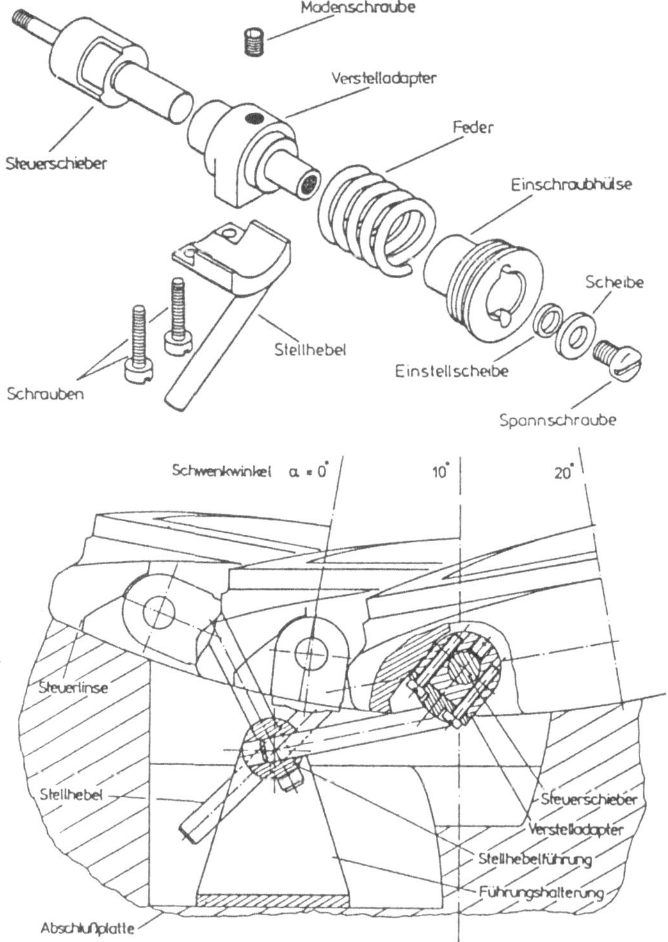

Bild 9.13 Parametergesteuertes Umsteuersystem

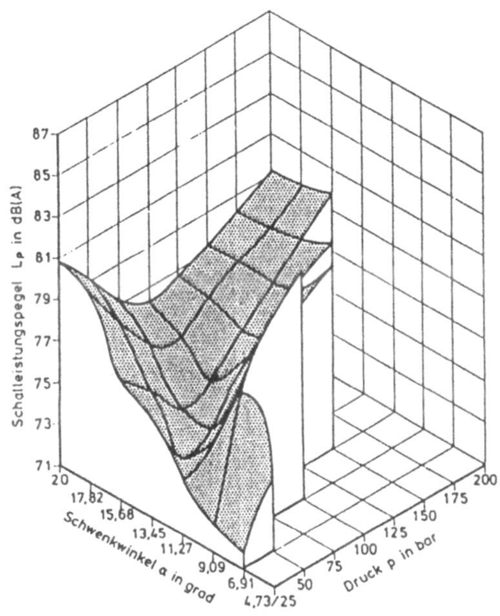

Bild 9.14
Geräuschkennfeld A7V 78, Serie, n = 1000 min^{-1}

schaulich am Geräuschkennfeld der Serienpumpe zeigen, Bild 9.14. Der dargestellte Schalleistungspegel der vorgestellten Verstellpumpe besitzt im mittleren Teil des Kennfeldes ein typisches Geräuschminimum. In diesem Bereich ist der Vorkompressionsenddruck der Zylinder bei Erreichen der Druckseite gleich dem Belastungsdruck in der Hochdruckniere (Kurve 2, Bild 9.15). Der Druckabbau spielt insbesondere in der HFA-Hydraulik eine untergeordnete Rolle.
Links von dem Geräuschminimum liegt ein Bereich, in dem die Vorkompression den Betriebsdruck übersteigt, und die Pegel werden durch eine ausgeprägte Druckspitze bestimmt (Kurve 3). Rechts neben dem Geräuschminimum steigen die Pegel aufgrund steigender Umsteuergradienten (Kurve 1), sowie durch den Anstieg der Amplitude der Grundfrequenz (Belastung durch Hochdruck) und der Drehzahl.
Durch Einsatz des vorgestellten Verstellsystems läßt sich die Vorkompression verringern. Die Mechanik bietet also Vorteile in einem Bereich, in dem die Geräuschemission im wesentlichen aus einer Überkompression resultiert. Bild 9.16 zeigt den Vergleich der Serie und dem variablen Umsteuersystem. Die Schraffur zeigt den positiven Einfluß auf die Geräuschemission.

9.5.4 Gleichzeitigkeit in der Umsteuerung

In jüngerer Zeit wurde zur Geräuschminderung auch die Gleichzeitigkeit in der Umsteuerung angeregt [42]. Der Grundgedanke dieses Verfahrens beruht darauf, daß die geräuschrelevante Anregung durch den Wechsel der Anzahl der druckbeaufschlagten Kolben erfolgt (Kap. 9.1). Dieser prinzipbedingte Wechsel entsteht wie

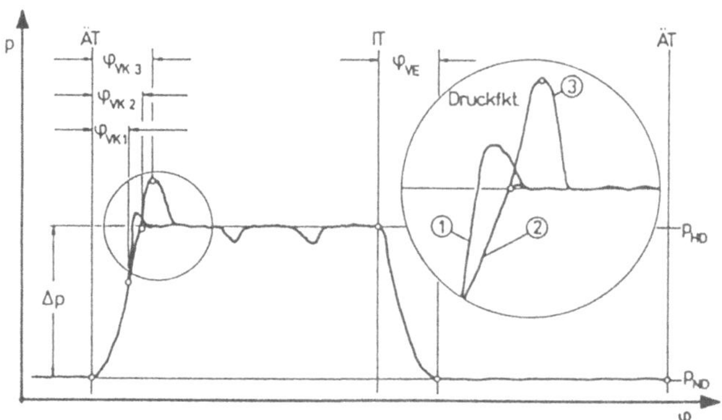

Bild 9.15 Druckumsteuerung in Axialkolbenpumpen

erwähnt durch ungerade Kolbenzahlen, die wegen ihrer geringeren kinematischen Ungleichförmigkeit gewählt werden. Bild 9.17 zeigt, daß z.B. eine Pumpe mit 7 Kolben eine geringere kinematische Pulsation besitzt, als eine Pumpe mit 8 Kolben.

In der Praxis zeigt es sich jedoch, daß die reale Pulsation hauptsächlich von den Umsteuerproblemen beeinflußt wird. Der Druckausgleich zwischen der Hochdruckniere und in die Niere eintretenden Zylindern erzeugt eine erheblich stärkere Pulsation, als sie theoretisch zu erwarten wäre (siehe Bild 9.18 und 9.19). Weiterhin sind in den Bildern auch überlagerte Druckwellen erkennbar, die in der Regel vom Verbraucher zur Pumpe reflektiert werden.
Die Betrachtung zeigt, daß das Prinzip der ungeraden Kolbenzahlen durchaus verlassen werden kann, ohne daß sich dieses unbedingt nachteilig auf die Pulsation auswirken muß. Gerade Kolbenzahlen hätten den Vorteil, daß (theoretisch) der Druckaufbau eines Zylinders mit dem Druckaufbau des diametral gegenüberliegenden Zylinders zusammenfällt.
Praktische Untersuchungen mit ungeraden Kolbenzahlen und entsprechend veränderten Steuerzeiten wurden durchgeführt. Bild 9.20 zeigt die theoretische Veränderung in der Kraftanregung durch die Verschiebung der Umsteuerpunkte.

In den Versuchen konnte jedoch keine wesentliche Geräuschreduzierung erreicht werden, da das Zusammentreffen von Druckauf- und -abbau nur sehr schwer und in bestimmten Betriebspunkten erreicht werden kann.
Auch praktische Untersuchungen mit geraden Zylinderzahlen brachten nicht die erhoffte Geräuschminderung. Man muß vermutlich auch hier die Umsteuerung in gewissen Grenzen variabel gestalten können, um die Gleichzeitigkeit zu erreichen.

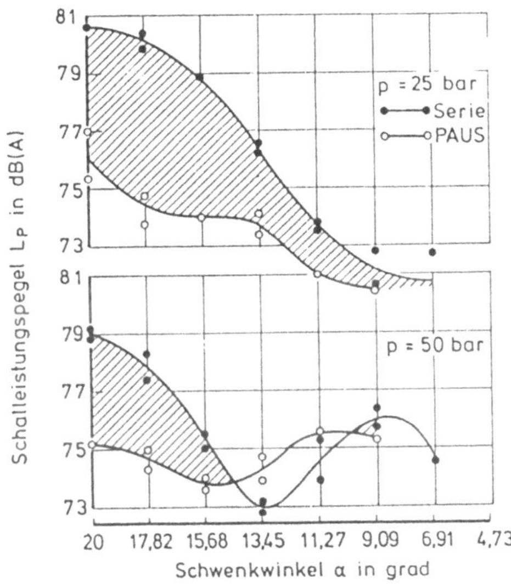

Bild 9.16
Vergleich der Geräuschpegel Serie/PAUS, n = 1000 min^{-1}

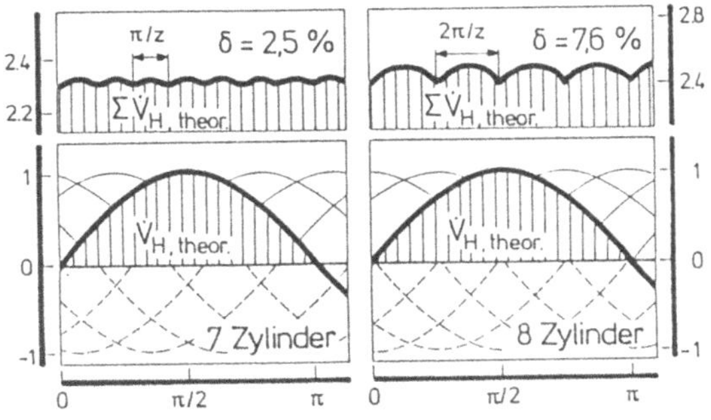

Bild 9.17
Kinematische Förderstrompulsation bei geraden und ungeraden Kolbenzahlen

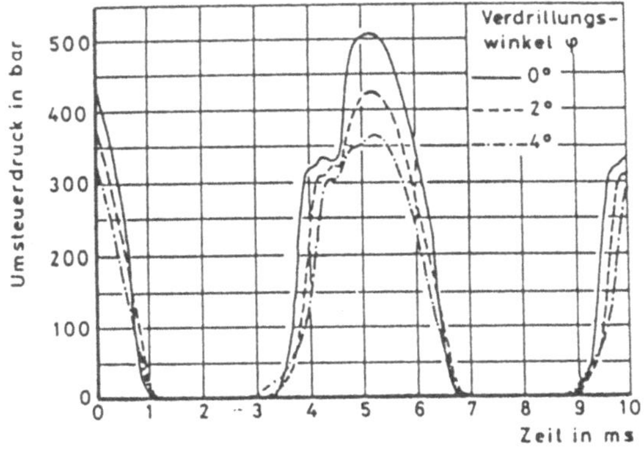

Bild 9.18
Einfluß der Rückströmung auf die Druckpulsation

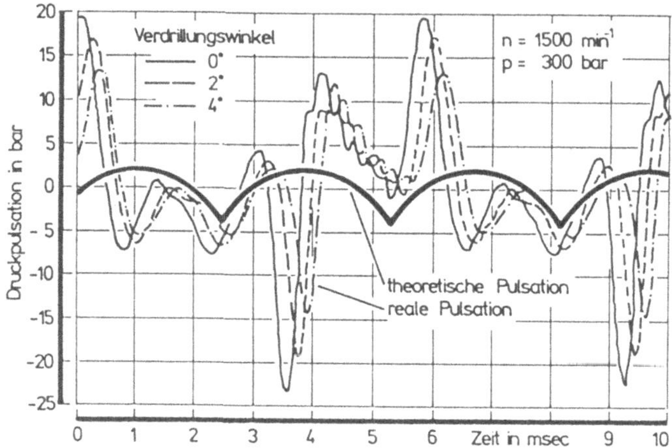

Bild 9.19 Einfluß der Rückströmung auf die Druckpulsation

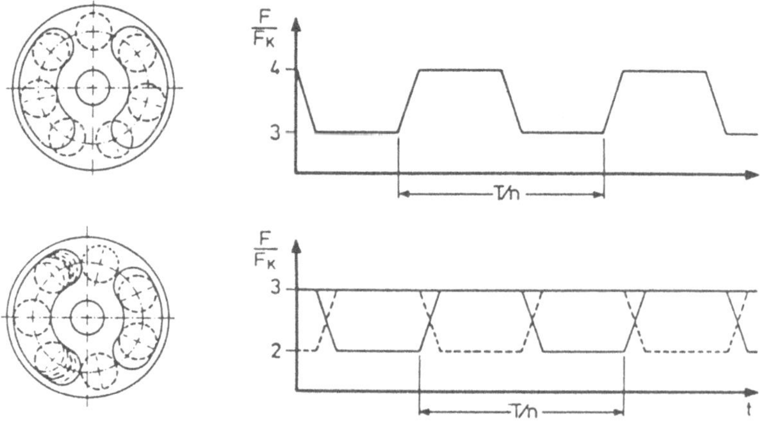

Bild 9.20 Veränderung der Kraftanregung durch Verlegen der Steuerzeiten

10 Anhang

10.1 Symbole der Ölhydraulik und Schaltpläne

Energieumformung:

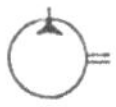 Konstantpumpe mit einer Förderrichtung	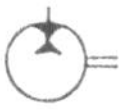 Konstantpumpen-Motor, als Pumpe in einer Strömungsrichtung, als Motor in entgegengesetzter Richtung arbeitend	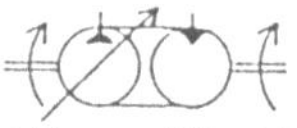 Kompaktgetriebe für eine Abtriebsdrehrichtung, mit Verstellpumpe für eine Förderrichtung und Konstantmotor
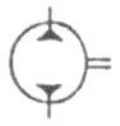 Konstantpumpe mit zwei Förderrichtungen	 Konstantpumpen-Motor, als Pumpe oder Motor in einer Strömungsrichtung arbeitend	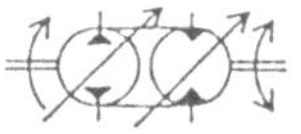 Kompaktgetriebe für zwei Abtriebsdrehrichtungen mit Verstellpumpe für zwei Förderrichtungen und Verstellmotor
 Verstellpumpe mit einer Förderrichtung	 Konstantpumpen-Motor, als Pumpe oder Motor in je zwei Strömungsrichtungen arbeitend	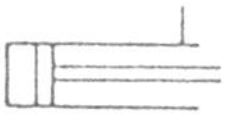 einfachwirkender Zylinder; Rückbewegung durch äußere Kraft
 Verstellpumpe mit zwei Förderrichtungen	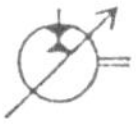 Verstellpumpen-Motor, als Pumpe in einer Strömungsrichtung, als Motor in entgegengesetzter Richtung arbeitend	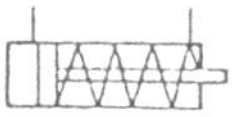 einfachwirkender Zylinder; Rückbewegung durch Federkraft
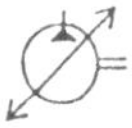 Regelpumpe mit einer Förderrichtung	 Verstellpumpen-Motor, als Pumpe oder Motor in einer Strömungsrichtung arbeitend	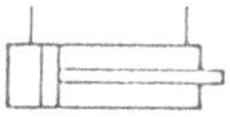 doppeltwirkender Zylinder
 Regelpumpe mit zwei Förderrichtungen	 Verstellpumpen-Motor, als Pumpe oder Motor in je zwei Strömungsrichtungen arbeitend	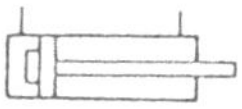 doppeltwirkender Zylinder mit einseitiger, nicht einstellbarer Dämpfung
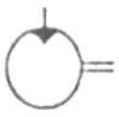 Konstantmotor mit einer Strömungsrichtung	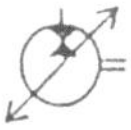 Regelpumpen-Motor, als Pumpe in einer Strömungsrichtung, als Motor in entgegengesetzter Richtung arbeitend	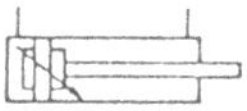 doppeltwirkender Zylinder mit beidseitiger, einstellbarer Dämpfung
 Konstantmotor mit zwei Strömungsrichtungen	 Regelpumpen-Motor, als Pumpe oder Motor in einer Strömungsrichtung arbeitend	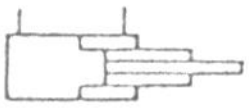 doppeltwirkender Teleskopzylinder
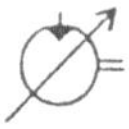 Verstellmotor mit einer Strömungsrichtung	 Regelpumpen-Motor, als Pumpe oder Motor in je zwei Strömungsrichtungen arbeitend	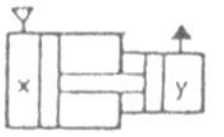 Druckübersetzer
 Verstellmotor mit zwei Strömungsrichtungen	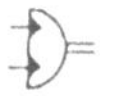 Hydromotor mit begrenztem Schwenkbereich	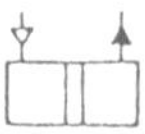 Druckmittelwandler

Energiesteuerung und -regelung

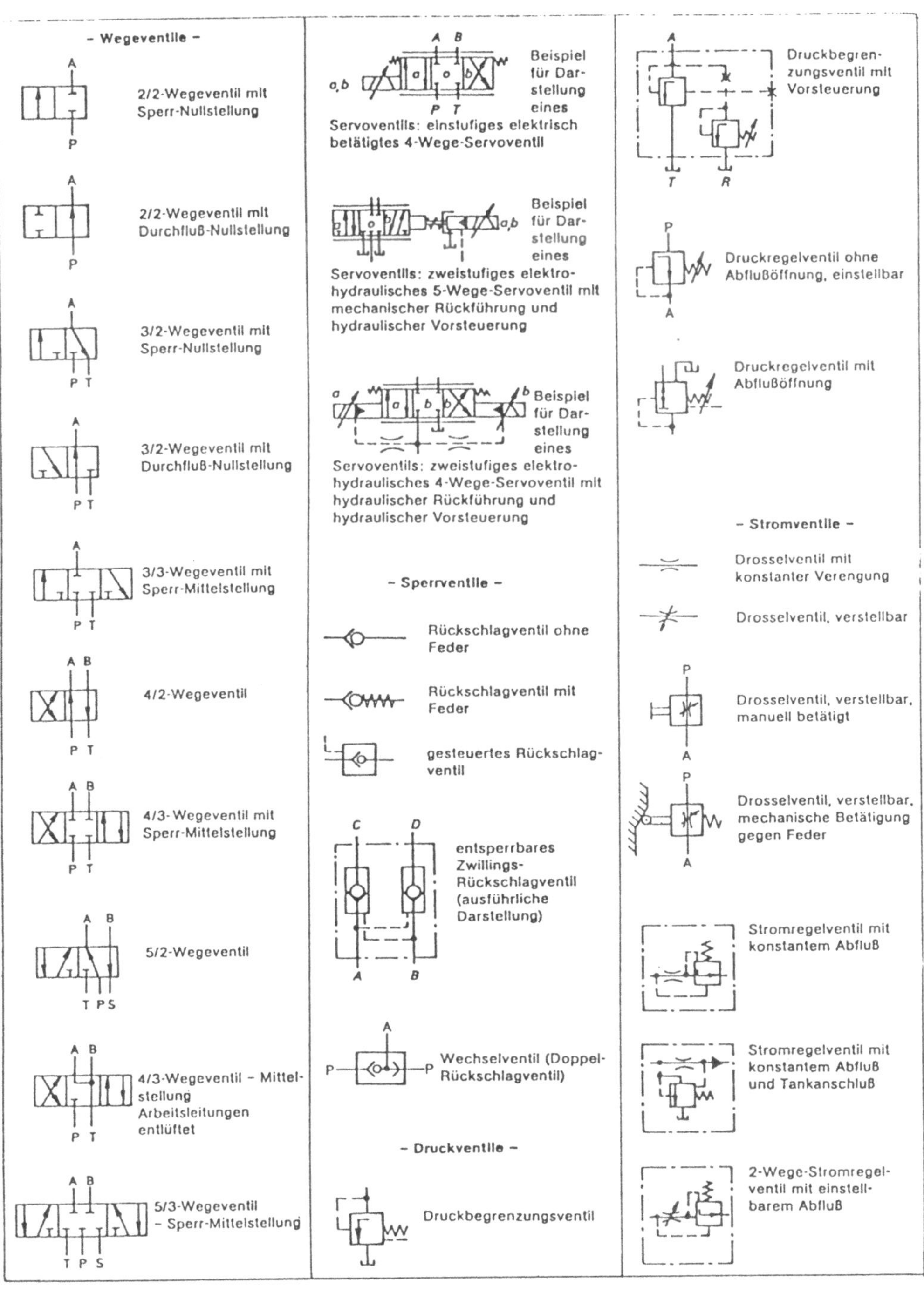

Energiesteuerung und -regelung (Fortsetzung)

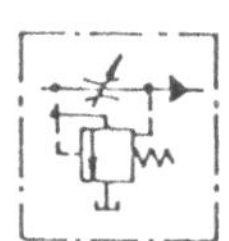
3-Wege-Stromregelventil mit einstellbarem Abfluß und Tankanschluß

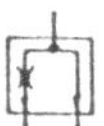
Stromteilerventil, Abflußstrom konstant begrenzt, Rest des Zuflußstromes zum zweiten Abfluß geführt

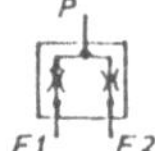

Stromteilerventil, der Durchfluß wird in zwei bestimmte Teilströme geteilt

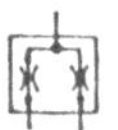
Stromteilerventil, w. o., aber bei umgekehrter Richtung werden Ströme vereinigt

Drosselrückschlagventil

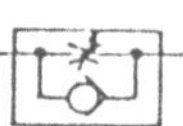
Drosselrückschlagventil mit verstellbarer Drossel

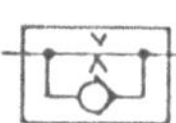
Blendenrückschlagventil

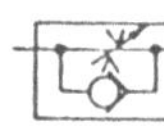
Blendenrückschlagventil mit verstellbarer Blende

Energieübertragungen

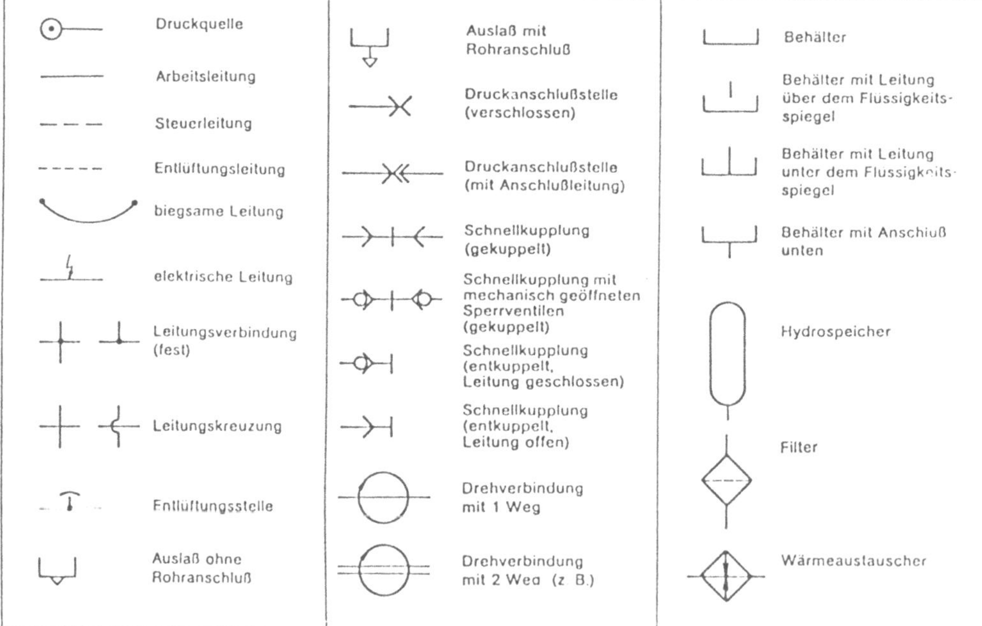

Betätigungen

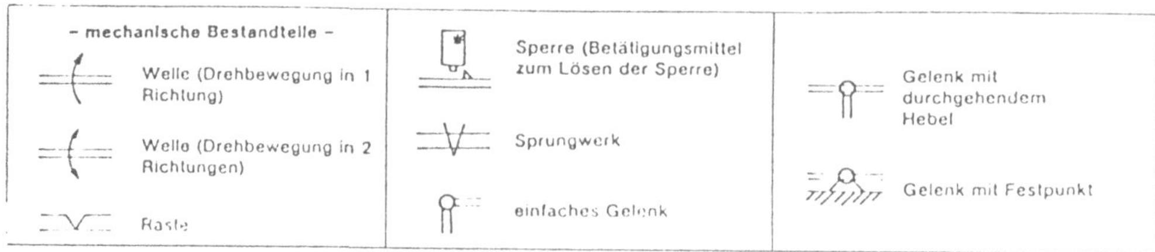

Betätigungen (Fortsetzung)

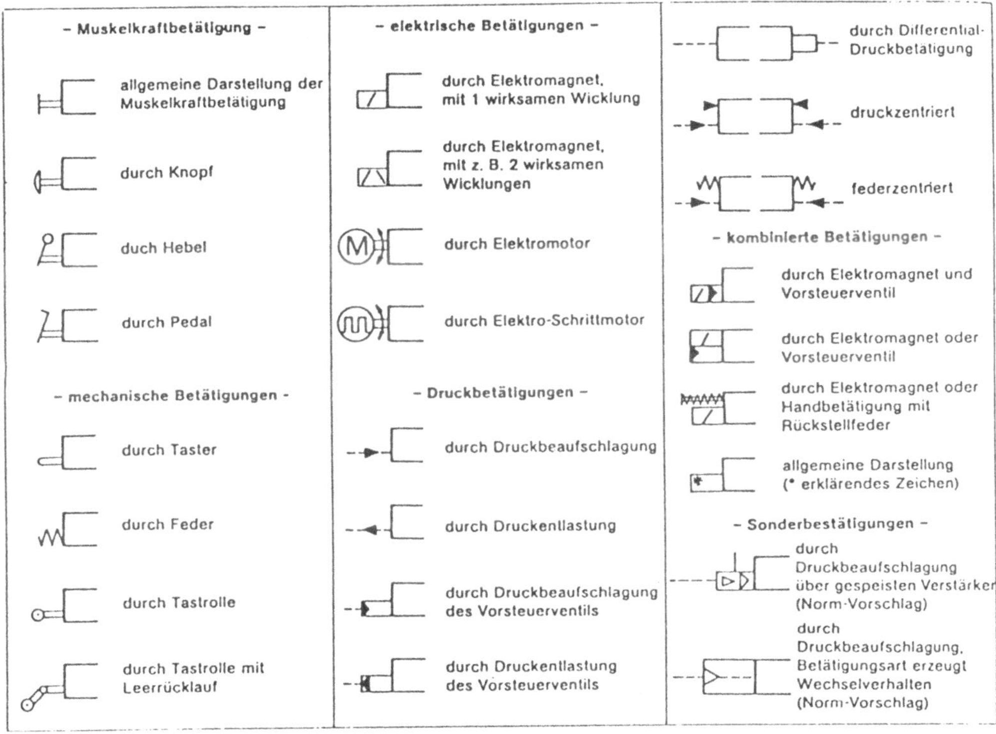

Sonstige Geräte

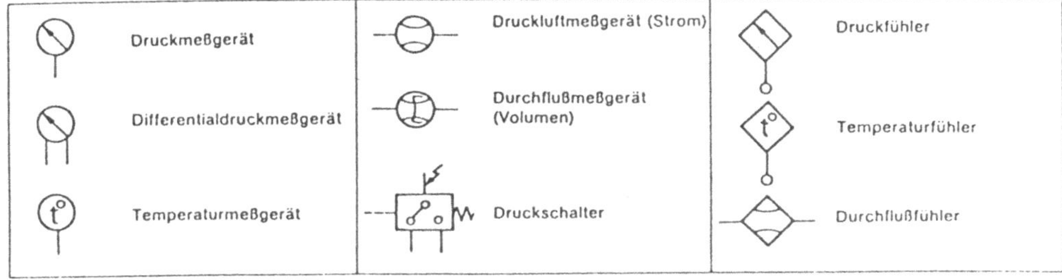

Beispiele für Hydroaggregate

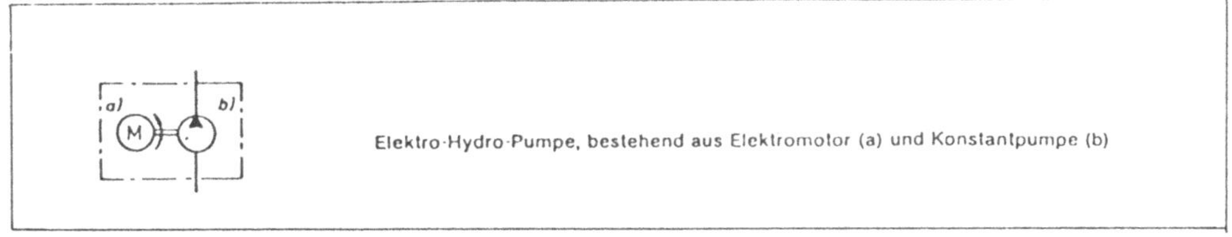

Beispiele für Hydroaggregate

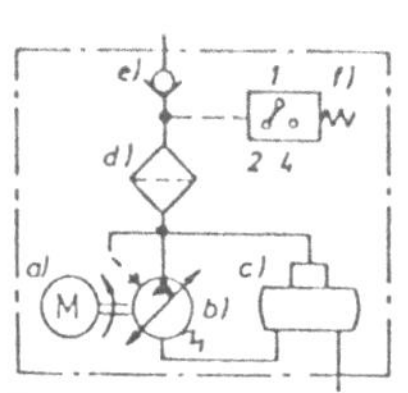	Elektro-Hydropumpe, bestehend aus Elektro-Motor (a), Regelpumpe (Nullhubpumpe, b), Differenzdruckbehälter (c), Filter (d), Rückschlagventil (e), Druckschalter (f).
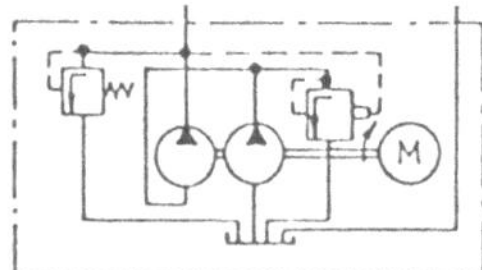	Zweistufige Hydropumpe, angetrieben durch Elektro-Motor und kombiniert mit Druckbegrenzungsventil in der zweiten Stufe nebst einem durch den dortigen Druck gesteuerten Druckstufenventil, das den Druck in der ersten Stufe zum Beispiel auf der Hälfte des Druckes der zweiten Stufe hält. Rückfluß in den Behälter.
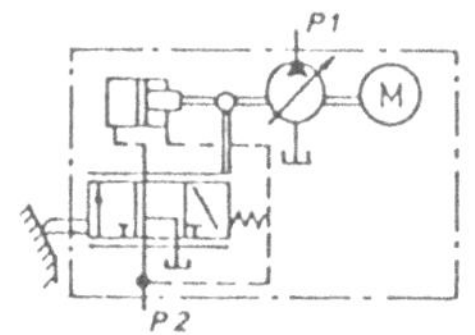	Verstellpumpe, zusammengebaut mit einem Stellmotor (Differentialzylinder) und einem Fühlerventil mit mechanischer Rückführung (dargestellt ist ein Fühlerventil in Mittelstellung).
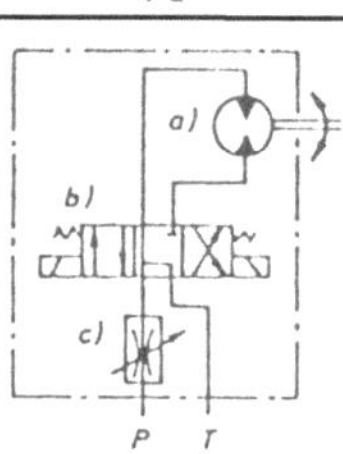	Motorblock, bestehend aus Konstantmotor (a), elektro-magnetisch betätigtes 4/3-Wegeventil (b) und Stromregelventil (c).
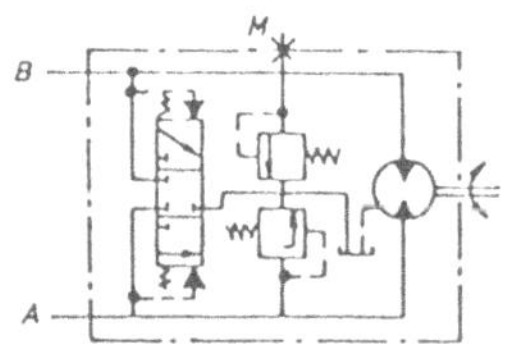	Hydromotor mit zwei Strömungsrichtungen; mit Druckbegrenzungsventilen und druckbetätigtem Wegeventil.

Beispiel für ausführliche Darstellung eines Servoventils

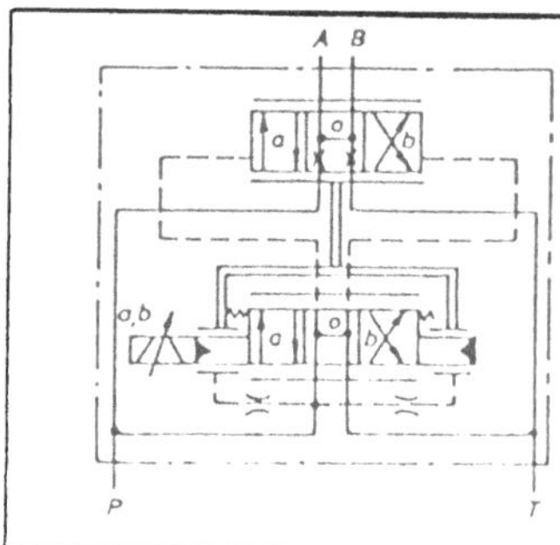	Elektro-hydraulisches dreistufiges Servoventil in 4-Wege-Ausführung mit hydraulischer Rückführung der zweiten Stufe auf die erste Stufe, Doppeldüse-Prallplatte, mechanischer Rückführung der dritten Stufe auf die erste Stufe.

10.2 Druckflüssigkeiten für hydrostatische Anlagen

10.2.1 Allgemeines

Zur Übertragung von Drücken bzw. Kräften sind geeignet:

1. Mineralöle
2. Synthetische Flüssigkeiten
3. Wasseremulsion (in der Ölhydraulik kaum verwendet)

Infolge hoher Schallgeschwindigkeiten (z.B. 1500 - 1600 m/s im Betreibszustand) pflanzen sich alle Änderungen sehr schnell fort und infolge der Kompressibilität geschieht das mit einer gewissen Dämpfung (niedrigere Viskosität ergibt im allgemeinen eine "weichere Anlage").

Für die Auswahl sind Viskosität und Viskositäts-Temperaturverhalten sowie Viskositäts-Druckverhalten, Dichte und Stockpunkt von Bedeutung. Die Hersteller von Maschinen geben Empfehlungen für zu verwendende Druckflüssigkeiten heraus und geben zulässige Grenzwerte an.

10.2.2 Auswahlkriterien

Aus der Startviskosität bei Umgebungstemperatur (Stockpunkt ist zu beachten) und der je nach Anlage und Lastkollektiv optimalen Betriebsviskosität auch unter Berücksichtigung des Druckeinflusses ($\nu = 16 \ldots 25 c\,ST$ ergibt höchste Wirkungsgrade) läßt sich die geeignete Viskositätsklasse auswählen.

Als Beispiel wird ein Prospekt-Diagramm (s. Bild 10.1) mit den Einsatzgebieten in Anlehnung an die ISO-Klassen gezeigt. Zahlenwert ist die Nennviskosität bei $40^o C$ [30].

Die Einsatzgebiete sind z.B. wie folgt festgelegt:

A 22	für arktische Verhältnisse oder extrem lange Leitungen
W 32	für winterliche Verhältnisse in Mitteleuropa
S 46	für sommerliche Verhältnisse in Mitteleuropa oder für geschlossene Räume
T 68	für tropische Verhältnisse oder für Räume mit starkem Wärmeanfall
U 100	für übermäßig starken Wärmeanfall

Für jeden dieser Bereiche werden ca. 10 verschiedene Druckflüssigkeiten empfohlen.

Aus der optimalen Viskosität ergibt sich die wirtschaftlichste Kühlerauslegung. Bei Inbetriebnahme des Kreislaufes ist trotz Entlüftungsschrauben Luft aus den Sackräumen abzuführen. Außerdem ist die Flüssigkeit dem Normaldruck entsprechend luftgesättigt. Geeignete Behältergestaltung mit Druckbegrenzungsventilen als

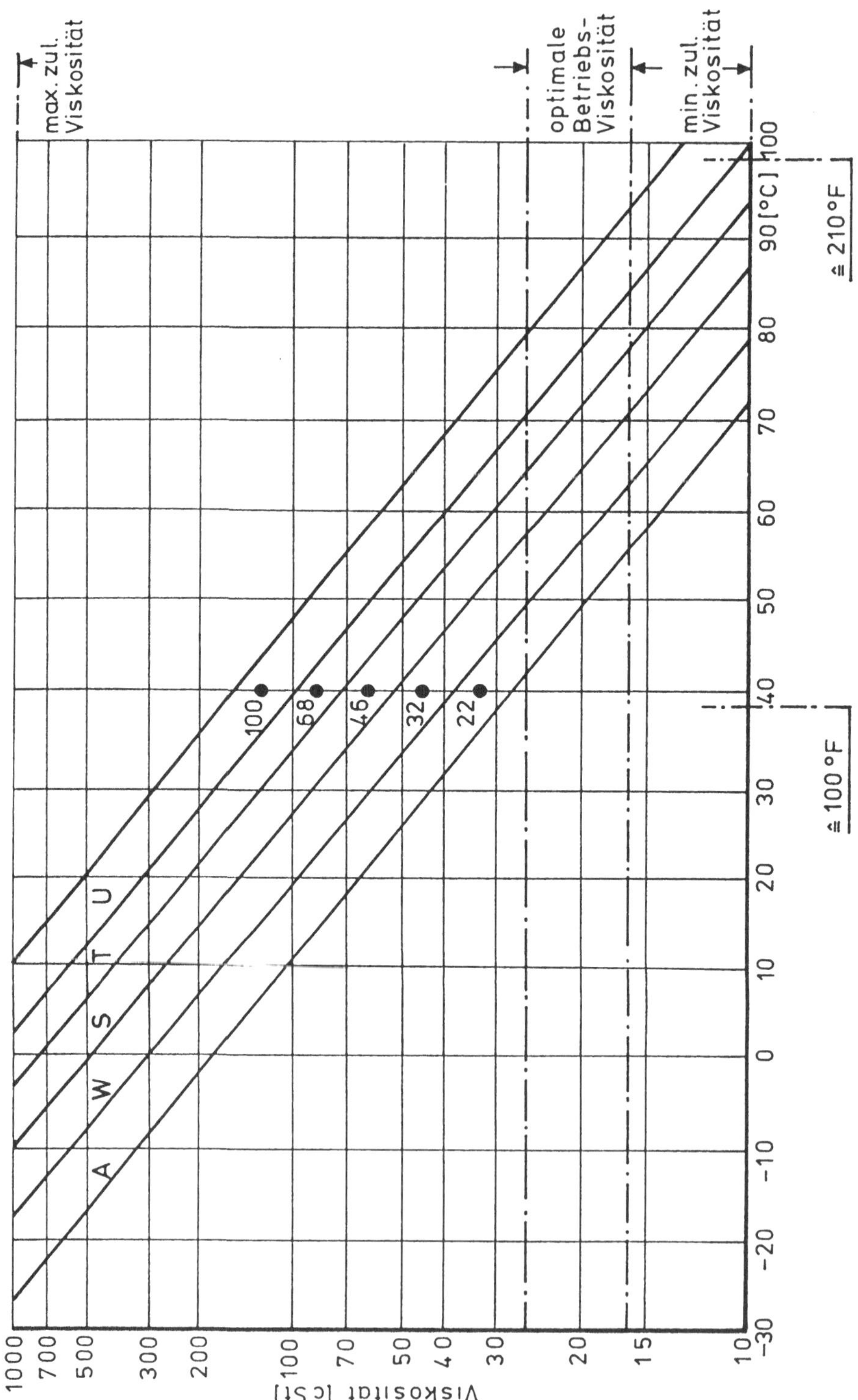

Bild 10.1 Viskositätsverhalten (nach Firmenprospekt)

"Entgasungstore" können den Luftdurchlauf langsam abbauen und damit Erosionsschäden vermindern.

Der maximal zulässige Wasseranteil beträgt 0,1 %. Es soll nur Öl mit Korrosionsschutz eingesetzt werden.

Folgende physikalische Daten sind u.a. noch von Bedeutung [8], [30]:
Wärmeausdehnung:

$$\frac{\Delta V}{V} = 0,0007 - 0,0008\ \Delta T$$

Kompressibilität:

$$K^* = \frac{\Delta V}{V \cdot p} = 3 - 8 \cdot 10^{-5} \quad \left[\frac{1}{bar}\right]$$

Im Mittel ist $K^* = 5 \cdot 10^{-5}$ bei $1bar$, 20^oC. Praktisch für den Viskositätsbereich sich rasch ändernd mit Druck und Temperatur.

Absorptionsvermögen für Luft

$$\frac{V_{Luft}}{V_{Öl}} = 0,09 \ldots 0,10 \cdot p \qquad p_{Öldruck} \text{ in } bar$$

Viskositäts-Druckverhalten

$$\eta_p = \eta_0 \cdot e^{k \cdot p}$$

Schlösser [32] fand für Hydrauliköle zwischen 20^oC und 100^oC folgende Beziehung:

$$\eta = \eta_0 \cdot \left(\frac{t_0}{t}\right)^k \cdot e^{(0,0006+0,00097\,lg\ \eta_0)\cdot p^{-1}}$$

$$k = 1,5 \quad , \qquad p \text{ in } bar$$

Die Volumenänderung infolge Druck und Temperatur sowie elastischer Dehnung der Bauteile führt zu erheblicher Verschiebung z.B. eines Kolbens. Es ist eine rechnerische Kontrolle nötig.

Die Eigenschaften der Öle können wie bei Motorölen durch Additive zweckgerichtet beeinflußt werden.

10.2.3 Synthetische Druckflüssigkeiten, Sicherheitsdruckflüssigkeiten

Die meisten Hersteller lassen auch die unter 2. genannten synthetischen Flüssigkeiten zu. Es sind z.B. sogenannte "Schwerentflammbare Flüssigkeiten" und als solche werden sie eingestzt als:

Sicherheitsdruckflüssigkeiten
Bei diesen müssen Drücke, Temperaturen und Drehzahlen gegenüber Ölen meist eingeschränkt werden. Darüber hinaus ist die Verträglichkeit mit den Werkstoffen und Dichtungsmaterialien zu beachten.
Die folgende Tabelle gibt vier Flüssigkeiten dieser Gruppe mit ihrer Bezeichnung und Zusammensetzung wieder.

Kennbuchstabe	Art der Flüssigkeit	Wassergehalt (in Gew.%)
HFA	Öl-in-Wasser-Emulsion	60...98
HFB	Wasser-in-Öl-Emulsion	> 40
HFC	Wässrige Lösungen (vorwiegend mit Glykolen)	35...55
HFD	Wasserfreie Flüssigkeiten (vorwiegend Phosphorsäureester)	0...0,1

10.2.4 Beanspruchung der Druckflüssigkeit

In jüngster Zeit hat man sich im Interesse der Sicherheit und Lebensdauer bzw. ausreichender Zeitabstände für Ölwechselintervalle (z.B. 2000 Stunden bei guter Anlage) mit der thermischen, chemischen und mechanischen Beanspruchung der Flüssigkeiten beschäftigt.

Bild 10.2 zeigt ein Belastungsschema der Druckflüssigkeit, zugleich mit den Beurteilungskriterien. Danach kann sich die Alterung der Flüssigkeit indirekt über die entstehenden Alterungsprodukte oder aber direkt über eine Veränderung wesentlicher Flüssigkeitseigenschaften auf den Verschleiß von Bauelementen auswirken. Demgegenüber können Abrieb und Abtragungen als Folge von Verschleiß von Bauelementen den Alterungsvorgang des Druckmediums entscheidend beeinflussen. Hier seien nur zwei Probleme erörtert:

Besonders HV-Flüssigkeiten mit V-I-verbessernden Additiven sind scherempfindlich, da die langen Molekülketten in Steuer- und Drosselspalten zerschnitten werden und die Viskosität auf die Viskosität des Grundöls absinkt. Deswegen sind bei häufigem Betrieb gegen ein Druckbegrenzungsventil keine HV-Flüssigkeiten einzusetzen.

Einen wesentlichen Einfluß auf die Alterung des Öles hat der sogenannte Dieseleffekt [33]. Er führt während der schnellen Kompression zu Zündungen in den Luftblasen, wie es kürzlich fotographisch festgestellt wurde. Die Folge davon ist vornehmlich eine Versäuerung und Verharzung. Außerdem steigt bei Temperaturen oberhalb von 80^oC die Alterungsgeschwindigkeit je 10^oC auf das Doppelte.

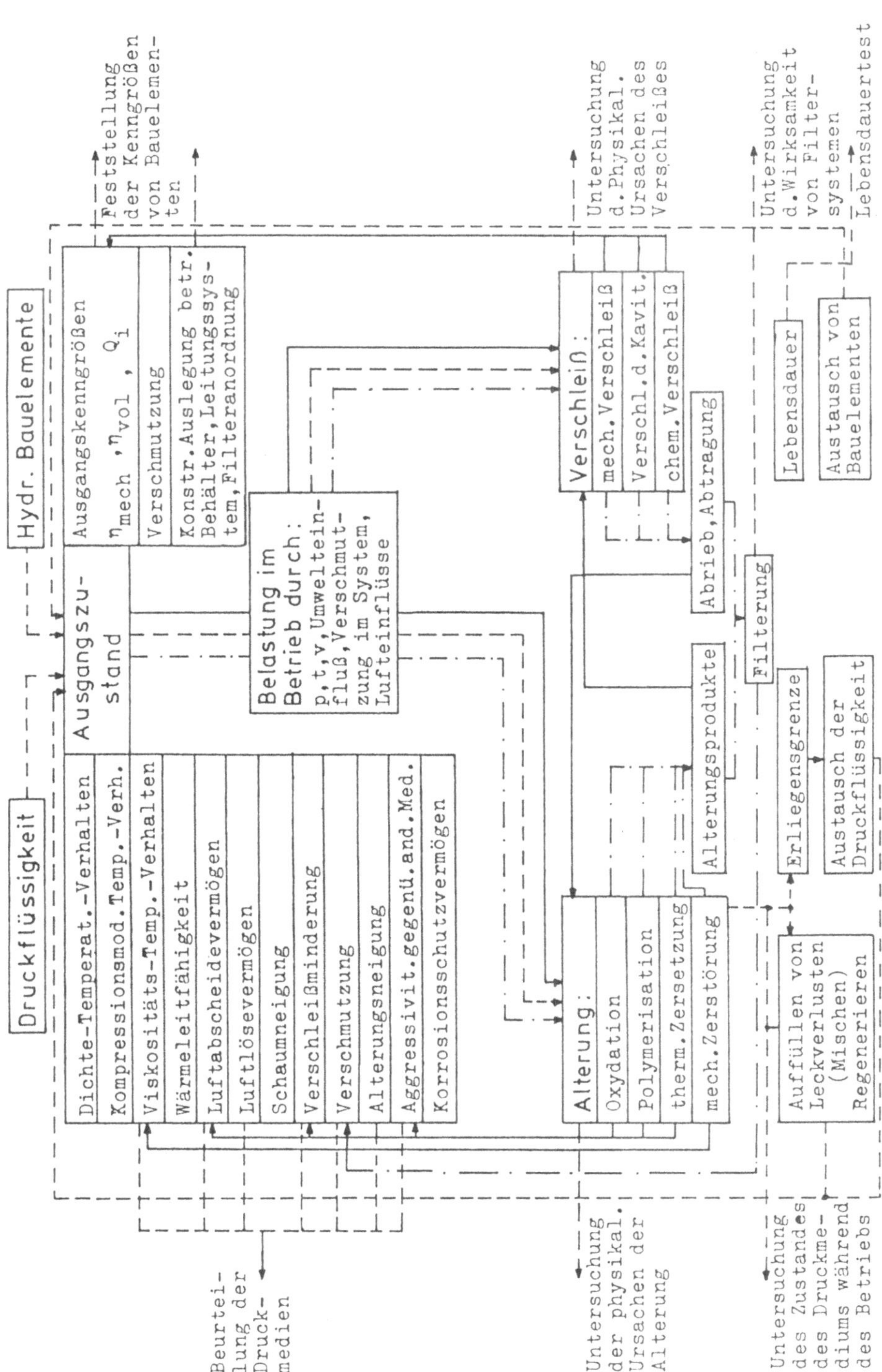

Bild 10.2 Beanspruchung von Druckflüssigkeiten und Bauelementen in Hydraulikanlagen [33]

10.3 Dampfdrücke organischer Medien und kinematischer Zähigkeiten als Funktion der Temperatur

(Aus: "Arbeitsmappe für den Mineralöl-Ingenieur")

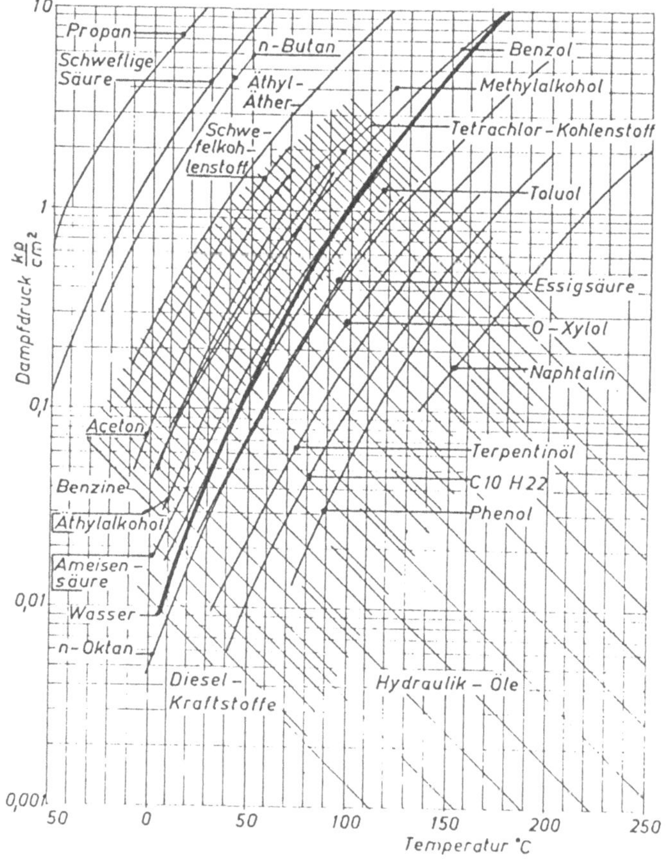

Bild 10.3 Dampfdruckkurven organischer Flüssigkeiten. Schraffiert sind die ungefähren Dampfdruckbereiche der Mineralöle

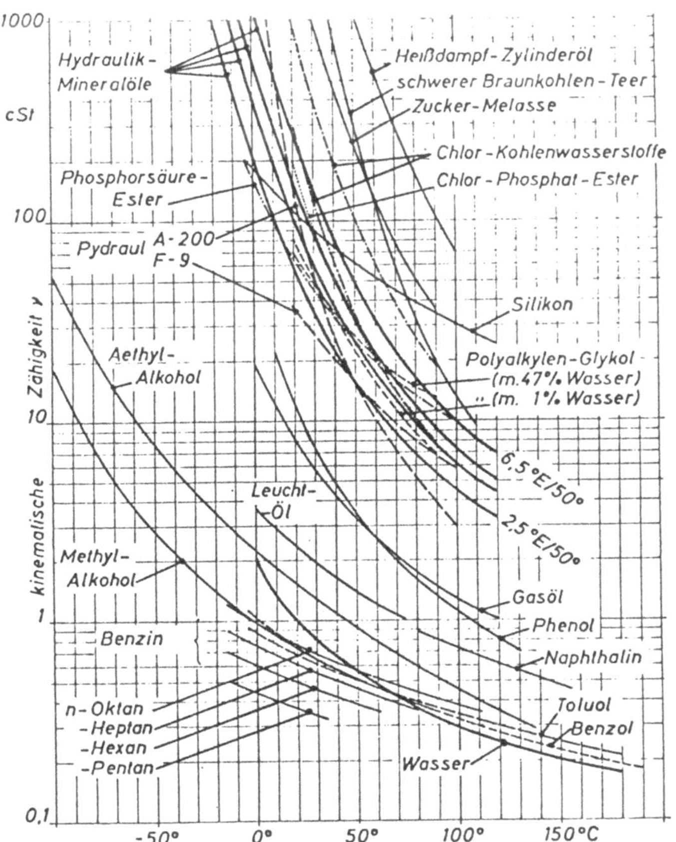

Bild 10.4 Kinematische Viskosität als Funktion der Temperatur

10.4 Berechnungsbeispiel für einen Hydraulikkreis

Diese Aufgabe wurde entnommen aus: "Fluid-Lernprogramm-Hydraulik" [37].

Gliederung:

A. Funktionsbeschreibung

B. Kräfte und Bewegungen

C. Entwurf des Schaltplanes

D. Berechnung der Drücke, Ströme und Funktionszeiten

E. Berechnung der Antriebsvarianten 1 bis 3

Verwendete Formelzeichen (Dimensionen jeweils beachten):

A	cm^2	Fläche
d	mm	Durchmesser
F	daN	Kraft
h	mm	Hub
l	m	Leitungslänge
n	min^{-1}	Drehzahl
p_{eff}	bar	tatsächlicher Druck
p_{th}	bar	theoretischer Druck
P	kW	Antriebsleistung
Q	dm^3/min	Volumenstrom
V	dm^3	Behältervolumen, Füllvolumen des Zylinders
$V_{eff,th}$	cm^3/U	tats./theoret. Fördervolumen
v	m/min	Kolbengeschwindigkeit
w	m/s	zul. Strömungsgeschwindigkeit
p	bar	Druckverluste
η_v	%	vol. Wirkungsgrad der Pumpe
η_t	%	Gesamtwirkungsgrad der Pumpe
η_z	%	Zylinderwirkungsgrad
φ	- +	Kolbenflächenverhältnis

Indizes:

EV	Eilvorlauf
AV	Arbeitsvorlauf
ER	Eilrücklauf
WW	Werkzeugwechsel
Sp	Speicher
ppe	Pumpe

A. Funktionsbeschreibung

Ein horizontal eingebauter Werkzeugträger soll über einen Hydraulikzylinder angetrieben werden. Die elektrohydraulische Steuerung des Zylinderkolbens soll folgenden Funktionsablauf ergeben:

1. Eil-Vorlauf (EV) im Leerlauf
2. Arbeits-Vorschub (AV) gegen maximale Last mit lastunabhängig konstanter Geschwindigkeit
3. Eil-Rücklauf (ER) im Leerlauf
4. Stillstandszeit 15 s zwecks Werkstückwechsel von Hand (Entspannen und Spannen).
   Bei Gefahr bzw. NOT-AUS soll jegliche Bewegung gestoppt werden.

B. Tabelle der Kräfte, Geschwindigkeiten und Hübe

		Eil-Vorlauf EV	Arbeits-Vorschub AV	Eil-Rücklauf ER
Kraft	F (daN)	100	800	100
Geschwindigkeit	v (m/min)	7,5	0,25	10
Hub	h (mm)	200	120	320

Entweder werden nun über den branchenüblichen Betriebsdruck die Zylinderabmessungen errechnet, oder man geht von einer bereits festgelegten und genormten Zylinderabmessung aus:

Kolbendurchmesser: $d_1 = 50$ mm
Kolbenstangendurchmesser: $d_2 = 25$ mm
Kolbenhub: $h = 320$ mm

C. Entwurf des Hydraulik-Schaltplans

Zur elektro-hydraulischen *Richtungs-Steuerung* eines doppeltwirkenden Zylinders genügt zunächst ein 4/2-Wegeventil (Bild 1).

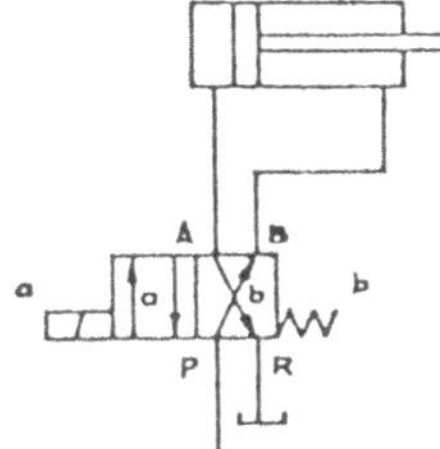

Bild 1: Ein 4/2-Ventil ohne Mittelstellung genügt zunächst zur Richtungssteuerung eines doppeltwirkenden Zylinders.

Zur Verwirklichung der *NOT-AUS-Funktion* ist ein Absperren des Ölstrangs nötig. Dies kann entweder durch ein 2/2-Wegeventil in der Leitung R oder ein 4/3-Wegeventil mit entsprechender mittlerer Schaltstellung (Sperr-Nullstellung, besser Umlauf-Nullstellung) erfolgen.

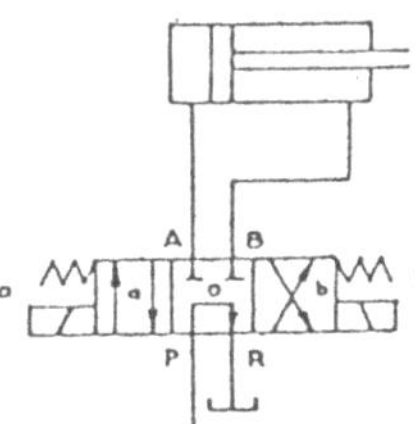

Bild 2: Die Umlauf-Nullstellung eines 4/3-Wegeventils ermöglicht drucklosen Ölumlauf nach beendetem Zylinderhub.

Durch ein 4/3-Wegeventil mit Umlauf-Nullstellung (Bild 2) wird nach beendetem Zylinderhub das Ventil in Mittelstellung geschaltet, so daß bei weiterlaufender Pumpe druckloser Umlauf besteht.

Zur *Geschwindigkeitssteuerung* dienen allgemein Stromventile. Ein solches Stromventil, z. B. ein Drosselventil, könnte grundsätzlich an den Stellen P, R, A und B eingebaut werden. Die Folge wäre ein langsamer Vor- und Rückhub. Da jedoch nur der Vorhub langsam sein soll, muß das Drosselventil während des Rückhubs durch ein parallel geschaltetes Sperrventil (Rückschlagventil) umgangen werden. Noch günstiger ist die Verwendung eines Drosselrückschlagventils.

Ein solches Drosselrückschlagventil wird dann entweder in der Leitung A oder B eingebaut. Ein Einbau in der Leitung A (Primärsteuerung) erfordert bei negativer Kolbenbelastung bzw. zur Vermeidung des Stick-Slip-Effekts ein zusätzliches Gegenhalte- oder Vorspannventil (Druckbegrenzungsventil) in der vom Zylinder abfließenden Ölsäule. Beim Einbau in der Leitung B (Sekundärsteuerung) kann auf dieses zusätzliche Druckventil verzichtet werden, da das Druckgefälle beim Durchströmen des Drosselrückschlagventils bereits für genügende Gegenhaltung sorgt (Bild 3).

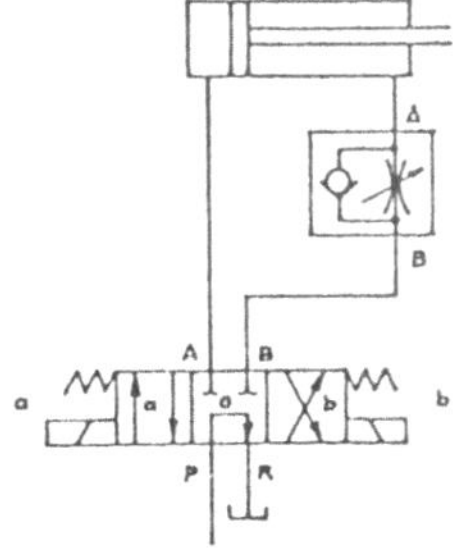

Bild 3: Sekundärsteuerung durch Drosselrückschlagventil.

Diese Lösung entspricht noch nicht der Aufgabenstellung, denn es fehlt beim Vorhub noch die Funktion des Eilvorlaufs (EV).

Durch zeitweise Umgehung (während des Eilvorlaufs) des Drosselrückschlagventils durch ein 2/2- bzw. 4/2-Wegeventil wird der Eilvorlauf (EV) verwirklicht. Die Forderung nach lastunabhängig konstanter Vorschubgeschwindigkeit (AV) wird dadurch erfüllt, daß man das Drosselrückschlagventil durch ein Stromregelventil ersetzt (Bild 4).

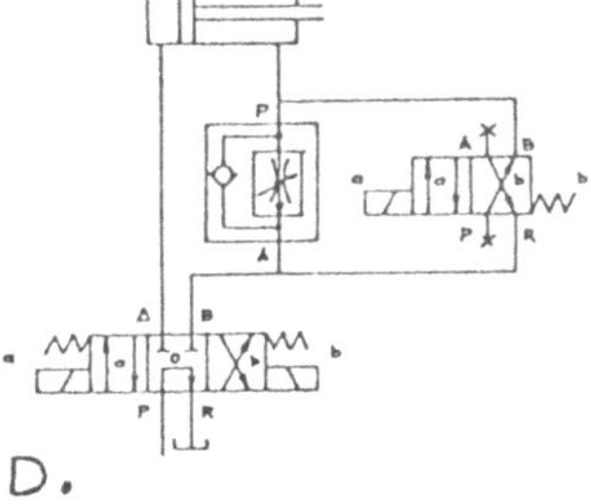

Bild 4: Eilvorlauf durch Umgehen des Stromregelventils durch ein 2/2-Magnetventil (ein 4/2-Ventil ist an zwei Anschlüssen blindgeschlossen).

D. Berechnungen zum Hydraulik-Schaltplan

Im endgültigen Hydraulik-Schaltplan sind ganz bestimmte technische Angaben bei den Geräten einzutragen:

- Bei Druckventilen und Druckschaltern der einzustellende Druck (bar).
- Bei Pumpen der Förderstrom (l/min), die Antriebsdrehzahl (U/min bzw. min^{-1}) sowie die Leistung des Elektromotors (kW).
- Bei Behältern das Volumen (l).

— Bei Arbeitszylindern der Kolben- und Kolbenstangendurchmesser sowie der maximale Hub (mm).
— Bei Hydromotoren das Schluckvolumen (cm^3/U) und das maximale Drehmoment (daNm).
— Bei Rohren der Außendurchmesser und die Wanddicke (mm).
— Bei Schläuchen der Innendurchmesser (mm).

Alle diese Eintragungen sowie die Auswahl der Geräte setzen eine Berechnung voraus.

Flächen des Arbeitszylinders

$$A = \frac{\pi \cdot d^2}{4} \; (cm^2)$$

Kolbenfläche $A_1 = \frac{\pi \cdot d_1^2}{4} = \frac{\pi \cdot 5^2}{4} \approx 20\ cm^2$

Kolbenstangenfläche $A_2 = \frac{\pi \cdot d_2^2}{4} = \frac{\pi \cdot 2{,}5^2}{4} \approx 5\ cm^2$

Kolbenringfläche $A_3 = A_1 - A_2 = 20 - 5 = 15\ cm^2$

Theoretische Drücke

$$p = \frac{F}{A} \; (bar)$$

Druck im Eil-Vorlauf $p_{EVth} = \frac{F_{EV}}{A_1} = \frac{100}{20} = 5\ bar$

Druck im Arbeits-Vorschub $p_{AVth} = \frac{F_{AV}}{A_1} = \frac{800}{20} = 40\ bar$

Druck im Eil-Rücklauf $p_{ERth} = \frac{F_{ER}}{A_3} = \frac{100}{15} = 6{,}6\ bar$

Theoretische Ströme

$$Q = \frac{A \cdot v}{10} \; (l/min)$$

Strom im Eil-Vorlauf $Q_{EVth} = A_1 \cdot v_{EV} = \frac{20 \cdot 7{,}5}{10} = 15\ l/min$

Strom im Arbeits-Vorschub $Q_{AVth} = A_1 \cdot v_{AV} = \frac{20 \cdot 0{,}25}{10} = 0{,}5\ l/min$

Strom im Eil-Rücklauf $Q_{ERth} = A_3 \cdot v_{ER} = \frac{15 \cdot 10}{10} = 15\ l/min$

Auswahl der Hydro-Geräte

Die Nenngröße der einzelnen Geräte ist so auszuwählen, daß die Summe aller Druckverluste, die bei den größten fließenden Strömen auftreten, etwa im Bereich von 3—5 % des maximalen Betriebsdruckes liegt.

Die größten Ströme fließen während des Eil-Rücklaufes ER:

Von der Hydro-Pumpe über das Rückschlagventil des Stromregelventils zum kolbenstangenseitigen Zylinderanschluß fließt der Pumpenförderstrom $Q_{ppe} = 15$ l/min.

Dabei wird kolbenseitig ein im Kolbenflächenverhältnis $\varphi = \frac{A_1}{A_3}$ größerer Strom ausgeschoben.

$$Q = \frac{A_1}{A_3} \cdot Q_{ppe} = \frac{20}{15} \cdot 15 = 20\ l/min.$$

Entsprechend diesem Maximalstrom werden folgende Geräte ausgewählt:

Druckbegrenzungsventil direktgesteuert	NG 10
4/3-Wegeventil elektrisch betätigt	NG 10
4/2-Wegeventil elektrisch betätigt	NG 10
Stromregelventil mit Rückschlagventil für freien Rückstrom	NG 10

Leitungen

Um die Druckverluste im Leitungssystem in Grenzen zu halten, andererseits um zu große Abmessungen der Leitungen zu vermeiden, sollte man folgende Richtwerte für maximal zulässige Strömungsgeschwindigkeiten einhalten:

Saugleitung $w_s = 0{,}5 - 1{,}5$ m/s

Druckleitung	p(bar)	w_D (m/s)
	0— 10	3
	10— 25	3,5
	25— 50	4
	50—100	4,5
	100—150	5
	150—200	5,5
	200—300	6

Rücklaufleitung $w_R \approx 2$ m/s

Druckverluste

Die größten Druckverluste treten in diesem Beispiel im Eil-Rücklauf ER auf. Der tatsächliche Druck, gegen den die Pumpe während dieses Eil-Rücklaufes arbeiten muß, ergibt sich als Summe aller Widerstände (Geräte-, Leitungswiderstände und Zylinderreibung sowie Last im Eil-Rücklauf, Bild 6).

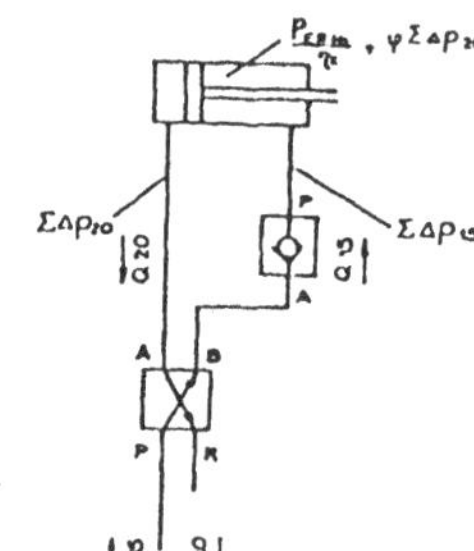

Bild 6: Die Summe aller Widerstände.

$$p_{EReff} = \varphi \cdot \Sigma \Delta p_{20} + \frac{p_{ERth}}{\eta_z} + \Sigma \Delta p_{15}$$
$$= 2{,}06 + 8{,}25 + 3{,}86 = 14{,}17\ bar$$

Effektive Drücke

Eil-Vorlauf: $p_{EVeff} \approx p_{ERe ff} \approx 15\ bar$

Arbeits-Vorschub: $p_{AVeff} = \frac{p_{AVth}}{\eta_z} = \frac{40}{0{,}8} = 50\ bar$

Zeiten

$$t = \frac{h}{v} \cdot \frac{6}{100} \; (s)$$

Eil-Vorlauf $t_{EV} = \frac{h_{EV}}{v_{EV}} \cdot 0{,}06 = \frac{200}{7{,}5} \cdot 0{,}06 = 1{,}6\ s$

Arb.-Vorschub $t_{AV} = \frac{h_{AV}}{v_{AV}} \cdot 0{,}06 = \frac{120}{0{,}25} \cdot 0{,}06 = 28\ s$

Eil-Rücklauf $t_{ER} = \frac{h_{ER}}{v_{ER}} \cdot 0{,}06 = \frac{320}{10} \cdot 0{,}06 = 1{,}9\ s$

Werkstückwechsel $t_{WW} =$ 15 s

Die gesamte Taktzeit der Maschine ist gleich der Summe aller Lauf- und Stillstandszeiten:

$$\Sigma t = t_{EV} + t_{AV} + t_{ER} + t_{WW}$$
$$= 1{,}6 + 28 + 1{,}9 + 15 = 46{,}5\ s$$

Antrieb durch eine Einzelpumpe (Konstantpumpe)

Der maximale Betriebsdruck liegt bei p = 50 bar noch relativ niedrig. Da ferner keine besonderen Forderungen

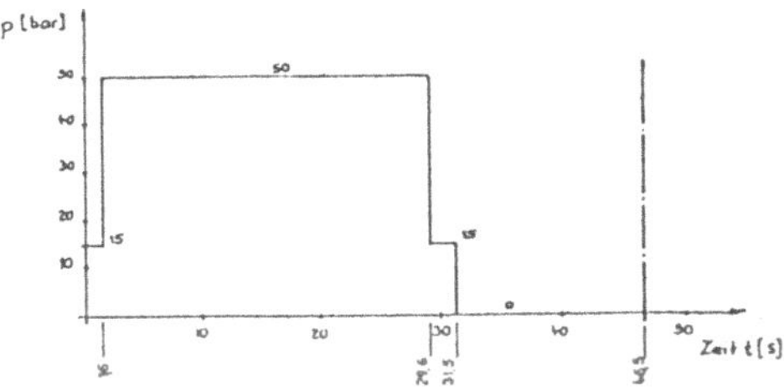

Bild 7: Druckverlauf während eines Arbeitstaktes.

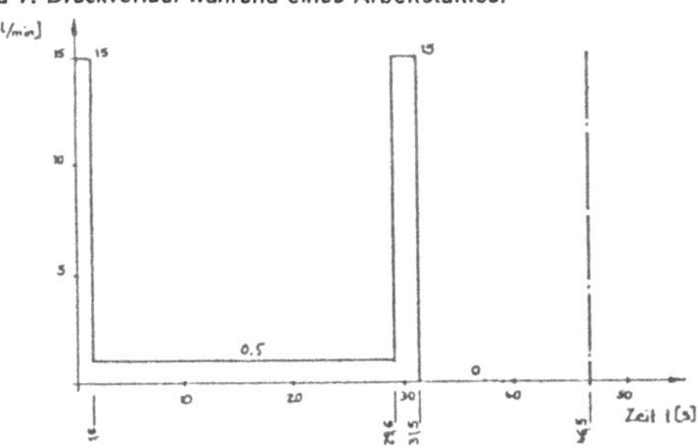

Bild 8: Förderstromverlauf während eines Arbeitstaktes.

hinsichtlich der Laufruhe bestehen, wird eine Zahnradpumpe als Antrieb ausgewählt.

Hydro-Pumpe: $V_{eff} = \frac{Q \cdot 10^5}{n \cdot \eta_v}$ (cm³/U)

$Q = 15$ l/min

$n = 1450$ U/min

$\eta_v = 95$ % geschätzt

$V_{eff} = \frac{15 \cdot 10^5}{1450 \cdot 95} = 11$ cm³/U

Diese Hydro-Pumpe liefert genau den gewünschten Förderstrom von Q = 15 l/min.

Die Antriebsleistung errechnet sich als Produkt aus Förderstrom und Druck zu:

$P = \frac{Q \cdot p}{6 \cdot \eta_t}$ (kW)

$Q = 15$ l/min

$p = 50$ bar

$\eta_t = 83$ % geschätzt

$P = \frac{15 \cdot 50}{6 \cdot 83} = 1{,}5$ kW Leistung Variante

Bild 9: Die Konstant-Einzelpumpe ist eine Antriebsvariante.

Behältergröße: Richtwert für das Behältervolumen

$V = (3 \ldots 5)\, Q \cdot t$ (l) $t = 1$ min

$V = 45 \div 75$ l

$V = 60$ l gewählt

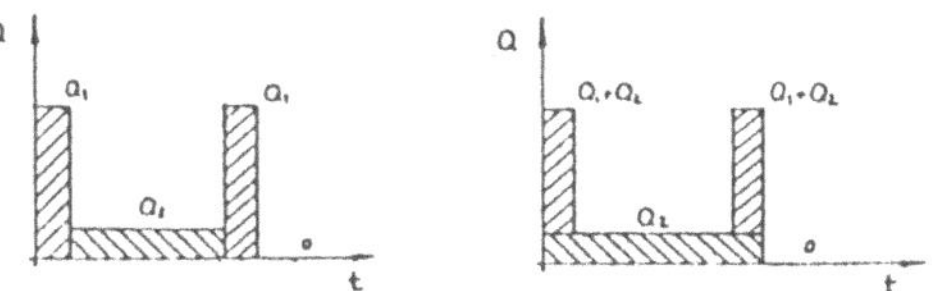

Bild 10: Wechselschaltung (entweder-oder) links und Überlagerungsschaltung (sowohl-als auch).

Antrieb durch eine Doppelpumpe (Konstantpumpen in Tandemanordnung)

Vorgesehen wird dieselbe Hydro-Pumpenart, nämlich zwei Zahnradpumpen. Das Fördervolumen beider Pumpen wird dabei so gewählt, daß sich entweder beide Pumpen abwechseln (Wechselschaltung) oder zeitweise ergänzen (Überlagerung). Wie die Ströme, so sind auch die Drücke während des Eil-Vor- und -Rücklaufes anders als während des Arbeits-Vorschubs.

$p_{EVeff} = p_{ERelf} = 15$ bar

$p_{AVeff} = 50$ bar

$Q_{EVeff} = Q_{EReff} = 15$ l/min

$Q_{AVeff} = 0{,}5$ l/min

Die Überlagerung ergibt eindeutig günstigere (kleinere) Pumpengrößen:

$Q_{1th} = 0{,}5$ l/min

$Q_{1th} + Q_{2th} = 15$ l/min

1. Pumpe: $V_{1th} = \frac{Q_{1th} \cdot 10^5}{n \cdot \eta_v}$ (cm³/U)

$Q_{1th} = 0{,}5$ l/min

$n = 1450$ U/min

$\eta_v = 95$ %

$V_{1th} = \frac{0{,}5 \cdot 10^5}{1450 \cdot 95} = 0{,}37$ cm³/U

$V_{1eff} = 1$ cm³/U gewählt

$Q_{1eff} = V_{1eff} \cdot n \cdot \eta_v \cdot 10^{-5}$

$= 1 \cdot 1450 \cdot 95 \cdot 10^{-5} = 1{,}3$ l/min

$Q_{2th} = 15 - Q_{1eff}$

$= 15 - 1{,}3 = 13{,}7$ l/min

2. Pumpe: $V_{2th} = \frac{Q_{2th} \cdot 10^5}{n \cdot \eta_v}$

$Q_{2th} = 13{,}7$ l/min

$n = 1450$ l/min

$\eta_v = 95$ %

$V_{2th} = \frac{13{,}7 \cdot 10^5}{1450 \cdot 95} = 10$ cm³/U

$V_{2eff} = 11$ cm³/U gewählt

$Q_{2eff} = V_{2eff} \cdot n \cdot \eta_v \cdot 10^{-5}$

$= 11 \cdot 1450 \cdot 95 \cdot 10^{-5} = 15$ l/min

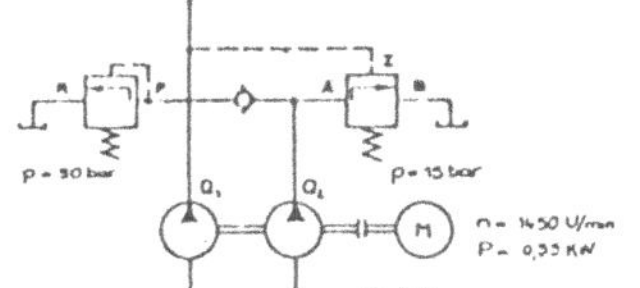

Bild 11: Die zweite Hydropumpe Q_2 wird druckabhängig über Zuschaltventilanschluß Z auf drucklosen Umlauf geschaltet.

Damit ergibt sich eine Förderstromreserve. Die jeweilige Überlagerung besorgt ein Druckschaltventil, das druckabhängig die zweite Hydro-Pumpe zu- bzw. abschaltet (auf drucklosen Umlauf).

Antriebsleistung

Sie ist während der einzelnen Bewegungsphasen unterschiedlich.

Eil-Vorlauf EV und Eil-Rücklauf ER:

$$P_{EV} = P_{ER} = \frac{(Q_{1eff} + Q_{2eff})\, p_{ERef f}}{6 \cdot \eta_t} \; [kW]$$

$Q_{1eff} = 1{,}3$ l/min

$Q_{2eff} = 15$ l/min

$p_{EReff} = 15$ bar

$\eta_t = 82\,\%$

$$P_{EV} = P_{ER} = \frac{(15 + 1{,}3) \cdot 15}{6 \cdot 82} = 0{,}5 \text{ kW}$$

Arbeits-Vorschub AV:

$$P_{AV} = \frac{Q_{1eff} \cdot p_{AVeff}}{6 \cdot \eta_t} \; [kW]$$

$Q_{1eff} = 1{,}3$ l/min

$p_{AVeff} = 50$ bar

$\eta_t = 80\,\%$ geschätzt

$$P_{AV} = \frac{1{,}3 \cdot 50}{6 \cdot 80} = 0{,}135 \text{ kW}$$

Ungünstigster Leistungswert ist P = 0,5 kW

P = 0,55 kW gewählt

Antrieb durch Einzelpumpe und Hydro-Speicher (Konstantpumpe und Hydro-Speicher)

Durch Einbeziehung eines Gases (Stickstoff) gelingt es, im Speicher Flüssigkeit unter Druck zu speichern, um sie bei kurzzeitigem Bedarf wieder abzugeben. Eine saubere Trennung von Gas und Flüssigkeit ist dabei gegeben. Eine Pumpe in Verbindung mit einem Hydro-Speicher kann daher wie eine Pumpe mit schwankendem Förderstrom betrachtet werden: In Zeiten geringeren Förderstrombedarfs wird von der Hydro-Pumpe der Hydrospeicher mit einem überschüssigen Strom gefüllt, in Zeiten eines Spitzenbedarfs unterstützt ein sich entleerender Hydro-Speicher die dann zu kleine Hydro-Pumpe. Diese hat gewissermaßen einen Durchschnitts-Förderstrom zu liefern.

Bild 12: Speicherbetrieb ist bei stark schwankendem Ölbedarf vorteilhaft. Der Speicher deckt die Spitze von 15 l/min ab. Somit kann eine kleinere Pumpe gewählt werden.

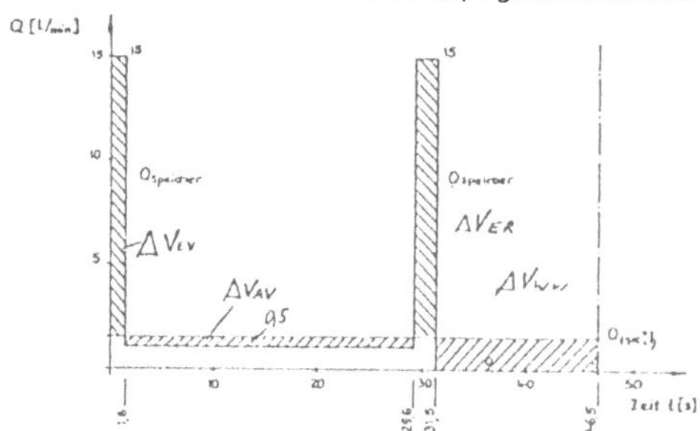

Während der Taktzeit hat diese Hydro-Pumpe das durchschnittliche Hydro-Zylinder-Hubvolumen für Vor- und Rückwärtshub zu fördern:

$$Q_{ppeth} = \frac{\Sigma V}{\Sigma t}$$

$\Sigma V = V_{EV} + V_{AV} + V_{ER}$

$V_{EV} = A_1 \cdot h_{EV} \cdot 10^{-4}$ (l)

$A_1 = 20$ cm²

$h_{EV} = 200$ mm

$= 20 \cdot 200 \cdot 10^{-4} = 0{,}4$ l

$V_{AV} = A_1 \cdot h_{AV} \cdot 10^{-4}$ (l)

$A_1 = 20$ cm²

$h_{AV} = 120$ mm

$= 20 \cdot 120 \cdot 10^{-4} = 0{,}24$ l

$V_{ER} = A_3 \cdot h_{ER} \cdot 10^{-4}$ (l)

$A_3 = 15$ cm²

$h_{ER} = 320$ mm

$= 15 \cdot 320 \cdot 10^{-4} = 0{,}48$ l

$\Sigma V = 0{,}4 + 0{,}24 + 0{,}48 = 1{,}12$ l

$\Sigma t = 46{,}5$ s

$$Q_{ppeth} = \frac{1{,}12}{46{,}5} \cdot 60 = 1{,}44 \text{ l/min}$$

$$V_{ppeth} = \frac{Q_{ppeth} \cdot 10^3}{n \cdot \eta_v} \; (\text{cm}^3/\text{U})$$

$Q_{ppeth} = 1{,}44$ l/min

$n = 1450$ l/min

$\eta_v = 95\,\%$ geschätzt

$$= \frac{1{,}44 \cdot 10^3}{1450 \cdot 95} = 1{,}04 \text{ cm}^3/\text{U}$$

$V_{ppe\,eff} = 2$ cm³/U gewählt

$Q_{ppe\,eff} = V_{ppe\,eff} \cdot n \cdot \eta_v \cdot 10^{-5}$ (l/min)

$V_{ppe\,eff} = 2$ cm³/U

$n = 1450$ U/min

$\eta_v = 95\,\%$ geschätzt

$= 2 \cdot 1450 \cdot 95 \cdot 10^{-5} = 2{,}75$ l/min

Bei einem Förderstrom der Hydro-Pumpe von Q = 2,75 l/min muß während der Eil-Vorlaufphase t_{EV} der restliche Strombedarf vom Hydro-Speicher gedeckt werden:

$\Delta Q_{EV} = Q_{EVth} - Q_{ppe\,eff}$

$= 15 - 2{,}75 = 12{,}25$ l/min

Das entsprechende Volumen, das der Hydro-Speicher in der Eil-Vorlaufzeit t_{EV} zur Verfügung stellen muß, ist demnach:

$$\Delta V_{EV} = \frac{\Delta Q_{EV} \cdot t_{EV}}{60} \; (l)$$

$$= \frac{12{,}25 \cdot 1{,}6}{60} = 0{,}326 \text{ l}$$

Während der Arbeits-Vorschubphase t_{AV} liefert die Hydro-Pumpe einen Förderstrom, der den eigentlichen Bedarf von Q_{AVth} um einen Differenzbetrag übersteigt:

$\Delta Q_{AV} = Q_{ppe\,eff} - Q_{AVth} = 2{,}75 - 0{,}5 = 2{,}25$ l/min

Dieser Differenzstrom muß während der Arbeits-Vorschubzeit t_{AV} das dem Hydro-Speicher entnommene Volumen ΔV_{EV} mit Sicherheit wieder auffüllen:

$$\Delta V_{AV} = \frac{\Delta Q_{AV} \cdot t_{AV}}{60} \text{ (l)}$$

$$= \frac{2{,}25 \cdot 28}{60} = 1{,}05 \text{ l}$$

Die Füllmenge ΔV_{AV} übersteigt also die Entnahmemenge ΔV_{EV}.

$\Delta V_{AV} \geqq \Delta V_{EV}$

$1{,}05 > 0{,}326$

Auch während der Eil-Rücklaufzeit t_{ER} muß der Hydro-Speicher einen Strom bzw. ein Volumen abgeben:

$$\Delta Q_{ER} = Q_{ERth} - Q_{ppe\,eff}$$

$$= 15 - 2{,}75 = 12{,}25 \text{ l/min}$$

$$\Delta V_{ER} = \frac{\Delta Q_{ER} \cdot t_{ER}}{60} \text{ (l)}$$

$$= \frac{12{,}25 \cdot 1{,}9}{60} = 0{,}388 \text{ l}$$

Dieses Volumen V_{ER} ist mit Sicherheit während der Werkstück-Wechselzeit t_{WW} wieder aufzufüllen, damit kein Defizit entsteht:

$$\Delta V_{WW} = \frac{Q_{ppe\,eff} \cdot t_{WW}}{60} \text{ (l)}$$

$$= \frac{2{,}75 \cdot 15}{60} = 0{,}687 \text{ l}$$

Damit ist die Füllmenge ΔV_{WW} größer als die Entnahmemenge ΔV_{ER}:

$$\Delta V_{WW} \geqq \Delta V_{ER}$$

$$0{,}687 > 0{,}388$$

Damit ist die Hydro-Pumpe groß genug, die größte Entnahme aus dem Hydro-Speicher auszugleichen.

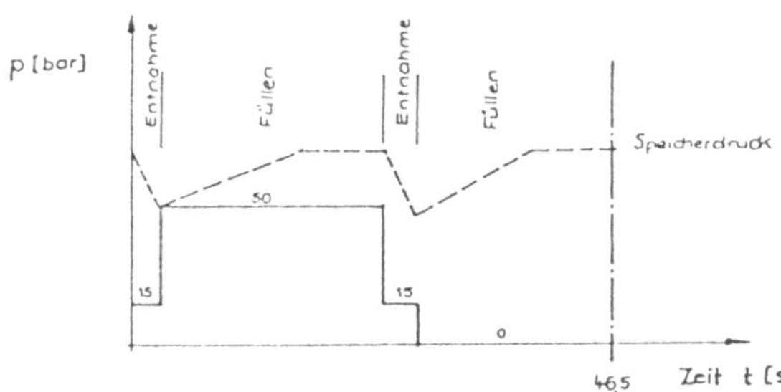

Bild 13: Druckverlauf im Hydrospeicher in Abhängigkeit von der Zeit.

Gerade, wenn durch die größte Entnahme aus dem Hydro-Speicher auch der Speicherdruck seinen Tiefpunkt erreicht, setzt der Arbeits-Vorschub mit größtem Druckbedarf p_{AVeff} ein. Der geringste Druck im Hydro-Speicher (Mindestarbeitsdruck p_2) muß also stets noch größer sein als der Druck im Arbeits-Vorschub p_{AVeff}.

$$p_2 \geqq p_{AVeff}$$

$$p_2 \geqq 50 \text{ bar}$$

Damit sind für den Hydro-Speicher zwei wichtige Daten bekannt:

Größtes Entnahmevolumen $\Delta V_{ER} = 0{,}388$ l

Mindestarbeitsdruck $p_2 = 50$ bar

Aufgrund der schnellen Entnahme ist bei der Speicher-

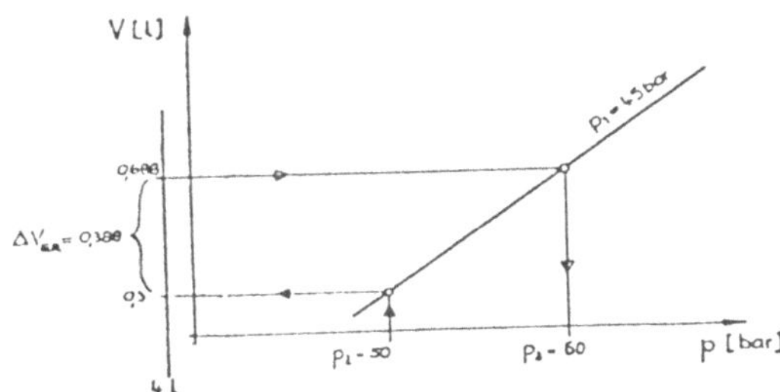

Bild 14: Adiabatische Leistungskennlinien.

berechnung die adiabatische Leistungskennlinie maßgebend. Ein Richtwert liefert die Größe des auszuwählenden Stickstoff-Vorspanndruckes p_1:

$p_1 \approx 0{,}9 \cdot p_2$ (bar)

$p_1 \approx 0{,}9 \cdot 50 = 45$ bar

Der Herstellerangabe entsprechend würde ein Hydro-Speicher mit einer 4 l-Nenngröße als Blasenspeicher die gewünschte Flüssigkeitsmenge ΔV_{ER} abgeben. Sein ursprünglicher Druck im aufgefüllten Zustand (Höchstarbeitsdruck p_3) wäre dann $p_3 = 60$ bar.

Ein weiterer Richtwert, der die Lebensdauer berücksichtigt, setzt dem Höchstarbeitsdruck Grenzen:

$$p_3 \leqq 3 \cdot p_2$$

$$60 < 3 \cdot 50$$

$$60 < 150$$

Damit ist der Hydro-Speicher richtig bemessen. Um ihn aber überhaupt immer wieder auffüllen zu können, muß die Hydro-Pumpe jetzt gegen diesen Höchstarbeitsdruck fördern können.

Antriebsleistung:

$$P = \frac{Q_{ppe\,eff} \cdot p_3}{6 \cdot \eta_t} \text{ (kW)}$$

$Q_{ppe\,eff} = 2{,}75$ l/min

$p_3 = 60$ bar

$\eta_t = 80\,\%$ geschätzt

$$P = \frac{2{,}75 \cdot 60}{6 \cdot 80} = 0{,}34 \text{ kW}$$

P = 0,37 kW gewählt

Behältergröße:

$V = (3 \ldots 5)\, Q \cdot t$ (l)

$Q_{ppe\,eff} = 2{,}75$ l/min

$t = 1$ min

$V = 8{,}25 \ldots 13{,}8$ l

$V = 12$ l gewählt

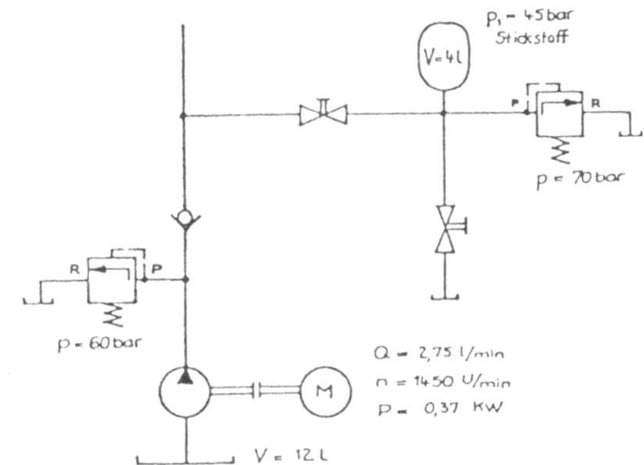

Bild 15: Die endgültige Antriebsvariante mit 2,75 l/min-Pumpe und 4 l-Speicher.

10.5 Vergleich von Eigenschaften verschiedener Bauarten hydrostatischer Pumpen

Die folgende Tabelle nach Baumgarten [20] ermöglicht als Anhalt einen Vergleich von Pumpenbauarten für Auswahl oder Neubau.

Bauarten	Eigenschaften														
	Funktion							Einbau				Kosten			
	p •	q •	n_1 •	n_2 •	η •	fa •	i +	V •	G •	L •	E +	P +	B +	R +	N •
Zahnradpumpen								o	o			●			
Zahnringpumpen				o		o		o	●			o			
Zellenpumpen mit umlaufend. Flügeln			o	●		●		●	o			o	?		
Zellenpumpen mit festen Flügeln															
Axialkolbenpumpen, umlaufend. Trommel	o	●			o		o								o
Axialkolbenpumpen, druckgesteuert	o		●		o					?	?				
Axialkolbenpumpen, weggesteuert	o				o		o								o
Radialkolbenpumpen	●		o		o		o								o

Darin bedeuten:

- p maximaler Druck
- q maximaler Förderstrom
- n_1 minimale Drehzahl
- n_2 maximale Drehzahl
- η Gesamtwirkungsgrad
- f_a Pulsation, Frequenz f, Amplitude
- i Förderstromverstellbereich
- V minimaler Bauraum
- G minimales Gewicht
- L Lebensdauer
- E Empfindlichkeit gegen Druckstöße
- P Preis
- B Einbaukosten
- R Instandhaltungskosten
- N Energieverbrauch
- • günstigster Wert
- ∘ nahe am günstigsten Wert
- ? vermutlich günstigster Wert

10.6 Beispiel für Angaben in Firmenprospekten

Die folgende Tabelle gilt für eine Pumpe mit $V_h = 54,8 cm^3/U$
Die Zahlenwerte sind mit 10^{-3} zu multiplizieren,
η_v und η_{mh} gelten genau, nur $\Delta p = p(p_1 = 0)$. Fehler bis $p_1 = 15 \ldots 20 bar$ vernachlässigbar. η_v gilt nur für geschlossenen Kreislauf (sonst +3Viskosität von $36\,c\,St$.

Schwenkwinkel α		1^0			10^0			20^0			25^0		
Wirkungsgrad		η_v	η_{mh}	η_t	η_v	η_{mh}	η_t	η_v	η_{mh}	η_t	η_v	η_{mh}	η_t
Drehzahl	Arbeitsdruck bar												
50 1/min	50	235	230	54	852	666	567	935	765	715	950	813	772
	100	-	-	-	740	756	559	875	855	748	900	868	781
	150	-	-	-	-	-	-	800	885	708	857	896	768
	200	-	-	-	-	-	-	-	-	-	807	905	730
	250	-	-	-	-	-	-	-	-	-	-	-	-
	320	-	-	-	-	-	-	-	-	-	-	-	-
200 1/min	50	660	320	211	941	758	713	974	847	825	977	863	843
	100	-	-	-	865	832	720	935	895	836	956	905	865
	150	-	-	-	795	868	690	903	917	828	927	922	855
	200	-	-	-	725	877	636	862	927	799	887	930	825
	250	-	-	-	600	891	534	825	934	770	858	940	806
	320	-	-	-	500	903	451	752	942	709	810	948	767
800 1/min	50	834	380	316	967	820	793	987	889	877	990	904	895
	100	640	514	329	935	885	827	972	931	905	977	938	916
	150	450	577	259	897	912	818	957	945	904	967	951	919
	200	250	602	150	866	925	801	939	955	897	952	959	913
	250	-	-	-	835	934	779	923	959	886	938	965	905
	320	-	-	-	760	939	713	896	963	863	920	968	890
1500 1/min	50	852	375	319	972	816	793	987	883	871	990	896	887
	100	702	507	356	942	887	835	975	931	907	980	934	915
	150	541	565	305	910	915	832	962	944	908	970	950	921
	200	370	608	225	887	928	823	948	956	906	960	959	921
	250	-	-	-	860	936	805	937	962	901	950	965	916
	320	-	-	-	815	940	766	916	966	885	936	970	907
3000 1/min	50	875	293	256	976	745	728	988	798	788	991	806	798
	100	737	429	316	947	839	795	976	874	852	983	878	863
	150	596	504	300	918	880	807	966	912	881	973	913	888
	200	467	560	261	900	904	813	955	934	892	965	937	904
	250	-	-	-	872	917	800	945	943	891	957	946	905
	320	-	-	-	834	924	771	926	951	880	943	953	899
4000 1/min	50	890	220	195	978	630	616	990	713	705	992	739	733
	100	755	359	271	951	770	732	977	810	791	987	820	809
	150	619	440	272	924	885	771	970	876	849	978	880	860
	200	495	510	252	908	875	794	960	907	871	967	909	879
	250	-	-	-	882	896	790	948	922	874	962	926	891
	320	-	-	-	845	907	766	933	932	869	949	933	885

Die folgende Tabelle gilt für einen Motor mit $V_h = 54,8 cm^3/U$. Zahlenwerte sind mit 10^{-3} zu multiplizieren.

Schwenkwinkel α		1^0			10^0			20^0			25^0		
Wirkungsgrad		η_v	η_{mh}	η_t	η_v	η_{mh}	η_t	η_v	η_{mh}	η_t	η_v	η_{mh}	η_t
Drehzahl	Arbeitsdruck bar												
50 1/min	50	-	-	-	872	500	463	941	715	673	955	770	735
	100	-	-	-	796	677	539	894	830	742	914	847	775
	150	-	-	-	719	763	548	841	870	731	883	883	780
	200	-	-	-	652	792	517	810	883	715	849	895	759
	250	-	-	-	520	810	421	740	897	664	790	906	715
	320	50	50	2	380	831	315	635	906	575	700	915	640
200 1/min	50	-	-	-	946	680	644	977	820	801	980	841	824
	100	-	-	-	882	798	704	944	882	834	963	895	862
	150	-	-	-	837	848	710	920	909	836	941	915	861
	200	-	-	-	790	860	679	890	921	820	916	924	847
	250	220	175	38	740	878	649	864	929	803	889	936	832
	320	152	262	40	674	892	601	817	939	767	857	945	810
800 1/min	50	-	-	-	970	786	757	990	875	866	993	893	887
	100	-	-	-	942	870	820	979	926	907	983	934	918
	150	-	-	-	911	904	824	968	941	911	977	948	926
	200	434	340	147	888	919	816	954	953	909	966	957	924
	250	350	384	134	866	929	805	943	957	903	956	963	922
	320	280	453	127	816	935	763	923	962	889	944	967	913
1500 1/min	50	-	-	-	974	774	755	990	867	859	993	884	877
	100	-	-	-	948	872	828	981	925	909	986	930	917
	150	-	-	-	922	907	837	972	941	915	980	947	928
	200	475	356	169	905	922	835	962	954	918	973	957	932
	250	390	417	162	885	932	825	955	960	917	967	963	932
	320	320	486	155	854	936	800	940	964	907	958	969	929
3000 1/min	50	-	-	-	978	660	646	991	746	740	994	759	754
	100	-	-	-	953	808	771	982	855	841	989	861	852
	150	-	-	-	929	863	802	976	903	882	982	904	889
	200	500	217	108	916	893	818	968	929	900	978	932	912
	250	417	341	142	895	909	814	962	939	904	973	943	918
	320	350	435	152	868	918	797	949	948	900	965	951	918
4000 1/min	50	-	-	-	980	412	404	993	597	593	995	646	643
	100	-	-	-	957	701	671	984	765	753	993	780	775
	150	-	-	-	934	802	750	980	858	841	987	863	853
	200	-	-	-	922	857	791	973	898	874	980	899	382
	250	430	247	106	903	884	798	965	915	883	978	920	900
	320	363	350	127	876	898	787	955	927	886	970	928	900

10.7 Zusammenstellung von Pumpenarten aus [2]

	Ventilpumpen					weggesteuerte Hubkolbenpumpen u. Motoren							
	Reihenkolbenventilpumpen			Radial	Axial		Radialkolben		Axialkolben				
							1.	2.	umlaufend		ruhend		
	1	2	3						1	2	3		
	Niederdruck	Hochdruck	kreuzkopflos	Ventil-	pumpen	schiebergesteuert	umlaufend	ruhend	Schrägscheibe	Triebflansch		kurbellose Kolbenpumpen	Membranpumpen
Abwasserpumpen	•											•	•
Ballastpumpen	•											•	
Baupumpen	•												•
Beregnungspumpen	•	•											
Bergwerkspumpen	•	•										•	•
Betonpumpen												•	
Bewässerungspumpen	•											•	
Bilgepumpen	•											•	
Bohrloch- und Brunnenpumpen	•	•											
Chemiepumpen	•	•	•	•	•							•	•
Dickmaischepumpen						•							
Dickstoffpumpen	•					•						•	
Dosierpumpen	•	•	•	•	•	•	•	•	•	•		•	
Entlüftungspumpen	•											•	•
Entwässerungspumpen	•											•	•
Faßpumpen	•												
Feuerlöschpumpen	•	•										•	
Handpumpen	•	•	•										•
Hauswasserpumpen	•												
Hydro-Getriebe						•	•	•	•	•	•		

	Reihenkolbenventilpumpen			Radial	Axial		Radialkolben		Axialkolben				
									umlaufend		ruhend		
	1	2	3				1.	2.	1	2	3		
	Niederdruck	Hochdruck	kreuzkopflos	Ventilpumpen		schiebergesteuert	umlaufend	ruhend	Schrägscheibe	Triebflansch		kurbellose Kolbenpumpen	Membranpumpen
Hydro-Mehrkreispumpen		•	•	•	•								
" - Mehrstufenpumpen		•	•	•	•								
" - Motoren m. konst. Schluckvol. (Konst.-Mot.)						•	•	•	•	•	•		
" - Motoren m. veränderb. Schluckvol. (Verstellmotor)						•	•	•	•	•	•		
" - Motoren langsamlaufend						•	•	•	•	•	•		
" - Nullhubpumpen				•	•	•	•		•	•			
" - Pumpen m. konst. Förderstrom (Konstantpumpe)	•	•	•	•	•	•	•	•	•	•	•	•	
" - Pumpen m. veränderb. Förderstrom (Verstellpump.)	•	•	•	•	•	•	•	•	•	•	•	•	
" - Pumpen m. umkehrb. Antriebs-Drehsinn	•	•	•	•	•	•	•	•	•	•	•		
" - " " bei gleichbleibender Förderrichtung	•	•	•	•	•								
" - " " bei sich umkehrender Förderrichtung						•	•	•	•	•	•		
" - P. m. umsteuerbarer Förderrichtung bei gleichem Antriebsdrehsinn						•	•	•	•	•	•		
" - Schaltpumpen			•	•	•								
" - Spannpumpen				•	•		•		•	•		•	
Kesselspeisepumpen	•	•										•	
Kondensatpumpen	•												
Kondensat-Einspritzpumpen	•											•	
Kraftstoff-Einspritzpumpen			•										
Kühlwasserpumpen	•												
Laborpumpen	•		•										
Lenzpumpen	•											•	
Messpumpen			•										

	Reihenkolbenventilpumpen			Radial	Axial	schiebergesteuert	Radialkolben		Axialkolben			kurbellose Kolbenpumpen	Membranpumpen
	1	2	3	Ventilpumpen			1.	2.	umlaufend		ruhend		
									1	2	3		
	Niederdruck	Hochdruck	kreuzkopflos				umlaufend	ruhend	Schrägscheibe	Triebflansch			
Nahrungsmittelpumpen	•					•						•	o
Obstmaischepumpen						•							
Ölbrenner-Einspritzpumpen			•										
Pipeline-Pumpen		•											
Preßwasserpumpen	•	•										•	
Preßölpumpen und -motoren	(siehe Hydropumpen u.-motoren)												
Prozesspumpen	•	•											
Prüfpumpen		•											
Pumpen für – – aggressive Flüssigkeit.	•	•				•							•
– – explosionsgefährdeten Betrieb												•	
– – flüssige Metalle						•							
– – körnigen Beimengungen	•											•	•
– – schmirgelnden Beimeng.													•
– – gasende Flüssigeiten u. Flüssigkeits-Gasgemische												•	
– – giftige u. übelriechende Flüssigkeiten													•
– – heiße Flüssigkeiten	•	•										•	
– – nichtschmierende Flüssigkeiten	•	•										•	•
– – verflüssigte Gase		•											
– – zähe Massen, Teige, Pasten	•					•							
– – Zementschlamm und Beton												(•)	
Pumpen mit veränderb. Förderstrom	(•)	(•)	(•)	(•)	(•)	(•)	•	•	•	•	•	•	
– – umkehrb. Antr.-Drehsinn – – bei gleicher Förderrichtung	•	•	•	•	•	(•)						•	•

	Ventilpumpen					weggesteuerte Hubkolbenpumpen u. Motoren							
	Reihenkolbenventilpumpen			Radial	Axial		Radialkolben		Axialkolben				
							1.	2.	umlaufend		ruhend		
	1	2	3						1	2	3		
	Niederdruck	Hochdruck	kreuzkopflos	Ventil-	pumpen	schiebergesteuert	umlaufend	ruhend	Schrägscheibe	Triebflansch		kurbellose Kolbenpumpen	Membranpumpen
-- -- mit Umkehrung d. Förd.						•	•	•	•	•	•		
-- umsteuerbarem Förderstrom bei gleichem Drehsinn						•	•	•	•	•	•		
Raffineriepumpen	•	•										•	
Schiffspumpen	•	•										•	
Schlammpumpen	•	•										•	•
Schmiermittelpumpen	•	•	•	•	•	•	•	•	•	•	•	•	
-- mit Einzelzuteilung	•	•	•	•	•	•							
Schmutzwasserpumpen	•											•	•
Schnellreinigungspumpen													•
Selbstansaugende Pumpen	(•)												(•)
Spinnpumpen			•										
Spülpumpen (Bohrbetrieb)		•											
Tiefbrunnenpumpen	•	•											
Umwälzpumpen	•	•											
Vorortpumpen												•	
Wasserhydraulikpumpen	•	•										•	
Wasserversorgungspump.	•											•	

10.8 Marktübersicht Radialkolbenmotoren [24]

Firma	Bosch	Düsterloh	Feinmech. Werke	Hägglunds	Hanauer Pumpen u. Getriebebau	Hydraulische Steuerungstechnik	Hydropa	HPA Köhler	Jahns-Regulatoren	Löwentraut & Söhne
Hersteller	selbst	selbst	selbst	AB Hägglunds Soener Schweden	selbst	SAMM Frankreich	Bignozzi Italien	SAI / Italien	selbst	selbst
konstant	●	●	●	●		●	●	●	●	●
verstellbar	●				●					
Zahl der Standardmodelle	1	52	1	11	16	30	28	11	22	41
theoretisches Schluckvolumen cm³/U	63	33 97 000	10,7	570 38 100	5 800	6 3200	65 4700	100 2400	17 6300	7 . . . 30 740
Drehzahl min. U/min Drehzahl max.	0 2800	10 0,15 1500 20	5 4800	0,5 0,01 400 16	1 1 1800 850	7 0,3 1200 125	1 1 1000 120	12 1 800 180	>0 >0 1000 120	0,5 1000
Dauerdr. b. 100 % ED bar vertretb. Spitzendr. bar	315 400	200 120 315 210	140 210	200* 150 350* 210	90 150 150 250	150 250 210 320	140 175 250 350	200 150 300 250	250 160 350 160	60 ÷ 250 200 ÷ 400
theor. spezif. Drehmoment je bar da Nm	0,1	0,045 138,6	0,0143	0,907 60,08	0,008—1,15	0,01 5	0,1 6,95	0,143 3,5	0,025 9	0,01 ÷ 44
Startmoment in % vom theor. Moment	90	88 96	95	95 975	90 95	86 97	92 96	98 v. mittl. Drehmoment	80 92	90 ÷ 95
Gewicht kg	60	18 1650	9	98 1450	17 1460	4,5 290	24 725	25 215	14,5 780	9 ÷ 3100
Umschaltverhältnis (Schluckvol.)	1 : 2	1 : 2	—	1 : 2		—	—	—	—	3stufig 1 : 2 : 3
Drehrichtung	beliebig	beliebig	beliebig	beliebig	beliebig	beliebig	beliebig	beliebig	beliebig	beliebig
besondere Anbau- u. Einbaumöglichkeiten	Abtriebsarten: Direktabtrieb mit Kupplung Keilriemen- oder Zahnradabtrieb	Getriebe u./od. Bremse, Hohlwelle, 2. Wellenende, Fliegende Anordnung v. Ritzel, Riemenscheiben, Kettenräder, Reihenschaltung	eingebaute Überdruckventile	fliegend gelagerter Radnabenmotor, als Aufsteckgetriebe u. Trommelmotor	Flansch, eingebaute Überdruck- u. Steuerventile	durchgehende u. Hohlwelle mit Anschl.-flansch für Servoventile, 2 Wellenzapfen u. eingebaute Haltebremse	Sonderflansche, Radnabeneinbau, Getriebemotoren	Radnabenmotor, Windenspezialmodell, Hohlwelle	Motoren mit dauerhaft niedrigem Lecköl und automat. Verschleißausgleich für Regel- und Positionierantriebe sowie für Betrieb ohne mechan. Bremsen	Vielkeilw., Zyl.-Wellen, Paßf., Getr. od. Bremse elektron. Drehregel., Radnabeneinbau, eingeb. Freil. (Spritzgießmasch.) Überdr.ventil Servoventile
Zubehör		Zahnnabenbüchsen, Flansche, Schlauchleitungen, Kupplungen, Schrumpfscheiben		Haltebremsen, Fahrzeugbremsen, 2 Geschwindigkeitsventile, Senkbremsventile		kompl. Steuerger., Servoventil, Getriebe, Seiltromm., Bremsen, el.-hydr. Schrittmotore	Kupplungsmuffen, Schockventile, Planetenuntersetzg. für Md max. 25 000 daNm	Getriebeuntersetzung 1:2,5; 1:3,5; 1:5; teilw. umschaltbar, Lamellen- u. Trommelbremse	Druckbegrenzungs-, Steuer- und Regelventile direkt am Motor	Planetengetr., hydr. gel. Federdr., Lamellenbremse, kpl. Hydraulik-Aggregate
Listenpreis (Standardmotor) DM	2090,- 2410,-	800,- 11 900,- (ohne Getr.)	1190,—	3500,- 35 000,-	3000,- 30 000,-	550,- 7400,-	865,- 8650,-	980,- 3900,- 1540,- 4500,- (m. Getriebe)	700,— bis 15 000,—	700,- 26 796,-

Motoren-Vertr. GmbH	Pleiger		Poclain Hydraulics	Staffa	Vickers
Dinamicoil Italien	selbst	selbst	Poclain Hydraulics Frankreich	Staffa Chamberlein England	Sperry Vickers
	•	•	•	•	•
				•	
13	15 x 4	21	15 (28)	20	9
106 65 740	25 31 500	25 20 000	358 6632	189 24 650	192,8 6395
5 5 900 180	15 0 1200 110	15 1 2000 85	<1 <1 180 58	3 0,5 500 30	0 500 170
200 320	250 250	250 320	320 450	210 250 (350)	210 250
0,17 15,52	0,04 45	0,036 29	0,54 10	0,29 36,24	0,3 4,4
ca. 80	93 97	96	>95	90	—
28 500	30 2500	12 2350	80 765	40 1227	45 660
—	1 : 1,1 bis 4	—	1 : 2 1 : 2 : 3	1 : 3,5 1 : 2, 1 : 1,5	—
beliebig	beliebig	beliebig	beliebig	beliebig	beliebig
angefl. hydr. zu- und abschaltbare Planetengetriebe, 2 Zentrierflansche, 2 Antriebswellen (Motor- bzw. Getriebedrehzahl)	Hohlwelle, Kompaktmotor für hohe Axialkräfte	Unterwassereinsatz, Kompaktmotor für große Axialkräfte	Radnabenmotor, Vielkeil- u. Hohlwelle, Windenantrieb ohne Zwischenlagerung	Unterwassereinsatz mit/ohne Getriebe, verschiedene Wellen	—
Planetengetriebe	hydr. gelüftete Federdrucklamellenbremse	hydr. gelüftete Federdrucklamellenbremse, Planetengetriebe	Bremsen Abtriebsritzel Flansche	Senkventile Bremsventile	auf Anfrage Anschlußflansche
bis 15 622,—	1345,- 49 750,-	1200,- 34 000,-	2630,- 7450,- (für 2785 cm³-Motor)	1500,- 22 000,-	1866,- 5984,-

10.9 Marktübersicht Axialpumpen und -motoren [24]

Firma	Abex Denison	Bosch		Brueninghaus	Bucher	Büchl	Danfoss	Eckerle	Hengstler
Hersteller	selbst	selbst		selbst	selbst	selbst	Eaton	selbst	selbst
Konstruktionsprinzip	Schräg-scheibe	Taumel-scheibe Ventil-steuerung	Taumel-scheibe Kolben-schlitz-steuerung	Schräg-achse	Taumel-scheibe	Taumel-scheiben ventil-gesteuert	Schräg-scheibe	Schräg-achse	Taumel-scheibe
auch Motorbetrieb?	ja	nein	ja (vor-zugsw.)	ja	nein	nein	ja	ja	nein
Förder/Schluck-volumen von bis cm^3/U	20/168/ 638	8/16	16	60/125 2000	Pumpe 2,5/8/25 Motor 6/10/25	23,3/40/ 80/160	54/342	11,7/107	6/25
Zahl der Standardgrößen	34 Pumpen, 14 Motoren	2	1	7 Pumpen, 14 Motoren	10 Pumpen, 4 Motoren	4	8	4	5
min. Eingangsdruck (Pumpe) bei 1500 U/min bar absolut	0,988	0,6	2,5	0,8	0,8	1	?	1	0,4
Ausgangsdruck bei 100 % BD bar	350	210	210	350	250	400/500 600/700	245	200	180
Spitzendruck bei % BD bar	350 (420) 100 %	315	315	400	350 (10 %)	1000 (80 %)	420 ?	400 (5 %)	300
n max. Pumpe ohne Vorspannung U/min	1800	2500	1200	2900 1850/710	3000	1500/1800	?	3500/2000	3000
n max. Motor U/min	3000	—	2500	3800 3200/1200	3000	—	3755 1980	3500/2000	—
n min. Motor U/min	100	—	20	< 30	50	—	50	100	—
Motor: Startmoment in % vom theor. Moment	95	—	85 ... 100	ca. 87	75	—	85	85	—
Gewicht von bis daN	15/94/210	11/11	11,5	30/46/ 1183	Pumpe 5,6/8/16,5 Motor 5,1/7,5/17,5	65/100/ 150/280	35/176	14/72	5/17
Drehrichtung	beliebig	beliebig	beliebig	beliebig	beliebig	beliebig	beliebig	beliebig	beliebig
Listenpreis (Grundeinheit) DM	850/2700/ 7200	860/1140	1140	stückzahl-abhängig	Pumpen 295/350/770 Motoren 340/530/660	2200/6700	auf Anfrage	975/2110	auf Anfrage

Firma	Hydraulik-ring	Hydreco-Hamworthy	Hydromatik	Integral Hydraulik Langen	Leduc	Linde	Maschinenwerke Frankfurt	Meiller	Oilgear	Parker Hannifin	Racine-Rex
Hersteller	Heller	selbst	selbst	selbst	selbst	selbst	selbst	selbst	selbst	selbst	Kline Inc..
Konstruktionsprinzip	Schräg-scheibe	Schräg-scheibe	Schräg-achse	Umlaufende Taumelscheibe mit Steuer-scheibe, 9 Kolben	Schräg-scheibe	Schräg-² achse	Schräg-scheibe	Schräg-scheibe	Schräg-scheibe	Schräg-scheibe	Schräg-scheibe
auch Motorbetrieb?	nur Motor	ja	ja	nur Motor	nein	ja	ja	nein	ja	modif. ja	ja
Förder/Schluck-volumen von bis cm^3/U	20/32/54/135	49/344	10/2000	10/14/20/45/60/80/90/100/120	0,045/90	20/186	1,8/222	12,5/187,5	13,3/410	1,6/87,7	32/238
Zahl der Standardgrößen	4	8	18 (zu bevorzuger 9)	6	43	7	5	9	13	15 Pumpen, 12 Motoren	5
min. Eingangsdruck (Pumpe) bei 1500 U/min bar absolut	—	0,83	0,7	—	> 1	0,973	0,9	?	0,8	0,8	4
Ausgangsdruck bei 100 % BD bar	?	250	320/350	—	350/2000	200	100	150/125	145/210 350	P: 315 M: 150/210	350
Spitzendruck bei % BD bar	80	350	400	50/80 100	700/2500	400	120 (10 %)	250/220	175/245 400	250/350 P: 20 %, M: 10 %	350
n max. Pumpe ohne Vorspannung U/min	—	3000	5000/710	—	6000/2200	P: 3400/2200 M: 2600/1450	1500	1750/1200	1800	2800/1500	3750
n max. Motor U/min	1500/1500 1500/1200	3400/2500	6000/1200	1000 (2000)	—	3400/2200	5000	—	3000	3000/2000	3000
n min. Motor U/min	10/10/6/5	180	bei < 50 Rücksprache	1	—	50	1	—	50	300	100
Motor: Startmoment in % vom theor. Moment	80	87	ca 90	85—90	—	85	85	—	ca. 85	85	82
Gewicht von bis daN	9/9/16,5/22,5	20/206	5/180	7—34		16/96	1,6/40	5,7/42	13/727	3/60	21/145
Drehrichtung	beliebig	beliebig	beliebig	beliebig	beliebig	beliebig	beliebig	beliebig	beliebig	beliebig	beliebig
Listenpreis (Grundeinheit) DM	auf Anfrage	auf Anfrage	auf Anfrage	1180/2066	380/3700	1235/3457	546	auf Anfrage	656/16726	P: 420/2240 M: 480/2578	ca. 2958/7224

Firma	Sauer-Getriebe	Schwelm & Towler	Sperry Vickers	Staffa	Toussaint & Hess	Volvo Hydraulik	Von Roll		ZF
Hersteller	selbst	Towler	selbst	Lucas.	selbst	selbst	selbst	selbst	Sund-strand
Konstruktionsprinzip	Schräg-scheibe	Taumel- u Schräg-scheibe	Schräg-scheibe	Schräg-scheibe	Schräg-scheibe ventilgest.	Schräg-achse mit sphäri-schen Kolben	Schräg-scheibe	Schräg-achse	Schräg-scheibe
auch Motorbetrieb?	ja	ja	ja	ja	nein	ja	ja	ja	ja
Forder/Schluck-volumen von bis cm³/U	15/333,3	2/145/400	P: 10,5/43 94,5 M: 10,5/21,2/ 43	4,55/303	12/125	4,88/19/ 150	49/92/186 285/392	437/865/ 1750/3584	15/333,6
Zahl der Standardgroßen	10 Pump., 10 Mot.	15	4 Pumpen, 3 Motoren	9	7	8	5	4	10
min. Eingangsdruck (Pumpe) bei 1500 U/min bar absolut	0,8	0,8	0,83/0,83 1,14	1	?	1,1/0,5	~8—10	8—10	0,8
Ausgangsdruck bei 100 % BD bar	350	350/500	P: 105 M: 105/70	280	180/140	350	400	350	210
Spitzendruck bei % BD bar	350	350/500	P: 210/175/ 210 M: 210/175/ 140	350 (5 %)	250/180	420 (30 %)	500	400	350
n max. Pumpe ohne Vorspannung U/min	3600	2000	3600/ 2400/2200	bis 6000	1750/1200	3600/ 2300/1100	4500/3600/ 2900 2600/2400	2500/2000 1600/1200	4000/1300
n max. Motor U/min	4700/1900	3000	3600/ 2400/2400	bis 6000	—	8500/ 5700/2800	wie Pumpe	wie Pumpe	4000/1900
n min. Motor U/min	30	100	100	10	—	100	< 30	< 30	30
Motor: Startmoment in % vom theor. Moment	83	86	ca. 70	80/85	—	75	?	?	83
Gewicht von bis daN	8/285	12/95/ 1000	P: 5/25/50 M: 4,5/9,5/17	4/160	7,3/25,5	3,9/11,2/ 70	45/70/120/ 180/235	220/450/ 960/2400	7/154
Drehrichtung	beliebig	beliebig	beliebig	beliebig	beliebig	beliebig	beliebig	beliebig	beliebig
Listenpreis (Grundeinheit) DM	auf Anfrage	500/3000 40 000	P: 786/1361/ 2650 M: 924/1184/ 1953	600/10 000	700/1500	900/1165/ 2950	auf Anfrage	9715/16 400 33 810/58 380	auf Anfrage

10.10 Vergleich verschiedener Antriebsenergiearten

	Auswahlkriterien		Mechanik	Pneumatik	Hydraulik	Elektrik
1	Leistungsübertragung über größere Entfernung		schlecht	mittel	gut	sehr gut
2	Leistungsdichte		mittel für 4) gut für 5)	schlecht	sehr gut	gut
3	Geschwindigkeit		hoch (Masse <)	hoch (Kräfte <)	mittel (Kräfte >)	hoch (Masse <)
4	geeignet für	Hubbewegung	gut (Hub <)	gut	gut	sehr schlecht
5		drehende Bew.	sehr gut	gut (Masse <)	gut	sehr gut
6	Steuerbarkeit Regelbarkeit		schlecht	schlecht	sehr gut	gut
7	Leist. Übertr. über	Wegschluß (über Form, Volumen, Schlupf)	sehr gut (genau)	-	schlecht (nur ungenau möglich)	gut (genau über Phase)
		Kraftschluß (über Kennlinie)	-	schlecht	nicht bei Hydrostatik	gut
8	Wirkungsgrad bei Leistungsübertragung		gut	schlecht	schlecht	schlecht
9	Wartung/Instandhaltg.		gut	mittel	schlecht	mittel
10	Sicherheit		etwa gleich			
11	Flexibilität im Aufbau		schlecht	gut	gut	sehr gut
12	Sonstiges		einfach, robust hohe Schaltgenauigkeit	Überlastschutz hohe Kompressibilität Explosionssicher	Überlastschutz Lecköl einfache Energiespeicherung	gut fernsteuerbar

Literaturverzeichnis

[1] Schulz, H. Die Pumpen. *Springer*, Berlin, Heidelberg, New York, 3. Aufl., 1977.

[2] Stieß, W. Pumpen Atlas I. *AGT Verlag Georg Thum*, Ludwigsburg, 1966.

[3] Wankel, F. Einteilung der Rotationsmaschinen. *Deutsche Verlagsanstalt*, Fachverlag Stuttgart, 1963.

[4] Bouche, Ch. Pumpen, in "DUBBEL", Taschenbuch für den Maschinenbau. *Springer*, Berlin, Heidelberg, usw., 18. Aufl., P12 - P47, 1995.

[5] Küttner, K.H. Kolbenmaschinen. *BG. Teubner*, Stuttgart, 6. Auflage, 1993.

[6] N.N. Pumpenhandbuch KSB. 3. Aufl., S. 128/129.

[7] Nikolaus, H. Signalgewinnung und Signalverarbeitung bei hydrostatischenMobilgetrieben mit selbsttätiger Anpaßregelung. *O. u. P. 21*, Nr. 10, S. 707 - 709, 1977.

[8] Zoebl, H. Ölhydraulik. *Springer*, Wien, 1963.

[9] Prediger, R. Ein mathematisches Modell zur parametervariierten Konstruktion hydraulischer Kolbenmaschinen. Dissertation, Universität Hannover, 1977.

[10] Böinghoff, O; v.d. Kolk, H.J. Grundlagen und Systematik der Steuerung und Regelung verstellbarer Verdrängermaschinen. *O. u. P. 16*, Nr. 5, S. 193 - 200, 1972.

[11] Schlösser, W.M.J. Ein mathematisches Modell für Verdrängerpumpen und -motoren. *O. u. P. 5*, S. 122 - 129, 1961.

[12] Schlösser, W.M.J. Über den hydraulisch-mechanischen Wirkungsgrad von Verdrängerpumpen. *O. u. P. 9*, Nr. 9, S. 333 - 338, 1965.

[13] Schlösser, W.M.J; Hilbrands, J.W. Über den Gesamtwirkungsgrad von Verdrängerpumpen. *O. u. P. 12*, Nr. 10, S. 415 - 420, 1968.

[14] Kordack, R. Ähnlichkeitswerte in dezimal-geometrischer Stufung bei Axialkolbeneinheiten. *O. u. P. 12*, Nr. 10, S. 279 - 284, 1973.

[15] Olsson, O. Der sphärische Kolben, ein neues Bauelement der Hydraulik. *O. u. P. 14*, Nr. 7, S. 291 - 295, 1970.

[16] N.N. Hydraulik- und Pneumatikdichtungen auf der Hannover-Messe. *Ingenieur-Digest 14*, 7, S. 25 - 37, 1975.

[17] Eidt, R. Elstomere als Dicht- und Konstruktionswerkstoffe, *Ingenieur-Digest 15*, 9, S. 45 - 50, 1975.

[18] Krauss, L. Untersuchung selbsttätiger Pumpenventile und die Einwirkung auf den Pumpengang. *VDI Forschungsheft 233.*

[19] Speich, H. Wirtschaftliche und konstruktive Überlegungen zur Entwicklung einer preisgünstigen Hochleistungs-Radialkolbenpumpe. *O. u. P. 11*, Nr. 7, S. 282 - 285, 1967.

[20] Baumgarten, U. Pumpen und Motoren. *O. u. P 6*, Nr. 1, S. 9 - 12, 1962.

[21] Nikolaus, H. Geräuschbildung an Axialkolbenpumpen. *O. u. P. 11*, Nr. 7, S. 535 - 539, 1975.

[22] Heyne, K.G. Experimentelle Untersuchung der akustischen Ähnlichkeit einer Baureihe von Axialkolbenpumpen. Dissertation Universität Hannover, 1978.

[23] Renius, K.T. Untersuchung zur Reibung zwischen Kolben und Zylinder bei Schrägscheiben-Axialkolbenmaschinen. Dissertation Technische Universitär Braunschweig, 1973.

[24] N.N. Markübersicht Radialmotoren. *Moderne Industrie*, Fluid-Markt, S. 38 - 39, München, 1975.

[25] Forster, F.; Frank, H.; Mätze, K. Triebflansch-Axialkolbeneinheiten spezieller Bauart. *Linde*, Berichte aus Technik und Wissenschaft, Heft 35, S. 15, 1974.

[26] Böinghoff, O. Untersuchung zum Reibungsverhalten der Gleitschuhe in Schrägscheiben-Axialkolbenmaschinen. *VDI Verlag*, VDI Forschungsheft 585, 1977.

[27] Regenbogen, H. Das Reibungsverhalten von Kolben und Zylinder in hydraulischen Axialkolbenmaschinen. *VDI Verlag*, VDI Forschungsheft 590, 1978.

[28] Heyl, W. Hydrostatische Antriebe in Großserie. *Linde*, Berichte aus Technik und Wissenschaft, Heft 73, S. 8 - 20, 1995.

[29] Kassing. W. Untersuchung zum Schwingungs- und Körperschallverhalten rotationssymmetrischer Maschinenstrukturen und Übertragung der Ergebnisse auf die Geräuschentwicklung von Axialkolbeneinheiten. Dissertation, Darmstadt, 1975.

[30] N.N. Druckflüssigkeiten für Hydrostatik-Axialkolbenpumpen/motoren, Ausgabe D 8 / 75. *Hydromatik GmbH*, Katalog Register 0-1, Ulm

[31] Witt, K. Unterschiedliches Verhalten hydraulischer Energieträger. *O. u. P. 15*, Nr. 4, S. 139 - 142, 1971.

[32] Schlösser, W.M.J.; Berg, P.v.d. Über die Viskosität der Öle in hydraulischen Anlagen. *O. u. P.*, H. 8, S. 263 - 265, 1958.

[33] Lipphardt, P. Untersuchung über das Lösen und Abscheiden dispergierter Luft in Druckmedien und ihre Wirkung in hydraulischen Kreisen. Forschungskuratorium Maschinenbau e.V., Frankfurt (Main), Forschungsheft 30, 1974 und Abschluberieht, 1976.

[34] Bauer, G. Ölhydraulik. *B.G. Teubner*, Stuttgart, 6. Auflage, 1992.

[35] Ve, K. "C"-Pumpe und Spiralverdichter. Neue Verdrängergeneration? *Fluid*, Heft 10, S. 51 - 55, 1976.

[36] Brangs, E. Über die Auslegung von Axialkolbenpumpen mit ebenem Steuerspiegel. Dissertation, RWTH Aachen, 1965.

[37] N.N. Fluid-Lernprogramm Hydraulik. *Verlag Moderne Industrie Wolfgang Dummer & Co. KG*, München.

[38] N.N. Wirkungsgrad-Kennwerte, KA2, (Axialkolbenpumpen, -motoren in Schrägachsenbauart). *Hydraulik*, Ausgabe D8, 1973.

[39] Heyl, W. Ermittlung der optimalen Kolbenzahl bei Schrägachsen-Axialkolbeneinheiten. *O. u. P. 23*, Heft 1, S. 31ff, 1979.

[40] Weule, H. Theoretische und experimentelle Untersuchung digitaler hydraulischer Positionsantriebe. Dissertation, Braunschweig, 1972.

[41] Müller, H.W., Kassing, W., Würtenberger, O. Möglichkeiten der Geräuschminderung bei Axialkolbenpumpen. *O. u. P. 20*, S. 27 - 33, 1976.

[42] Reimers, E. Möglichkeiten zur Lärmminderung an Axialkolbenpumpen mit wasserhaltigen Druckflüssigkeiten. Dissertation, Hannover, 1985.

[43] Walzer, W. Theoretische und experimentelle Untersuchung der Zylindertrommelmitnahme in Growinkel-Axialkolbenmaschinen. *Wissenschaftliche Berichte des Institutes für Fördertechnik der Universität Karlsruhe*, 1984.

[44] Molly, H. Entwicklungsstand und Entwicklungstendenzen im Axialkolbenmaschinenbau. Druckschrift zum Vortrag am 4.12.87 im Institut für Kolbenmaschinen, Universität Hannover.

[45] Grahl, T. Beitrag zum Drehschwingungsverhalten von Axialkolbenmaschinen in Schrägachsenbauart. Dissertation, Universität Hannover, 1989.

[46] N.N. Radialkolbenmotor BR 60. *Sauer-Sundstrand*, Firmendruckschrift SM RKM 60, S. 113, Oktober 1994.

[47] N.N. Verstellmotor (Schrägachse), BR 51. *Sauer-Sundstrand*, Firmendruckschrift VMV 51, S. 123a, Dezember 1992.

[48] N.N. Schwenkscheibenpumpe, Schrägscheibenmotor, BR 90. *Sauer-Sundstrand*, Firmendruckschrift SM 9, Mai 1994 und SPV 90, Juli 1994.

Im Text nicht zitierte Literatur und Lehr- und Fachbücher:

Löhner, K. Kolbenpumpen in: Hütte IIa, Des Ingenieurs Taschenbuch. 28. Auflage, S. 603ff, 1958.

Dettinger, W. Wirkungsgrad und Druckverlust in Hydraulischen Anlagen. *O. u. P. 3*, Nr. 2, S. 33 - 37, 1959.

Röper, R. Hydraulische und pneumatische Triebe, in: "DUBBEL", Taschenbuch für den Maschinenbau. *Springer*, Berlin, Heidelberg, usw., 18. Aufl., H1 - H21, 1995.

Backé, W. Grundlagen der Ölhydraulik. Institut für hydraulische und pneumatische Antriebe und Steuerungen, RWTH Aachen, 1972.

Chaimowitsch, E.M. Ölhydraulik: Grundlagen und Anwendung. *VEB Verlag Technik*, Berlin, 7. Auflage, 1967.

Blackburn; Reethof; Sheaver. Fluid Power Control. *Krauskopfverlag*, Wiesbaden, 1962

Kirsch, W. Verhaltensanalyse einer Axialkolbeneinheit bei Druckwasserbetrieb. *O. u. P. 22*, Nr. 10, S. 579 - 580, 1978.

Panzer, P.; Beitler, G. Arbeitsbuch der Ölhydraulik, Projektierung und Betrieb. *Krauskopfverlag*, Mainz, 2. Auflage, 1969.

Kuss, E. Über das Viskositäts-Druckverhalten von Mineralölen. *Materialprüfung 2*, 6. Auflage, S. 189 - 197, 1960.

Nikolaus, H. Regelverhalten hydrostatischer Fahrantriebe automativer Steuerung. *O. u. P. 19*, Nr. 5, 1975.

Thoma. J. Ölhydraulik. *Carl-Hauser-Verlag*, München, 1970.

N.N. Grundlagen der Ölhydraulik. *Krausskopf Taschenbücher O. u. P.*, Nr. 1, 1973.

Titscher, K.H. Untersuchung von Einflüssen auf den Druckverlauf in einem Zylinder einer HD-Hydraulik-Axialkolbenpumpe. Dissertation, RWTH Aachen, 1970.

Fachzeitschriften:

O. u. P.: Ölhydraulik und Pneumatik, *Krausskopfverlag*, Mainz.

Fluid, Verlag Moderne Industrie, Wolfgang Dummer & Co. KG, München.

Sachwortverzeichnis